지게차운전
기능사 필기

KB210956

시대에듀

합격에 윙크[Win-Q]하다

Win-Q

[지게차운전기능사] 필기

Always with you

사람이 길에서 우연하게 만나거나 함께 살아가는 것만이 인연은 아니라고 생각합니다.
책을 펴내는 출판사와 그 책을 읽는 독자의 만남도 소중한 인연입니다.
시대에듀는 항상 독자의 마음을 헤아리기 위해 노력하고 있습니다.
늘 독자와 함께하겠습니다.

건설 및 유통구조가 대형화, 기계화됨에 따라 최근 산업현장에서는 화물의 상하차와 이동에 지게차를 필수적으로 사용하고 있습니다. 지게차 1대의 업무 효율성은 다수의 인력을 합한 것보다 크기 때문에 물류담당 직원의 지게차운전기능사 자격증 취득은 필수 조건이 되고 있습니다.

한국산업인력공단에서 시행하는 국가기술자격(상시) 지게차운전기능사 CBT 필기시험은 문제은행 방식으로 기출문제가 반복되어 출제되고, 응시 기회가 많은 장점이 있습니다. 따라서 가장 효과적인 방법은 자주 출제되는 기출문제를 분석·파악하고 이와 관련된 핵심이론을 충분히 학습하는 것이며, 응시자가 마음먹고 집중하여 관련 이론을 공부한다면 단기간에 필기시험을 합격할 수 있습니다.

본 교재는 지게차라는 건설기계를 처음 접하는 수험생이 쉽게 이해할 수 있도록 이론을 풀어서 설명하였습니다. 본 교재를 다음과 같이 활용하여 지게차운전기능사 필기시험을 대비할 수 있습니다.

첫째, 빨간키의 내용을 하루에 한 번씩 암기하십시오. 자주 등장하는 전공용어에 익숙해질 필요가 있습니다.

둘째, 실전모의고사 1회당 10분 이내의 빠른 속도로 반복 학습한다면 문제의 키워드와 매칭되는 정답을 쉽고 빠르게 찾을 수 있습니다.

셋째, 실전모의고사와 해설을 먼저 반복 학습한 후 핵심이론은 실전모의고사 해설의 보충학습으로 활용하십시오.

위와 같은 방법으로 이 교재를 활용한다면 분명 단기간에 지게차운전기능사 필기시험에 합격하실 수 있다고 자신합니다. 본 교재가 수험생 여러분의 자격증 취득으로 가는 길에 길잡이가 되길 희망합니다.

편저자 씀

시험안내

개요

건설 및 유통구조가 대형화, 기계화됨에 따라 각종 건설공사, 항만 또는 생산 작업현장에서 지게차 등 운반용 건설기계가 많이 사용되고 있다. 이에 따라 고성능 기종의 운반용 건설기계 개발과 더불어 지게차의 안전운행과 기계수명 연장 및 작업능률 제고를 위해 숙련기능인력 양성이 요구되었다.

수행직무

생산현장이나 창고, 부두 등에서 경화물을 적재, 하역 및 운반하기 위하여 지게차를 운전하며, 점검과 기초적인 정비업무를 수행한다.

진로

각종 건설업체, 건설기계 대여업체, 토목공사업체, 건설기계 제조업체, 금속제품 제조업체, 항만하역업체, 운송 및 창고업체, 시 · 도 건설사업소 등으로 진출할 수 있다.

시험일정

지게차운전기능사 시험은 상시로 진행된다.

※ 자세한 시험일정은 한국산업인력공단 홈페이지(http://www.q-net.or.kr)에서 확인하시기 바랍니다.

시험요강

❶ 시행처 : 한국산업인력공단
❷ 시험과목
　㉠ 필기 : 지게차 주행, 화물적재, 운반, 하역, 안전관리
　㉡ 실기 : 지게차운전 작업 및 도로주행
❸ 검정방법
　㉠ 필기 : 전 과목 혼합, 객관식 60문항(60분)
　㉡ 실기 : 작업형(10~30분 정도)
❹ 합격기준(필기 · 실기) : 100점을 만점으로 하여 60점 이상

출제기준

필기과목명	주요항목	세부항목
지게차 주행, 화물적재, 운반, 하역, 안전관리	안전관리	• 안전보호구 착용 및 안전장치 확인 • 위험요소 확인 • 안전운반 작업 • 장비 안전관리
	작업 전 점검	• 외관 점검 • 누유 · 누수 확인 • 계기판 점검 • 마스트 · 체인 점검 • 엔진시동 상태 점검
	화물적재 및 하역작업	• 화물의 무게중심 확인 • 화물 하역작업
	화물 운반작업	• 전 · 후진 주행 • 화물 운반작업
	운전시야 확보	• 운전시야 확보 • 장비 및 주변상태 확인
	작업 후 점검	• 안전주차 • 연료상태 점검 • 외관 점검 • 작업 및 관리일지 작성
	건설기계관리법 및 도로교통법	• 도로교통법 • 안전운전 준수 • 건설기계관리법
	응급대처	• 고장 시 응급처치 • 교통사고 시 대처
	장비구조	• 엔진구조 • 전기장치 • 전 · 후진 주행장치 • 유압장치 • 작업장치

구성 및 특징

CHAPTER **01** 지게차의 개요

▌ 지게차의 명칭

- A. 전장 : 포크 바깥 끝부분에서 지게차 몸체의 뒤면 끝단까지의 전체 길이
- B. 포크길이 : 팰릿(Pallet, 파렛트)에 삽입 가능한 포크 하단부의 길이
- C. 전방오버행 : 앞 타이어 중심에서 포크의 뒷면 간 거리
- D. 축간거리 : 지게차 정면에서 양쪽 타이어의 중심 간 거리

▌ 카운터웨이트(무게중심추, 평형추)
지게차의 앞부분에 장착된 포크로 화물을 들어 올릴 때 무게중심이 앞으로
의 뒷부분에 장착한 쇳덩이

▌ 캐리지(Carriage)
마스트 레일을 따라 상승하거나 하강하는 장치로 핑거보드(Finger Boa

▌ 핑거보드
포크가 장착되는 부분으로 캐리지에 장착

▌ 백레스트(Back Rest)
포크로 화물을 들고 마스트를 뒤로 기울였을 때 화물이 마스트 쪽으로 떨
▌ 인칭페달
높은 rpm이거나 저속에서 미세한 제어를 위한 것으로, 지게차가 화물에 접
게 처리하기 위해 밟아서 작동시키는 페달

2

---

01 지게차의 개요

핵심이론 01 │ 지게차의 정의 및 분류

(1) 지게차(Forklift)의 정의
작업자가 직접 들고 이동하기 어려운 화물들을 팰릿(Pallet,
파렛트) 위에 올려놓고, 강철로 제작된 2개의 포크(Fork)로
팰릿 하단부에 삽입한 후, 유압의 힘으로 상차 및 하역, 이동
작업을 주요 목적으로 만들어진 건설기계이다. 다른 명칭으
로는 "포크리프트 트럭"이라고도 불린다.

(2) 지게차의 분류

구 분		특 징
동력원에 따른 분류	전동형	• 실내용으로 적합하다. • 축전지를 동력원으로 한다. • 소음이 거의 없고, 배기가스가 없다. • 축전지 액의 증발에 따라 냄새가 발생한다.
	디젤엔진형	• 소음이 큰 편이다. • 옥내용으로는 사용이 부적합하다. • 연료비가 저렴하고, 내구성이 좋다. • DPF(매연저감장치)를 부착해야 한다.
	LPG엔진형	• 출력이 디젤, 가솔린엔진형에 비해 약한 편이다. • 유해가스 배출이 디젤, 가솔린엔진형에 비해 적다.
	가솔린엔진형	• 취급이 용이하다. • 경량이며, 고출력을 얻을 수 있다. • 유해가스가 디젤에 비해 다소 적다.
차체 형식에 따른 분류	리치형(Reach)	• 운전자가 서서 조작한다(입승식). • 회전 반경이 좁은 곳에서 주로 사용한다. • 마스트나 포크가 전후로 이동할 수 있다.
	카운터밸런스형(Counter Balance)	• 운전자는 의자에 앉아서 작업한다(좌승식). • 차체의 전면에 포크와 마스트가 장착되어 있다. • 후면에는 무게 중심추인 카운터웨이트가 있다.
	사이드포크형(Sidefork)	• 이동성이 우수하다. • 포크가 차체의 측면에 장착되어 있다.
	스트래들형(Straddle)	• 차체의 앞부분에 아웃트리거를 설치하여 자체의 안전성을 높인 지게차다. • 아웃트리거 사이에 포크를 위치시킨다. • 마스트의 전방 및 후방은 일반적으로 고정시킨다.
바퀴 수에 따른 분류	단륜식	• 적재능력이 4ton 이하일 때 주로 사용한다. • 앞바퀴 1개로 기동성이 좋다.
	복륜식	• 적재능력이 4ton 이상일 때 주로 사용한다. • 앞바퀴 2개로 중량물 취급 시 사용한다. • 브레이크는 안쪽에 장착된다.

핵심이론

필수적으로 학습해야 하는 중요한 이론들을 각
과목별로 분류하여 수록하였습니다.
시험과 관계없는 두꺼운 기본서의 복잡한 이론은
이제 그만! 시험에 꼭 나오는 이론을 중심으로 효
과적으로 공부하십시오.

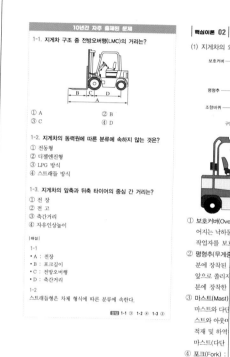

출제기준을 중심으로 출제 빈도가 높은 기출문제와 필수적으로 풀어보아야 할 문제를 핵심이론당 1~2문제씩 선정했습니다. 각 문제마다 핵심을 찌르는 명쾌한 해설이 수록되어 있습니다.

제 1 회 실전모의고사

01 기관 방열기에 연결된 보조탱크의 역할을 설명한 것으로 가장 적합하지 않은 것은?

① 냉각수의 체적팽창을 흡수한다.
② 장기간 냉각수 보충이 필요 없다.
③ 오버플로(Overflow)되어도 증기만 방출된다.
④ 냉각수 온도를 적절하게 조절한다.

해설
④ 냉각수 온도를 적절히 조절하는 것은 수온 조절기이다.

02 디젤기관에서 노크 방지방법으로 틀린 것은?

① 착화성이 좋은 연료를 사용한다.
② 연소실벽 온도를 높게 유지한다.
③ 압축비를 낮춘다.
④ 착화기간 중의 분사량을 적게 한다.

해설
디젤기관의 노킹을 방지하려면 압축비를 높여 연소실에서 완전연소가 일어나도록 해야 한다.

03 기관 과열의 주요 원인이 아닌 것은?

① 라디에이터 코어의 막힘
② 냉각장치 내부의 물때 과다
③ 냉각수의 부족
④ 엔진오일량 과다

해설
엔진오일량이 부족하면 실린더 내부의 냉각작용이 잘 이루어지지 않기 때문에 기관 과열의 원인이 된다.

04 디젤기관의 장점이 아닌 것은?

① 가속성이 좋고 운전이 정숙하다.
② 열효율이 높다.
③ 화재의 위험이 적다.
④ 연료 소비율이 낮다.

해설
디젤기관은 가솔린엔진에 비해 토크(힘)는 좋으나, 가속성이 떨어지고 소음과 진동도 더 커서 정숙하지 못하다.

05 지게차를 수리하거나 점검할 때 포크의 갑작스러운 하강 방지를 위해 설치하는 것은?

① 포 크
② 헤드가드
③ 포크 받침대
④ 캐리지

해설
포크 받침대로 포크를 하단부에서 지지하고 수리해야 포크 급하강에 의한 사고를 예방할 수 있다.

다년간의 노하우를 통해 출제 가능성 높은 실전모의고사를 엄선하여 수록하였습니다. 각 문제에는 자세한 해설이 추가되어 핵심이론만으로는 아쉬운 내용을 보충학습할 수 있습니다.

이 책의 목차

빨리보는 간단한 키워드

PART 01 | 핵심이론

CHAPTER 01	지게차의 개요	002
CHAPTER 02	지게차의 구조 및 기능	006
CHAPTER 03	지게차 작업	059
CHAPTER 04	지게차 도로주행	065
CHAPTER 05	지게차 점검 및 유지보수	081
CHAPTER 06	안전관리	098

PART 02 | 실전모의고사

제1회	실전모의고사	114
제2회	실전모의고사	127
제3회	실전모의고사	140
제4회	실전모의고사	152
제5회	실전모의고사	164
제6회	실전모의고사	176
제7회	실전모의고사	189
제8회	실전모의고사	202
제9회	실전모의고사	215
제10회	실전모의고사	227

빨리보는 간단한 키워드 ————————

빨간키

#합격비법 핵심 요약집　　#최다 빈출키워드　　#시험장 필수 아이템

CHAPTER 01 지게차의 개요

▌ 지게차의 명칭

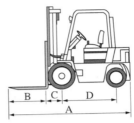

- A. 전장 : 포크 바깥 끝부분에서 지게차 몸체의 뒤편 끝단까지의 전체 길이
- B. 포크길이 : 팰릿(Pallet, 파렛트)에 삽입 가능한 포크 하단부의 길이
- C. 전방오버행 : 앞 타이어 중심에서 포크의 뒷면 간 거리
- D. 축간거리 : 지게차 정면에서 양쪽 타이어의 중심 간 거리

▌ 카운터웨이트(무게중심추, 평형추)

지게차의 앞부분에 장착된 포크로 화물을 들어 올릴 때 무게중심이 앞으로 쏠리지 않도록 균형 유지를 위해 지게차의 뒷부분에 장착한 쇳덩이

▌ 캐리지(Carriage)

마스트 레일을 따라 상승하거나 하강하는 장치로 핑거보드(Finger Board)와 포크(Fork)가 장착

▌ 핑거보드

포크가 장착되는 부분으로 캐리지에 장착

▌ 백레스트(Back Rest)

포크로 화물을 들고 마스트를 뒤로 기울였을 때 화물이 마스트 쪽으로 떨어지는 것을 방지하기 위한 짐받이 틀

▌ 인칭페달

높은 rpm이거나 저속에서 미세한 제어를 위한 것으로, 지게차가 화물에 접근한 후 유압을 증가시켜 작업을 신속하게 처리하기 위해 밟아서 작동시키는 페달

▌ **지게차의 적재능력(Load Capacity, 인양능력)**

마스트를 수직으로 세운 상태로 짐을 들어 올렸을 때, 정해진 하중의 중심 내에서 수직으로 들어 올릴 수 있는 화물의 최대 무게

▌ **리프트 실린더의 역할**

유압으로 마스트를 위나 아래로 움직일 때 사용하는 장치

▌ **보호커버(오버헤드 가드)**

지게차 운전석의 윗부분에 떨어지는 낙하물을 막거나, 지게차의 전도·전복사고 시 작업자를 보호하는 프레임의 일종

▌ **지게차 타이어의 종류**

- 공기주입식
  - 튜브가 있어서 공기를 주입한다.
  - 접지 압력이 좋다.
- 솔리드식
  - 튜브가 없는 통고무타이어 형태이다.
  - 마모가 잘되지 않으나, 가격이 비싸다.

▌ **마스트의 전경각과 후경각**

- 마스트 전경각 : 지게차의 기준 무부하 상태에서 수직면을 기준으로 마스트를 운전석(Cabin)의 반대쪽으로 최대로 기울인 경사각으로 통상 5~6° 정도이다.
- 마스트 후경각 : 지게차의 기준 무부하 상태에서 수직면을 기준으로 마스트를 운전석 쪽으로 최대로 기울인 경사각으로 통상 12° 이하이다.
- ※ 마스트 경사각은 틸트 실린더로 마스트를 움직이면서 만들어진다.

▌ **사이드 시프트**

차체를 이동시키지 않고도 무게중심이 한쪽으로 쏠린 작업물을 들 때 포크의 위치를 좌우로 이동시켜서 균형을 맞추어 줄 수 있는 작업장치

▌ **디젤 연료장치의 분사펌프에서 프라이밍펌프의 기능**

연료 계통에서 공기를 배출

▌ **디젤엔진에서 조속기의 역할**

연료 분사량을 제어

▌ **가압식 라디에이터의 장점**

- 냉각수의 손실이 적다.
- 방열기의 크기를 작게 할 수 있다.
- 냉각수의 비등점을 높일 수 있다.

▌ **플라이휠**

연소실의 폭발이 크랭크축이 회전할 때마다 일어나지 않으므로, 회전할 때 발생하는 불규칙한 맥동을 막으면서 엔진의 회전을 원활하도록 만들어 주는 장치다. 자동변속기는 토크컨버터가 플라이휠의 기능을 대신하기도 한다.

▌ **윤활장치의 기능**

- 냉각작용
- 밀봉작용
- 마멸 감소
- 방청작용
- 응력분산 및 완충작용

▌ **라디에이터(Radiator)의 특징**

- 공기의 흐름 저항이 크면 안 된다.
- 단위 면적당 방열량이 커야 한다.
- 냉각효율을 높이기 위해 방열판이 설치된다.
- 라디에이터의 재료 대부분은 알루미늄합금이 사용된다.

노킹이 발생되었을 때 디젤엔진에 미치는 영향

- 출력 저하
- 연소실 온도 상승
- 엔진의 손상 유발

물 재킷(Water Jacket, 워터재킷)의 기능

실린더블록과 실린더헤드 내부에 열을 식히기 위한 냉각수의 이동통로로 실린더 벽이나 밸브 시트, 연소실, 밸브가이드의 열을 내리기 위한 구조

윤활유의 여과방식에 따른 분류

- 복합식
- 분류식
- 전류식

윤활유의 윤활방식에 따른 분류

- 비산식
- 압력식(압송식)
- 비산압력식(비산압송식)

토크컨버터의 구성

- 임펠러 : 입력축인 엔진과 직결되어 엔진과 같은 회전수로 회전하는 펌프의 일종
- 단방향 클러치 : 터빈의 회전력이 커지면 오일의 방향이 바뀌면서 스테이터의 뒷면에 부딪쳐 펌프의 회전을 방해하는데, 이것을 방지하기 위한 장치
- 스테이터 : 임펠러와 터빈 사이에 장착되며, 오일의 흐름방향을 바꾸고 회전력을 증대시켜서 동력을 터빈으로 전달하는 장치
- 터빈 : 스테이터의 동력을 출력축에 전달하는 장치

디젤엔진의 연료분사에 필요한 3요소

- 무화 : 노즐에서 분사되는 연료입자를 미세하게 만들어서 분무시키는 정도
- 분포 : 연료입자가 연소실의 모든 곳에 균일하게 퍼지는 정도
- 관통력 : 연료입자가 연소실의 먼 곳까지 관통해서 도달할 수 있는 힘

디젤엔진의 연료여과기에 설치된 오버플로 밸브의 역할

- 여과기의 각 부분 보호
- 운전 중 공기 배출 작용
- 연료공급펌프의 소음발생 억제

겨울철에 연료탱크를 가득 채우는 주된 이유

공기 중의 수분이 응축되어 물이 생기는 현상을 방지하기 위함

라디에이터 캡

라디에이터에 냉각수를 주입하는 주입구의 압력식 뚜껑이다. 냉각수의 비등점(비점)을 대략 110~120℃로 높여서 냉각수의 손실을 방지한다.

피스톤링의 재질 경도

실린더블록의 재질보다 경도가 낮아야 한다.

점화 장치의 구비조건

- 절연성이 우수할 것
- 불꽃 에너지가 높을 것
- 점화 시기의 제어가 정확할 것
- 발생 전압이 높고, 여유 전압도 클 것
- 노이즈에 의한 잡음과 전파에 방해가 없을 것

연소의 3요소

- 가연성물질
- 산소(공기)
- 점화원

충전장치의 구비조건

- 내구성이 우수할 것
- 맥동이 없을 것
- 유지보수가 쉬울 것
- 안정되고, 다른 전기회로에는 영향을 미치지 않을 것

▌ AC발전기에서 다이오드의 역할

교류를 정류하고, 역류를 방지

▌ 파스칼(Pascal)의 원리

- 정지 액체에 접하고 있는 면에 가해진 압력은 그 면에 수직으로 작용한다.
- 액체의 한 점에 있어서의 압력의 크기는 전 방향에 대하여 동일하다.
- 밀폐용기 내의 한 부분에 가해진 압력은 액체 내의 여러 부분에 같은 압력으로 전달된다.

▌ SAE번호(Society of Automotive Engineers, 미국 자동차기술자협회)

- 겨울용 : SAE 10
- 봄, 가을용 : SAE 20~30
- 여름용 : SAE 40

※ 오일의 점도를 SAE 다음의 번호로 표시하는데, 번호가 클수록 점도가 높다.

▌ 유압회로에서 작동유의 적정 온도

45~80℃

▌ 4행정 사이클 엔진에 주로 사용되고 있는 오일펌프

- 기어식
- 로터리식

▌ 차동기어장치(Differential Gear)

- 지게차의 선회를 원활하게 하는 장치
- 자동차가 울퉁불퉁한 요철부분을 지나갈 때 서로 달라지는 좌우 바퀴의 회전수를 적절히 분해하여 구동시키는 장치로 직교하는 사각구조의 베벨기어를 차동기어 열에 적용한 장치이다.

▌ 가솔린엔진과 디젤엔진

- 가솔린엔진 : 휘발유를 연료로 사용하는 열기관으로 소음이 적고, 고속운전이 가능하여 승용차에 주로 사용된다. 연료와 공기가 연소실 내에서 혼합되어 압축된 상태에서 점화플러그로 불꽃을 일으켜 착화시키는 전기점화기관이다.
- 디젤엔진 : 경유를 연료로 사용하는 열기관으로 소음이 크나 출력이 커서 대형차량에 주로 사용된다. 연소실 내에서 공기만을 압축하여 450~550℃의 고온이 되면 분사펌프로 연료를 분사하여 점화플러그 없이도 점화하는 자기착화기관이다.

▌ 터보차저의 기능

- 터빈과 슈퍼차저의 합성어로 엔진의 출력을 증가시킨다.
- 과급기라고 불리며, 흡기관과 배기관 사이에 설치한다.
- 연소가스로 터빈을 회전시켜 흡입공기를 압축시킨다.

▌ 축전지의 용량을 결정짓는 인자

- 셀당 극판 수
- 극판의 크기
- 전해액의 양

▌ 좌·우측 전조등 회로의 연결 방법

병렬연결

▌ 동력전달 계통 순서

연소실 → 피스톤 → 커넥팅로드 → 크랭크축 → 클러치 → 변속기 → 구동바퀴

▌ 디젤엔진의 흡입공기 압축 시 압축온도

500~550℃

■ 지게차 리프트체인에 주유하는 오일

엔진오일

■ 건설기계용 충전장치에 주로 사용되는 발전기

3상 교류발전기

■ 동력원에 따른 공유압 기호

유압동력원	공압동력원
▶————	▷————

■ 진공식 제동 배력 장치의 특징

릴레이 밸브 피스톤 컵이 파손되어도 브레이크는 작동한다.

■ 오일필터(오일여과기)의 종류

[엘리먼트 교환식(엘리먼트식)]

[카트리지 교환식(카트리지식)]

■ 옥탄가(Octane Number)

가솔린 연료의 앤티노크성을 수치로 나타낸 값

■ 세탄가(Cetane Number)

디젤엔진의 착화성을 수치적으로 표시한 것으로 착화성이 가장 좋은 세테인의 착화성을 100, 착화성이 가장 나쁜 α−메틸나프탈렌의 착화성을 0으로 하고, 이들을 표준연료로 하여 착화가 지연될 때 이 표준연료 속의 세테인 함유량을 체적 비율로 표시한 것

▌ 디젤엔진의 직접분사실식과 예연소실식의 차이점

직접분사실식	예연소실식
• 열효율이 높다. • 고속회전이 어렵다. • 연료소비량이 적다. • 디젤노크가 일어나기 쉽다. • 실린더헤드의 구조가 간단하다. • 시동이 용이하고, 예열플러그가 필요 없다. • 연소실 용적에 대한 표면적 비율이 낮아 냉각 손실이 작다.	• 냉각 손실이 크다. • 진동과 소음이 적다. • 디젤노크 발생이 적다. • 연료소비율이 큰 편이다.

▌ 타이어의 구조

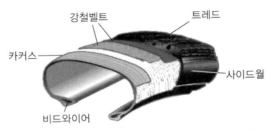

- 카커스(Carcass) : 타이어에서 고무로 피복된 코드를 여러 겹으로 겹친 층에 해당되며 타이어의 골격을 이루는 부분이다.
- 트레드(Tread) : 노면과 직접 접촉하는 부분으로 접촉하는 면적에 따라 접지력이 달라진다. 또한 노면과 접촉했을 때 물기가 빠지는 물길의 형태에 따라 트레드 형상은 달라진다.
- 비드와이어(비드부) : 철선으로 타이어를 림에 강력하게 고정시키기 위해 사용한다. 튜브리스 타이어에서는 비드와이어가 타이어와 림 사이에 기밀을 유지시키는 역할도 한다.
- 강철벨트(브레이커, 코드벨트) : 트레드와 카커스의 중간부분에 위치하는 강철로 만든 벨트로 외부의 충격이 내부에 전달되는 것을 막아 손상을 방지한다.
- 사이드월(숄더부) : 타이어의 측면부로 카커스를 보호하는 역할을 한다.

▌ **화물을 적재하거나 하역할 때 가장 먼저 확인할 사항**

화물의 무게중심

▌ **지게차를 운전하여 화물 운반 시 주의사항**

- 노면이 좋지 않을 때는 저속으로 운행한다.
- 경사지 운전 시 화물을 위쪽으로 향하도록 한다.
- 노면에서 약 20~30cm 상승 후 이동한다.

▌ **지게차 안전주차방법**

- 포크를 지면에 완전히 내린다.
- 핸드브레이크를 완전히 걸어 놓는다.
- 주기장에 주차한 후 주차제동장치를 체결한다.
- 포크 선단이 지면에 닿도록 마스트를 전방으로 경사시킨다.
- 주차 후 잠시 자리를 비울 때는 운전자가 키를 가지고 다녀야 한다.

▌ **지게차의 적재방법**

- 화물을 올릴 때는 포크를 수평으로 한다.
- 포크로 물건을 찌르거나 물건을 끌어서 올리지 않는다.
- 화물을 올릴 때는 가속페달을 밟는 동시에 레버를 조작한다.
- 화물의 무게중심을 맞추기 위해 카운터웨이트를 지게차의 뒷부분에 장착한다.

▌ **포크 삽입방법**

- 포크를 팰릿 너비에 맞게 조정한다.
- 포크의 길이는 화물의 2/3 이상이어야 한다.
- 포크를 직각으로 만든 후 화물에 천천히 접근시킨다.

▌작업장에서 중량물을 들어 올릴 때 안전상 가장 올바른 방법

체인블록을 이용하여 들어 올린다.

▌긴 내리막을 내려갈 때 베이퍼록(베이퍼 로크)을 방지하기 위한 운전방법

엔진 브레이크를 사용한다.

▌운전시야를 확보하는 방법

- 작업장의 위험요소를 미리 파악한다.
- 보조자의 도움으로 운행동선을 확인할 수 있다.
- 시야확보가 불가능할 때는 후진으로 주행한다.
- 운전 중 주행방향이 보이지 않을 때는 정지하고 확인한다.
- 주행 중 작업자와 보행자의 안전거리를 확보하여 접촉사고를 예방한다.

▌지게차의 작업 공간을 확보할 때 지게차의 운행폭

- 지게차 1대가 지나는 운행경로의 폭 : 지게차 1대의 최대 폭에서 +60cm 이상
- 지게차 2대가 지나는 운행경로의 폭 : 지게차 2대의 최대 폭(2대의 폭 합산)에서 +90cm 이상

▌운전 중 계기판에서 확인할 주요사항

- 충전경고등
- 연료량 게이지
- 냉각수 온도게이지

▎ **지게차로 화물을 싣고 경사지에서 주행할 때 안전상 올바른 운전방법**
내려갈 때에는 저속 후진한다.

▎ **도로 주행 시 가장 우선하는 신호(도로교통법 제5조)**
경찰공무원 등의 수신호

▎ **4차선 고속도로에서 건설기계의 최저속도(도로교통법 시행규칙 제19조제1항제3호)**
50km/h

▎ **화물을 적재하고 주행할 때 포크와 지면과의 간격**
20~30cm

▎ **검사유효기간 만료 후 건설기계를 계속 운행하고자 할 때 받는 검사**
국토교통부령에 의하면 검사유효기간 만료 후 건설기계를 계속 운행하려면 정기검사를 받아야 한다(건설기계관리
법 제13조제1항제2호).

▎ **건설기계 등록신청 기간(건설기계관리법 시행령 제3조제2항)**
건설기계를 취득한 날부터 2월 이내

▎ **건설기계관리법령상 건설기계조종사 면허취소 또는 효력정지를 시킬 수 있는 자(건설기계관리법 제28조)**
시장·군수·구청장

▌주요 교통안전표지(도로교통법 시행규칙 [별표 6])

좌·우회전 표지	최저속도 30km 속도제한	회전형 교차로	직진금지

▌건설기계의 좌석안전띠 규정(건설기계 안전기준에 관한 규칙 제150조제1항)

지게차, 전복보호구조 또는 전도보호구조를 장착한 건설기계와 시간당 30km/h 이상의 속도를 낼 수 있는 타이어식 건설기계에는 규정에 적합한 좌석안전띠를 설치하여야 한다.

▌3ton 미만 지게차의 소형건설기계 조종 교육시간(건설기계관리법 시행규칙 [별표 20])

3ton 미만의 소형 지게차는 총 12시간 교육으로 이론과 실습을 6시간씩 배운다.

▌모퉁이 정차금지 거리(도로교통법 제32조제2호)

도로의 모퉁이로부터 5m 이내인 곳

▌횡단보도 주차금지 거리(도로교통법 제32조제5호)

횡단보도로부터 10m 이내인 곳

▌건설기계의 등록(건설기계관리법 제3조제1항, 제2항)

건설기계 소유자는 대통령령으로 정하는 바에 따라 특별시장·광역시장·특별자치시장·도지사 또는 특별자치도지사(시·도지사)에게 건설기계 등록신청을 하여야 한다.

▌시·도지사의 건설기계 직권말소(건설기계관리법 제6조)

- 거짓이나 그 밖의 부정한 방법으로 등록을 한 경우
- 건설기계를 폐기한 경우
- 정기검사 명령, 수시검사 명령 또는 정비 명령에 따르지 아니한 경우
- 대통령령으로 정하는 내구연한을 초과한 건설기계
  ※ 건설기계관리법 제20조의3제2항에 따라 국토교통부장관이 실시하는 건설기계 정밀진단을 받아 내구연한을 3년 단위로 연장할 수 있는데, 이 경우 그 연장기간을 초과한 건설기계

건설기계의 내구연한(건설기계관리법 제20조의3)

- 국토교통부장관은 대통령령으로 정하는 건설기계와 건설기계 장치 및 부품에 대하여 그 내구연한을 대통령령으로 정할 수 있다.
- 내구연한을 초과한 건설기계 또는 건설기계 장치 및 부품을 운행하거나 사용할 수 없다.
- 국토교통부장관이 실시하는 건설기계 정밀진단을 받아 안전운행이 인정되는 경우에는 그 내구연한을 3년 단위로 연장할 수 있다.
- 정밀진단을 받을 자는 국토교통부령으로 정하는 바에 따라 건설기계 정밀진단 신청서를 국토교통부장관에게 제출하여야 한다.
- 국토교통부장관은 국토교통부령에 따라 건설기계 정밀진단 실시 후 그 결과를 신청자 및 시·도지사에게 통보하여야 한다.

건설기계사업의 등록(건설기계관리법 제21조)

- 건설기계사업을 하려는 자는 대통령령으로 정하는 바에 따라 사업의 종류별로 특별자치시장·특별자치도지사·시장·군수 또는 자치구의 구청장에게 등록하여야 한다.
- 등록의 절차, 등록증의 발급 등에 관하여 필요한 사항은 국토교통부령으로 정한다.

2년 이하의 징역 또는 2,000만원 이하의 벌금(건설기계관리법 제40조)

- 등록되지 아니한 건설기계를 사용하거나 운행한 자
- 등록이 말소된 건설기계를 사용하거나 운행한 자
- 시·도지사의 지정을 받지 아니하고 등록번호표를 제작하거나 등록번호를 새긴 자
- 검사대행자 또는 그 소속 직원에게 재물이나 그 밖의 이익을 제공하거나 제공 의사를 표시하고 부정한 검사를 받은 자
- 건설기계의 주요 구조나 원동기, 동력전달장치, 제동장치 등 주요 장치를 변경 또는 개조한 자
- 무단 해체한 건설기계를 사용·운행하거나 타인에게 유상·무상으로 양도한 자
- 제작 결함사실의 공개 또는 시정조치를 하지 아니하는 제작자 등에 대한 시정명령을 이행하지 아니한 자
- 등록을 하지 아니하고 건설기계사업을 하거나 거짓으로 등록을 한 자
- 등록이 취소되거나 사업의 전부 또는 일부가 정지된 건설기계사업자로서 계속하여 건설기계사업을 한 자

1년 이하의 징역 또는 1,000만원 이하의 벌금(건설기계관리법 제41조)

- 거짓이나 그 밖의 부정한 방법으로 등록을 한 자
- 등록번호를 지워 없애거나 그 식별을 곤란하게 한 자
- 구조변경검사 또는 수시검사를 받지 아니한 자
- 정비명령을 이행하지 아니한 자
- 사용·운행 중지 명령을 위반하여 사용·운행한 자

- 사업정지명령을 위반하여 사업정지기간 중에 검사를 한 자
- 형식승인, 형식변경승인 또는 확인검사를 받지 아니하고 건설기계의 제작 등을 한 자
- 사후관리에 관한 명령을 이행하지 아니한 자
- 내구연한을 초과한 건설기계 또는 건설기계 장치 및 부품을 운행하거나 사용한 자
- 내구연한을 초과한 건설기계 또는 건설기계 장치 및 부품의 운행 또는 사용을 알고도 말리지 아니하거나 운행 또는 사용을 지시한 고용주
- 부품인증을 받지 아니한 건설기계 장치 및 부품을 사용한 자
- 부품인증을 받지 아니한 건설기계 장치 및 부품을 건설기계에 사용하는 것을 알고도 말리지 아니하거나 사용을 지시한 고용주
- 매매용 건설기계를 운행하거나 사용한 자
- 폐기인수 사실을 증명하는 서류의 발급을 거부하거나 거짓으로 발급한 자
- 폐기요청을 받은 건설기계를 폐기하지 아니하거나 등록번호표를 폐기하지 아니한 자
- 건설기계조종사면허를 받지 아니하고 건설기계를 조종한 자
- 건설기계조종사면허를 거짓이나 그 밖의 부정한 방법으로 받은 자
- 소형 건설기계의 조종에 관한 교육과정의 이수에 관한 증빙서류를 거짓으로 발급한 자
- 술에 취하거나 마약 등 약물을 투여한 상태에서 건설기계를 조종한 자와 그러한 자가 건설기계를 조종하는 것을 알고도 말리지 아니하거나 건설기계를 조종하도록 지시한 고용주
- 건설기계조종사면허가 취소되거나 건설기계조종사면허의 효력정지처분을 받은 후에도 건설기계를 계속하여 조종한 자
- 건설기계를 도로나 타인의 토지에 버려둔 자

▌ 300만원 이하의 과태료(건설기계관리법 제44조제1항)

- 등록번호표를 부착하지 아니하거나 봉인하지 아니한 건설기계를 운행한 자
- 정기검사를 받지 아니한 자
- 건설기계임대차 등에 관한 계약서를 작성하지 아니한 자
- 정기적성검사 또는 수시적성검사를 받지 아니한 자
- 시설 또는 업무에 관한 보고를 하지 아니하거나 거짓으로 보고한 자
- 소속 공무원의 검사·질문을 거부·방해·기피한 자
- 정당한 사유 없이 직원(검사 또는 질문하는 공무원)의 출입을 거부하거나 방해한 자

▌ 100만원 이하의 과태료(건설기계관리법 제44조제2항)

- 수출의 이행 여부를 신고하지 아니하거나 폐기 또는 등록을 하지 아니한 자
- 등록번호표를 부착·봉인하지 아니하거나 등록번호를 새기지 아니한 자
- 등록번호표를 가리거나 훼손하여 알아보기 곤란하게 한 자 또는 그러한 건설기계를 운행한 자
- 등록번호의 새김명령을 위반한 자
- 건설기계안전기준에 적합하지 아니한 건설기계를 사용하거나 운행한 자 또는 사용하게 하거나 운행하게 한 자
- 검사유효기간이 끝난 날부터 31일이 지난 건설기계를 사용하게 하거나 운행하게 한 자 또는 사용하거나 운행한 자
- 조사 또는 자료제출 요구를 거부·방해·기피한 자
- 특별한 사정없이 건설기계임대차 등에 관한 계약과 관련된 자료를 제출하지 아니한 자
- 건설기계사업자의 의무를 위반한 자
- 안전교육 등을 받지 아니하고 건설기계를 조종한 자

▌ 50만원 이하의 과태료(건설기계관리법 제44조제3항)

- 임시번호표를 붙이지 아니하고 미등록 건설기계를 일시적으로 운행한 자
- 등록사항의 변경신고 등에 따른 신고를 하지 아니하거나 거짓으로 신고한 자
- 등록의 말소 신청 사유가 발생했을 때 말소를 신청하지 아니한 자
- 등록번호표 제작자가 지정받은 사항을 변경하려는 경우 변경신고를 하지 아니하거나 거짓으로 변경신고한 자
- 등록번호표를 반납하지 아니한 자
- 국토교통부령으로 정하는 범위를 위반하여 자신의 정비시설에서 건설기계를 정비한 건설기계의 소유자 또는 점유자
- 건설기계형식의 승인 등에 따른 신고를 하지 아니한 자
- 건설기계사업자의 변경신고 등의 의무에 따른 신고를 하지 아니하거나 거짓으로 신고한 자
- 건설기계사업의 양도·양수 등에 따른 신고를 하지 아니하거나 거짓으로 신고한 자
- 건설기계매매업자의 매매용 건설기계의 운행금지 등의 의무에 따른 신고를 하지 아니하거나 거짓으로 신고한 자
- 건설기계를 수출하려는 자가 인수한 건설기계를 폐기하지 않고 관세법에 따라 수출신고를 하고 수출하거나 수출업자에게 판매하는 경우 등록말소사유 변경신고를 하지 아니하거나 거짓으로 신고한 건설기계해체재활용업자
- 건설기계의 소유자 또는 점유자의 금지행위를 위반하여 건설기계를 세워 둔 자

▌ 건설기계조종사의 정기적성검사 및 수시적성검사를 실시하는 자(건설기계관리법 제29 · 30조)

시장, 군수 또는 구청장

▌ 건설기계조종사 면허의 결격사유(건설기계관리법 제27조)

• 18세 미만인 사람
• 건설기계 조종상의 위험과 장해를 일으킬 수 있는 정신질환자 또는 뇌전증환자로서 국토교통부령으로 정하는 사람
• 앞을 보지 못하는 사람, 듣지 못하는 사람, 그 밖에 국토교통부령으로 정하는 장애인
• 건설기계 조종상의 위험과 장해를 일으킬 수 있는 마약 · 대마 · 향정신성의약품 또는 알코올중독자로서 국토교통부령으로 정하는 사람
• 건설기계조종사면허가 취소된 날부터 1년(거짓이나 그 밖의 부정한 방법으로 건설기계조종사면허를 받았거나 건설기계조종사면허의 효력정지기간 중 건설기계를 조종한 경우에는 2년)이 지나지 아니하였거나 건설기계조종사면허의 효력정지처분 기간 중에 있는 사람

▌ 등록번호표의 반납(건설기계관리법 제9조)

등록된 건설기계의 소유자는 다음의 어느 하나에 해당하는 경우 10일 이내에 등록번호표의 봉인을 떼어낸 후 그 등록번호표를 국토교통부령으로 정하는 바에 따라 시 · 도지사에게 반납하여야 한다.
• 건설기계의 등록이 말소된 경우
• 건설기계의 등록사항 중 대통령령으로 정하는 사항이 변경된 경우
• 등록번호표의 부착 및 봉인을 신청하는 경우

▌ 긴급자동차(도로교통법 제2조제22호)

• 소방차
• 구급차
• 혈액 공급차량
• 그 밖에 대통령령으로 정하는 자동차
※ 그 밖에 대통령령으로 정하는 자동차란 "영 제2조"의 긴급자동차를 말한다.

▌ 음주운전 처벌 기준(도로교통법 제148조의2)

위반		기준
1회	0.03% 이상 0.08% 미만	1년 이하의 징역이나 500만원 이하의 벌금
	0.08% 이상 0.2% 미만	1년 이상 2년 이하의 징역이나 500만원 이상 1,000만원 이하의 벌금
	0.2% 이상	2년 이상 5년 이하의 징역이나 1,000만원 이상 2,000만원 이하의 벌금
측정거부		1년 이상 5년 이하의 징역이나 500만원 이상 2,000만원 이하의 벌금
2회 이상 위반		2년 이상 5년 이하의 징역이나 1,000만원 이상 2,000만원 이하의 벌금

▌ 운전면허의 종류 및 운전가능 범위(도로교통법 시행규칙 [별표 18])

종류		운전가능범위
제1종	대형면허	• 승용자동차 • 승합자동차 • 화물자동차 • 건설기계[덤프트럭, 아스팔트살포기, 노상안정기, 콘크리트믹서트럭, 콘크리트펌프, 천공기(트럭적재식), 콘크리트믹서트레일러, 아스팔트콘크리트재생기, 도로보수트럭, 3ton 미만의 지게차] • 특수자동차[대형견인차, 소형견인차 및 구난차(구난차 등)는 제외] • 원동기장치자전거
	보통면허	• 승용자동차 • 승차정원 15명 이하의 승합자동차 • 적재중량 12ton 미만의 화물자동차 • 건설기계(도로를 운행하는 3ton 미만의 지게차로 한정) • 총중량 10ton 미만의 특수자동차(구난차 등은 제외) • 원동기장치자전거
	특수면허	• 대형견인차(견인형 특수자동차, 제2종 보통면허로 운전할 수 있는 차량) • 소형견인차(총중량 3.5ton 이하의 견인형 특수자동차, 제2종 보통면허로 운전할 수 있는 차량) • 구난차(구난형 특수자동차, 제2종 보통면허로 운전할 수 있는 차량)
제2종	보통면허	• 승용자동차 • 승차정원 10명 이하의 승합자동차 • 적재중량 4ton 이하의 화물자동차 • 총중량 3.5ton 이하의 특수자동차(구난차 등은 제외) • 원동기장치자전거

■ **도로교통법상 안전표지의 종류(도로교통법 시행규칙 제8조)**
- 주의표지 : 도로상태가 위험하거나 도로 또는 그 부근에 위험물이 있는 경우에 필요한 안전조치를 할 수 있도록 이를 도로사용자에게 알리는 표지
- 규제표지 : 도로교통의 안전을 위하여 각종 제한·금지 등의 규제를 하는 경우에 이를 도로사용자에게 알리는 표지
- 지시표지 : 도로의 통행방법·통행구분 등 도로교통의 안전을 위하여 필요한 지시를 하는 경우에 도로사용자가 이에 따르도록 알리는 표지
- 보조표지 : 주의표지·규제표지 또는 지시표지의 주기능을 보충하여 도로사용자에게 알리는 표지
- 노면표시 : 도로교통의 안전을 위하여 각종 주의·규제·지시 등의 내용을 노면에 기호·문자 또는 선으로 도로사용자에게 알리는 표지

■ **최고속도의 100분의 20을 줄인 속도로 운행하여야 하는 경우(도로교통법 시행규칙 제19조제2항제1호)**
- 비가 내려 노면이 젖어 있는 경우
- 눈이 20mm 미만 쌓인 경우

■ **최고속도의 100분의 50을 줄인 속도로 운행하여야 하는 경우(도로교통법 시행규칙 제19조제2항제2호)**
- 폭우·폭설·안개 등으로 가시거리가 100m 이내인 경우
- 노면이 얼어붙은 경우
- 눈이 20mm 이상 쌓인 경우

■ **도로교통표지 의미(도로교통법 시행규칙 [별표 6])**

- 규제표지 또는 지시표지가 표시하는 교통의 규제·지시가 행하여지는 구간의 시작을 표시하는 것

- 규제표지 또는 지시표지가 표시하는 교통의 규제·지시가 행하여지는 구간의 끝을 표시하는 것

CHAPTER 05 지게차 점검 및 유지보수

▮ **지게차 엔진의 과열 원인**

- 팬벨트가 헐겁다.
- 냉각수가 부족하다.
- 물 펌프의 작동이 불량하다.
- 냉각장치 내부에 물때가 많다.
- 라디에이터(방열기) 코어가 막혔다.

▮ **작업 중 엔진 온도가 급상승할 때의 점검사항**

가장 먼저 냉각수량부터 점검한다.

▮ **디젤 노크의 방지 대책**

- 압축비를 크게 한다.
- 실린더 체적을 크게 한다.
- 세테인값이 높은 연료를 사용한다.
- 엔진의 회전속도와 착화온도를 낮게 한다.
- 흡기의 온도, 압력, 실린더 외벽의 온도를 높게 한다.

▮ **피스톤과 실린더 사이의 간극이 너무 클 때 일어나는 현상**

엔진오일의 소비 증가

▮ **디젤엔진에서 시동이 되지 않는 원인**

배터리 방전으로 교체가 필요한 상태

▮ 헤드라이트가 한쪽만 점등되었을 때의 고장 원인

- 전구 불량
- 전구 접지불량
- 한쪽 회로의 퓨즈 단선

▮ 펌프가 오일을 토출하지 않을 때의 원인

- 오일이 부족하다.
- 오일탱크의 유면이 낮다.
- 흡입관으로 공기가 유입된다.

▮ 건설기계에서 시동전동기가 회전이 안 될 경우 점검사항

- 배선의 단선 여부
- 축전지의 방전 여부
- 배터리 단자의 접촉 여부

▮ 디젤기관에서 연료 라인에 공기가 혼입되었을 때의 현상

완전연소가 일어나지 못하면서 엔진(기관)이 떨리는 부조현상이 발생

▮ MF 축전지의 유지보수 시 장점

증류수를 보충할 필요가 없다.

▮ 축전지의 용량만 크게 하는 방법

병렬로 연결하여 사용

▮ 축전지 점검창을 통한 충전상태의 확인 방법

- 창이 초록색이면 정상
- 창에 초록색이 안 보이면 충전
- 충전해도 창에 초록색이 안 보이면 교체

▮ 유압 작동유의 점도가 너무 높을 때 현상

동력 손실이 증가

▌ 엔진오일 속 가장 많이 포함되는 이물질

카본(Carbon, 탄소)

▌ 엔진에서 윤활유의 소비가 과다하게 되는 원인

피스톤링 마멸

▌ 유압장치에서 금속가루나 불순물을 제거하기 위해 필요한 부품

- 필 터
- 스트레이너

▌ 브레이크 장치 내부 파이프에 베이퍼록이 발생하는 원인

- 드럼의 과열
- 잔압의 저하
- 오일의 변질에 의한 비등점 저하
- 드럼과 라이닝의 끌림에 의한 가열
- 긴 내리막길에서 과도한 브레이크 사용

▌ 엔진오일량이 초기 점검 시보다 증가했을 때 그 원인

냉각수의 유입

▌ 파워스티어링에서의 핸들이 무거워 조향하기 힘든 상태일 때의 원인

조향펌프에 오일 부족

▌ 자동변속기 장착 건설기계의 출력 저하 시 점검해야 할 항목

- 오일의 부족
- 토크컨버터 고장
- 엔진고장으로 출력 부족

CHAPTER 06 안전관리

■ 안전점검의 종류

- 수시점검
- 정기점검
- 특별점검
- 정밀안전점검(진단)
- 긴급안전점검

■ 무거운 짐을 이동할 때 유의사항

- 지렛대를 이용한다.
- 사람이 들기 힘겨우면 기계를 이용한다.
- 기름이 묻은 장갑은 절대 착용하지 않는다.
- 2인 이상이 작업할 때는 힘센 사람과 약한 사람과의 균형을 잡는다.

■ 금속나트륨이나 금속칼륨 화재용 소화기

건조사

■ 화재의 분류

분 류	A급화재	B급화재	C급화재	D급화재
명 칭	일반(보통)화재	유류 및 가스화재	전기화재	금속화재

■ 산업안전보건법상 안전보건표지의 색채와 용도

- 빨간색 : 금지, 경고
- 노란색 : 경고
- 녹색 : 안내
- 파란색 : 지시

▌ 체인블록으로 무거운 물체를 이동시키는 방법

체인이 느슨한 상태에서 급격히 잡아당기면 재해가 발생할 수 있으므로 시간적 여유를 가지고 작업한다.

▌ 하인리히의 사고예방 기본원리 5단계

- 1단계 : 조직
- 2단계 : 사실의 발견
- 3단계 : 평가분석
- 4단계 : 시정책의 선정
- 5단계 : 시정책의 적용

▌ 안전보건표지(산업안전보건법 시행규칙 [별표 6])

① 금지표지

출입금지	보행금지	차량통행금지	사용금지	탑승금지
금 연	화기금지	물체이동금지		

② 경고표지

인화성물질경고	산화성물질경고	폭발성물질경고	급성독성물질경고	부식성물질경고
발암성·변이원성·생식독성·전신독성·호흡기과민성 물질 경고	방사성물질경고	고압전기경고	매달린물체경고	낙하물경고

고온경고	저온경고	몸균형상실 경고	레이저광선 경고	위험장소 경고

③ 지시표지

보안경 착용	방독마스크 착용	방진마스크 착용	보안면 착용	안전모 착용

귀마개 착용	안전화 착용	안전장갑 착용	안전복 착용	

④ 안내표지

녹십자표지	응급구호표지	들 것	세안장치	비상용기구

비상구	좌측비상구	우측비상구

▌ 작업장의 안전수칙

- 작업복과 안전장구는 반드시 착용한다.
- 엔진을 불필요하게 공회전시키지 않는다.
- 지게차의 식별을 위해 형광 테이프를 부착한다.
- 기계의 청소나 손질은 운전을 정지시킨 후 실시한다.

▌ 안전보호구의 구비조건

- 품질이 좋아야 한다.
- 마감 처리가 좋으며, 외관도 보기 편해야 한다.
- 위험으로부터 작업자를 충분히 보호할 수 있는 성능을 가져야 한다.
- 착용이 간단하고, 착용 후 작업하는 데 불편함을 주지 않아야 한다.

▌ 작업장의 안전수칙

- 작업복과 안전장구는 반드시 착용한다.
- 각종 기계를 불필요하게 공회전시키지 않는다.
- 지게차의 식별을 위해 형광 테이프를 부착한다.
- 기계의 청소나 손질은 운전을 정지시킨 후 실시한다.
- 공구를 사용할 때는 기름을 닦고 사용해야 안전하며, 보관 시에도 기름을 닦아 보관한다.

▌ 자연발화가 일어나기 쉬운 조건

- 발열량이 클 때
- 표면적이 클 때
- 착화점이 낮을 때
- 주위 온도가 높을 때

▌ 액화천연가스의 특징

- 기체 상태는 공기보다 가볍다.
- 가연성으로서 폭발의 위험성이 있다.
- LNG라고 하며, 메탄이 주성분이다.
- 기체 상태로 배관을 통하여 수요자에게 공급된다.

▌ 협착점

왕복운동하는 요소와 움직임이 없는 고정부 사이의 물림점으로 프레스, 전단기, 절곡기 등이 있다.

▌ 감전사고 예방

감전이란 인체에 전류가 흘러서 인체의 근육이나 장기에 손상을 주는 것을 말한다. 전압이 높을수록 감전의 위험이 커지고, 전류가 감전에 더 큰 영향을 미치므로 낮은 전압이어도 전류가 얼마인가에 따라 인체에 심각한 영향을 미친다. 보통 인체에 50mA 이상이 흐르면 감전사의 위험이 있다.

▌도로명판

① 한 방향용

한 방향용(시작지점)	한 방향용(끝지점)
강남대로 1→699 Gangnam-daero	1←65 **대정로23번길** Daejeong-ro 23beon-gil
• "강남대로" : 넓은 길의 시작지점 • "1" : 현 위치는 도로 시작점인 "1" • "1 → 699" : 강남대로는 6.99km이다(숫자 1당 10m, 699×10m = 6,990m).	• "대정로23번길" : "대정로" 시작지점에서 약 230m 지점에서 왼쪽으로 분기된 도로 • "← 65" : 현 위치는 도로 끝지점인 "65" • "1 ← 65" : 이 도로는 650m이다(숫자 1당 10m, 65×10m = 650m).

② 양방향용(교차지점)

- "중앙로" : 전방 교차 도로는 중앙로이다.
- "92" : 좌측으로 92번 이하 건물이 위치한다.
- "96" : 우측으로 96번 이상 건물이 위치한다.

③ 앞쪽 방향용(진행방향)

- "사임당로" : 진행방향인 도로가 "사임당로"이다.
- "92" : 현재 위치는 "사임당로" 92번 도로이다.
- "92 → 250" : 남은 거리는 약 1.5km이다(250 - 92 = 158, 158×10m = 1,580m).

▌ 도로명과 건물번호

- 도로명 : 도로구간마다 부여한 이름으로, 주된 명사에 도로별 구분기준인 대로, 로, 길을 붙여서 부여한다.
- 건물번호 : 도로시작점에서 20m 간격으로 왼쪽은 홀수, 오른쪽은 짝수를 부여한다.

▌ 기초번호판

- 기초번호판은 현재의 위치를 나타낸다.
- 기초번호판은 도로명 + 기초번호로 구성된다.
- 건물번호는 주된 출입구에 인접한 도로의 기초번호를 사용하는 것이 원칙이다.

▌ 도로구간 설정

- 직진성과 연속성을 고려하여 서쪽 → 동쪽 방향으로 도로구간 번호를 부여한다.
- 직진성과 연속성을 고려하여 남쪽 → 북쪽 방향으로 도로구간 번호를 부여한다.
- 도로구간을 20m 간격으로 나누어 왼쪽은 홀수(1, 3, 5, 7, …), 오른쪽은 짝수(2, 4, 6, 8, …) 번호를 부여한다.

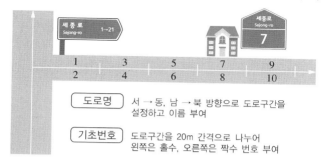

■ 도로명예고표지와 도로명표지의 차이점

① CASE 1

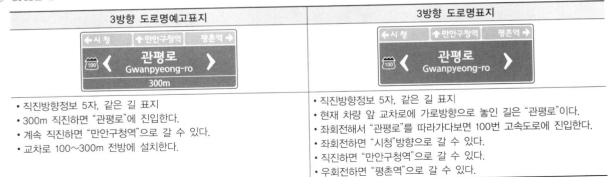

3방향 도로명예고표지	3방향 도로명표지
• 직진방향정보 5자, 같은 길 표지 • 300m 직진하면 "관평로"에 진입한다. • 계속 직진하면 "만안구청역"으로 갈 수 있다. • 교차로 100~300m 전방에 설치한다.	• 직진방향정보 5자, 같은 길 표지 • 현재 차량 앞 교차로에 가로방향으로 놓인 길은 "관평로"이다. • 좌회전해서 "관평로"를 따라가다보면 100번 고속도로에 진입한다. • 좌회전하면 "시청"방향으로 갈 수 있다. • 직진하면 "만안구청역"으로 갈 수 있다. • 우회전하면 "평촌역"으로 갈 수 있다.

② CASE 2 - 직진방향정보 4자 이하

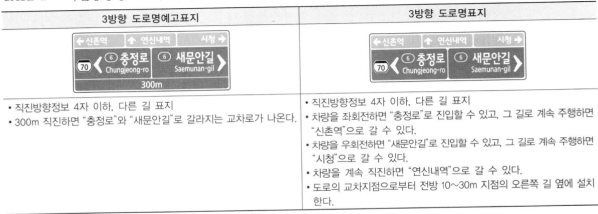

3방향 도로명예고표지	3방향 도로명표지
• 직진방향정보 4자 이하, 다른 길 표지 • 300m 직진하면 "충정로"와 "새문안길"로 갈라지는 교차로가 나온다.	• 직진방향정보 4자 이하, 다른 길 표지 • 차량을 좌회전하면 "충정로"로 진입할 수 있고, 그 길로 계속 주행하면 "신촌역"으로 갈 수 있다. • 차량을 우회전하면 "새문안길"로 진입할 수 있고, 그 길로 계속 주행하면 "시청"으로 갈 수 있다. • 차량을 계속 직진하면 "연신내역"으로 갈 수 있다. • 도로의 교차지점으로부터 전방 10~30m 지점의 오른쪽 길 옆에 설치한다.

③ CASE 3 - 직진방향정보 5자

3방향 도로명예고표지	3방향 도로명표지
• 직진방향정보 5자, 다른 길 표지	• 직진방향정보 5자, 다른 길 표지

④ CASE 4 - K자형 교차로

3방향 도로명예고표지(K자형 교차로)	3방향 도로명표지(K자형 교차로)
	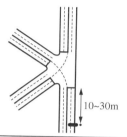
• 화살표에서 화살촉의 모양이 시작점이며, 연결지점인 교차로는 해당 길의 끝부분이다. • 차량이 남쪽에서 북쪽으로 이동하는 경우, 좌회전을 하는 순간 "만리재로"와 "중림로"의 끝부분에 진입하게 된다. • 차량이 남쪽에서 북쪽으로 이동하는 경우, 좌회전하여 "만리재로" 방향으로 계속 진행하면 "만리재로"의 시작점을 향해 갈 수 있다. • 차량이 남쪽에서 북쪽으로 이동하는 경우, 좌회전하여 "중림로"를 통해 "충정로역"에 갈 수 있다. • 차량이 남쪽에서 북쪽으로 이동하는 경우, 차량을 계속 직진하면 "서소문공원"으로 갈 수 있다.	• 도로의 교차지점으로부터 전방 10~30m 지점의 오른쪽 길 옆에 일면식으로 설치한다.

⑤ CASE 5 - 2방향 T자형 교차로

2방향 도로명예고표지(T자형 교차로, 같은 길)	2방향 도로명표지(T자형 교차로, 같은 길)
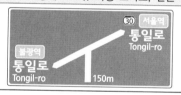	

⑥ CASE 6 - 2방향 Y자형 교차로

2방향 도로명예고표지(Y자형 교차로, 같은 길)	2방향 도로명표지(Y자형 교차로, 다른 길)
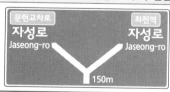	

▋ 3방향 도로명표지 해설

- 현재 나의 차량 앞 교차로에는 가로방향으로 "서소문로"가 있다.
- 좌회전하면 "충정로역"으로 갈 수 있다.
- 계속 직진하면 "독립문"으로 갈 수 있다.
- 우회전하면 "시청"으로 갈 수 있다.
- 교차로 10~30m 전방에 3방향 도로명표지를 설치한다.

▋ 3방향 도로명표지 – 고가 및 지하차도 교차로 표시

고가차도 교차로	지하차도 교차로
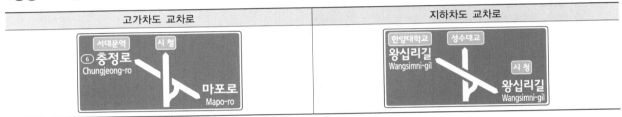	

▋ 회전교차로 도로명표지

▋ 이정표지의 종류

1지명이정표지	2지명이정표지	3지명이정표지
시청 7 km City Hall	시청 12 km City Hall 여의도 7 km Yeouido	김포공항 24 km Gimpo int'l Airport 여의도 7 km Yeouido 반포교 3 km Banpogyo(Br)

▌ 시계표지

- 시계표지는 "시" 경계와 "도시" 지역 경계가 일치하는 지점에 설치한다.
- 영문 표기 시 특별시·광역시·시의 행정구역 단위명은 생략한다.
- 도로명 안내표지 설치지역(도시지역)을 향하여 오른쪽 길 옆에 설치한다.

▌ 주차장예고표지 및 주차장표지

주차장예고표지	주차장표지
주차 Parking 100m →	주차 Parking

▌ 자동차전용도로표지 및 자동차전용도로해제표지

자동차전용도로표지	자동차전용도로해제표지

Win-Q

CHAPTER 01	지게차의 개요	✓ 회독 CHECK 1 2 3
CHAPTER 02	지게차의 구조 및 기능	✓ 회독 CHECK 1 2 3
CHAPTER 03	지게차 작업	✓ 회독 CHECK 1 2 3
CHAPTER 04	지게차 도로주행	✓ 회독 CHECK 1 2 3
CHAPTER 05	지게차 점검 및 유지보수	✓ 회독 CHECK 1 2 3
CHAPTER 06	안전관리	✓ 회독 CHECK 1 2 3

핵심이론

#출제 포인트 분석   #자주 출제된 문제   #합격 보장 필수이론

지게차의 개요

핵심이론 01 | 지게차의 정의 및 분류

(1) 지게차(Forklift)의 정의

작업자가 직접 들고 이동하기 어려운 화물들을 팰릿(Pallet, 파렛트) 위에 올려놓고, 강철로 제작된 2개의 포크(Fork)로 팰릿 하단부에 삽입한 후, 유압의 힘으로 상차 및 하역, 이동 작업을 주요 목적으로 만들어진 건설기계이다. 다른 명칭으로는 "포크리프트 트럭"이라고도 불린다.

(2) 지게차의 분류

구 분		특 징
동력원에 따른 분류	전동형	• 실내용으로 적합하다. • 축전지를 동력원으로 한다. • 소음이 거의 없고, 배기가스가 없다. • 축전지 액의 증발에 따라 냄새가 발생한다.
	디젤엔진형	• 소음이 큰 편이다. • 옥내용으로는 사용이 부적합하다. • 연료비가 저렴하고, 내구성이 좋다. • DPF(매연저감장치)를 부착해야 한다.
	LPG엔진형	• 출력이 디젤, 가솔린엔진형에 비해 약한 편이다. • 유해가스 배출이 디젤, 가솔린엔진형에 비해 적다.
	가솔린엔진형	• 취급이 용이하다. • 경량이며, 고출력을 얻을 수 있다. • 유해가스가 디젤에 비해 다소 적다.
차체 형식에 따른 분류	리치형(Reach)	• 운전자가 서서 조작한다(입승식). • 회전 반경이 좁은 곳에서 주로 사용한다. • 마스트나 포크가 전후로 이동할 수 있다.
	카운터밸런스형 (Counter Balance)	• 운전자는 의자에 앉아서 작업한다(좌승식). • 차체의 전면에 포크와 마스트가 장착되어 있다. • 후면에는 무게 중심추인 카운터웨이트가 있다.
	사이드포크형(Sidefork)	• 이동성이 우수하다. • 포크가 차체의 측면에 장착되어 있다.
	스트래들형(Straddle)	• 차체의 앞부분에 아웃트리거를 설치하여 자체의 안전성을 높인 지게차. • 아웃트리거 사이에 포크를 위치시킨다. • 마스트의 전방 및 후방은 일반적으로 고정시킨다.
바퀴 수에 따른 분류	단륜식	• 적재능력이 4ton 이하일 때 주로 사용한다. • 앞바퀴 1개로 기동성이 좋다.
	복륜식	• 적재능력이 4ton 이상일 때 주로 사용한다. • 앞바퀴 2개로 중량물 취급 시 사용한다. • 브레이크는 안쪽에 장착된다.

구 분		특 징
타이어에 따른 분류	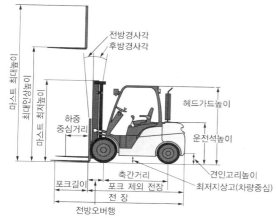 공기 주입구 공기주입식	• 튜브가 있어서 공기를 주입한다. • 접지 압력이 좋다.
	솔리드식	• 튜브가 없는 통고무타이어 형태이다. • 마모가 잘되지 않으나, 가격이 비싸다.

(3) 지게차의 제원

① 정면도의 명칭

② 평면도의 명칭

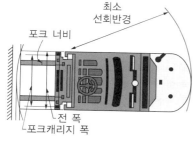

㉠ 전장 : 포크 바깥 끝부분에서 지게차 몸체의 뒤편 끝단까지의 전체길이

㉡ 전고 : 지면에서 지게차의 가장 윗부분까지의 전체길이

㉢ 전폭 : 지게차를 전면이나 후면에서 보았을 때 차체의 양쪽에 돌출된 것 중 제일 긴 것을 기준으로 한 거리

㉣ 축간거리 : 지게차의 앞축과 뒤축 타이어의 중심 간 거리

㉤ 윤거 : 지게차 앞면에서 양쪽 타이어 폭의 중심 간 거리

㉥ 최저 지상고 : 땅바닥에서부터 차체 바닥 혹은 지면에서 마스트 최저점과의 거리

㉦ 자유인상높이 : 포크를 상승시킬 때 안쪽 마스트가 윗면에서 돌출되는 시점에 지면으로부터 포크 윗면까지의 높이

㉧ 최소선회반경(최소회전반경) : 무부하 상태에서 지게차가 최소 각도로 회전할 때, 지게차의 후면 끝단부가 그리는 원의 반지름

(4) 지게차 용어

① 지게차 기준부하상태

㉠ 정차 시 : 지면으로부터의 높이가 300mm인 수평 상태의 지게차의 쇠스랑 윗면에 최대하중이 고르게 가해지는 상태

㉡ 주행 시 : 마스트를 가장 안쪽으로 기울인 상태

② 지게차의 적재능력(Load Capacity, 인양능력)

마스트를 수직으로 세운 상태로 짐을 들어 올렸을 때, 정해진 하중중심 내에서 수직으로 들어 올릴 수 있는 화물의 최대 무게

③ 하중중심 : 포크의 수직면에서 포크 위에 놓인 화물의 무게중심까지의 거리

④ 장비중량 : 지게차에 연료나 냉각수 등이 포함된 상태의 총중량

⑤ 등판능력 : 지게차가 경사지를 오를 수 있는 최대각도로 단위는 %(퍼센트)와 °(도)로 표시

1-1. 지게차 구조 중 전방오버행(LMC)의 거리는?

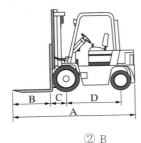

① A
② B
③ C
④ D

1-2. 지게차의 동력원에 따른 분류에 속하지 않는 것은?

① 전동형
② 디젤엔진형
③ LPG 방식
④ 스트래들 방식

1-3. 지게차의 앞축과 뒤축 타이어의 중심 간 거리는?

① 전 장
② 전 고
③ 축간거리
④ 자유인상높이

|해설|

1-1
• A : 전장
• B : 포크길이
• C : 전방오버행
• D : 축간거리

1-2
스트래들형은 차체 형식에 따른 분류에 속한다.

정답 1-1 ③ 1-2 ④ 1-3 ③

핵심이론 02 | **지게차의 각부 명칭**

(1) 지게차의 외부 구조

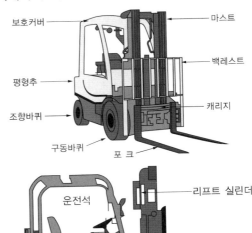

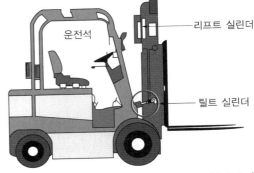

① **보호커버(Overhead Guard)** : 운전자의 윗부분에서 떨어지는 낙하물을 막거나, 지게차의 전도·전복사고 시 작업자를 보호하는 프레임의 일종

② **평형추(무게중심추, Counterweight)** : 지게차의 앞부분에 장착된 포크로 화물을 들어 올릴 때 무게중심이 앞으로 쏠리지 않도록 균형 유지를 위해 지게차의 뒷부분에 장착한 쇳덩이다.

③ **마스트(Mast)** : 지게차 전면부의 메인 기둥으로 기본 마스트와 다단 마스트로 나뉜다. 기본 마스트는 이너마스트와 아웃마스트의 2단 구조이며, 높은 곳에 화물을 적재 및 하역하기 위해 마스트를 추가 장착하는 다단 마스트(다단 자유 인상 마스트)도 사용되고 있다.

④ **포크(Fork)** : 캐리지에 장착된 것으로 화물이 올려진 팰릿을 직접 드는 역할을 하는 기구

⑤ **캐리지(Carriage)** : 마스트 레일을 따라 상승하거나 하강하는 장치로 핑거보드(Finger Board)와 포크(Fork)가 장착된다.

⑥ 백레스트(Back Rest) : 포크로 화물을 들고 마스트를 뒤로 기울였을 때 화물이 마스트 쪽으로 떨어지는 것을 방지하기 위한 짐받이 틀

⑦ 실린더

    ⊙ 틸트 실린더(Tilt Cylinder) : 유압으로 실린더의 길이를 조절하여 마스트를 운전석 쪽이나 바깥쪽으로 기울이면서 전경각과 후경각을 만드는 장치

    ⓒ 리프트 실린더(Lift Cylinder) : 유압으로 마스트나 포크를 위나 아래로 움직일 때 사용하는 장치

⑧ 리프트 체인 : 외부 마스트에 설치된 원동축과 종동축의 스프로킷에 연결되어 두 축 간에 동력을 전달하는 장치로 마스트의 안내면을 따라서 캐리지를 올리고 내리는 역할을 한다.

⑨ 핑거보드 : 포크가 장착되는 부분으로 캐리지에 장착된다.

⑩ 사이드 시프트 : 차체를 이동시키지 않고도 한쪽으로 쏠린 작업물을 들 때 균형을 맞추어 줄 수 있는 장치

(2) 지게차의 실내 구조

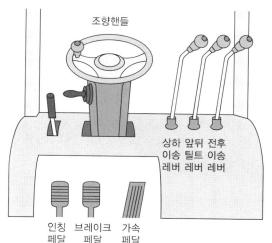

① 조향핸들 : 조향바퀴를 돌리는 핸들로 지게차를 회전시킬 때 사용한다.

② 인칭페달 : 고 rpm이거나 저속에서 미세한 제어를 위한 것으로 지게차가 화물에 접근한 후 높은 rpm으로 유압을 증가시켜 작업을 신속하게 처리하기 위해 밟아서 작동시킨다. 전동지게차에는 인칭기능이 없으며, 가솔린 및 디젤, LPG엔진형 지게차만 인칭기능이 가능하여 인칭페달이 장착된다.

③ 브레이크페달 : 지게차를 정지시킬 때 사용한다.

④ 가속페달 : 지게차의 구동바퀴에 회전부하를 줌으로써 지게차를 움직이게 한다.

⑤ 상하 이송 레버 : 포크를 위나 아래로 이송시키는 레버

⑥ 앞뒤 틸트 레버 : 포크의 수평상태를 기준으로 앞이나 뒤로 기울이는 레버

⑦ 전후 이송 레버 : 포크를 앞이나 뒤로 이송시키는 레버

1. 지게차의 작업장치

| 핵심이론 **01** | 마스트의 구조 및 기능

(1) 마스트(Mast)의 정의

지게차 전면부의 메인 기둥으로 표준 마스트는 이너마스트와 아웃마스트의 2단 구조로 되어 있다. 화물을 더 높은 장소에 적재하거나 하역하기 위해서 마스트의 인상높이를 높여야 하므로, 마스트를 추가로 장착한 다단 자유 인상 마스트도 최근 많이 사용되고 있다.

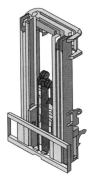

(2) 마스트의 종류

① 표준 마스트 : 마스트가 2개로 구성된 2단 자유 인상 마스트로, 마스트의 최대 인상높이는 대략 2.9~3.3m 이다.

② 3단 자유 인상 마스트 : 마스트가 3개로 구성되며 마스트의 최대 인상높이는 대략 4m이다.

③ 4단 자유 인상 마스트 : 마스트가 4개로 구성되며 마스트의 최대 인상높이는 대략 5m이다.

(3) 작업에 적합한 마스트 선정 절차

지게차 차종 선택 → 화물에 따른 검토 → 작업 조건 검토 → 허용 작업하중 검토 → 마스트 최종 선정

(4) 마스트의 경사각

① 마스트 전경각 : 지게차의 기준 무부하 상태에서 수직면을 기준으로 마스트를 운전석(Cabin)의 반대쪽으로 최대로 기울인 경사각

② 마스트 후경각 : 지게차의 기준 무부하 상태에서 수직면을 기준으로 마스트를 운전석 쪽으로 최대로 기울인 경사각

※ 마스트 경사각은 틸트 실린더로 마스트를 움직이면서 만들어진다.

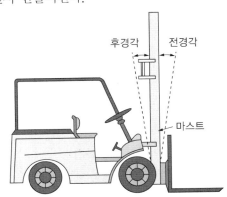

(5) 마스트 작업 시 유의사항

① 틸트 레버를 앞뒤로 밀거나 당기면서 마스트를 앞뒤로 움직인다(틸트 레버를 앞으로 밀면 마스트가 앞으로 기울어지면서 포크도 앞으로 기운다).

② 짐을 싣기 위해 마스트를 약간 앞쪽으로 경사시키고 포크를 끼워 물건을 싣는다.

③ 대형 지게차의 마스트를 기울일 때 갑자기 시동이 정지되면 틸트록 밸브가 작동하여 그 상태를 유지한다.

(6) 마스트 부착 각종 작업장치

① 사이드 시프트(Side Shift) : 한쪽으로 무게중심이 쏠린 작업물을 들 때, 차체를 이동하지 않고도 캐리지를 좌우로 이동시킴으로써, 캐리지에 위치한 핑거보드에 장착된 포크도 같이 좌우로 이동시켜 균형을 맞출 수 있는 작업장치

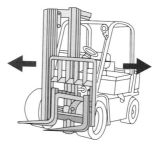

② 회전 롤 클램프(Rotating Roll Clamp) : 물체를 움켜쥐고 회전시켜 화물을 이동 및 적재시킬 수 있는 작업장치

③ 드럼 클램프(Drum Clamp) : 드럼(통)과 같은 원형의 화물을 움켜잡고 이동 및 적재시킬 수 있는 작업장치

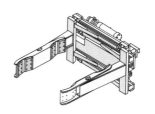

④ 힌지드 포크(Hinged Fork) : 포크를 경사지게 장착하여 안아서 옮기는 형태의 작업장치로 원형의 파이프나 목재 등 둥근 형태의 재료를 옮기기 적합하다.

⑤ 힌지드 버킷(Hinged Bucket) : 힌지드 포크 위에 버킷을 추가하여 로더(건설기계)와 같은 역할을 할 수 있는 작업장치

⑥ 회전 포크(Rotating Fork, 로테이팅 포크) : 절삭 후 버려지는 칩을 담은 칩통을 비울 때 사용하는 작업장치로, 화물을 포크로 들고 360° 회전시킬 수 있음

⑦ 로드 스태빌라이저(Load Stabilizer) : 포크로 든 짐을 상단에 설치된 압착판(덮개)으로 눌러서 고르지 못한 도로를 다닐 때 화물의 쏟아짐을 방지하기 위한 작업장치

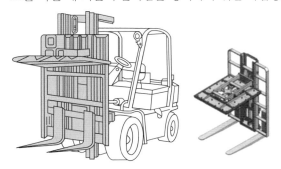

⑧ 푸시 풀 장치(Push Pull) : 푸시 풀 장치 하단부에 장착된 자체 팰릿(Pallet)에 화물을 싣고, 화물을 옮겨 놓을 또 다른 팰릿의 한쪽 가장자리에 내려놓으면서, 자체 팰릿은 뒤로 빼고 풀 장치를 밖으로 내밀며 하역하는 작업장치(단, 작업 방식은 작업자에 따라 다를 수 있음)

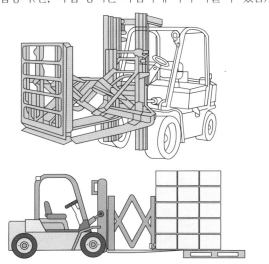

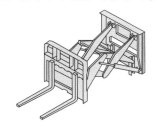

⑨ 로드 익스텐더(Load Extender) : 지게차의 접근이 용이하지 않은 원거리의 팰릿 작업에 사용하는 작업장치

⑩ 포크 포지셔너(Fork Positioner) : 포크의 좌우 간격을 유압실린더를 사용하여 자동으로 변경할 수 있는 작업장치

⑪ 카톤 클램프(Carton Clamp) : 좌우로 벌어지는 넓은 크기의 날개로 작업물을 클램핑하여 운반하는 작업장치

⑫ 베일 클램프(Bale Clamp) : 카톤 클램프와 형식은 유사하나 날개가 넓은 것으로 고정된 것이 아니라, 다양한 크기의 날개를 부착하여 포크 없이도 화물의 양옆에서 클램핑하는 작업장치

⑬ 팰릿 인버터(Pallet Inverter) : 화물을 적재하고 회전시킬 때 3점식 지지점의 형태로 화물을 감싸 적재 상태를 변형하지 않은 상태로 하역 및 적재작업을 하는 작업장치

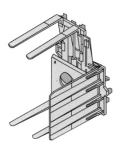

⑭ 아이스클램프 : 얼음 덩어리와 같은 각형의 화물을 마스트 하단의 버킷과 그 상단의 포크장치로 클램핑 해서 이동 및 적재시킬 수 있는 작업장치

⑮ 롤 클램프(페이퍼 롤 클램프) : 페이퍼와 같은 롤 형태의 화물을 클램핑 해서 이동 및 적재시킬 수 있는 작업장치이다. 일단 클램핑 하면 회전할 수 없다는 것이 회전 롤 클램프와 다른 점이다.

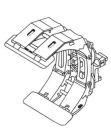

핵심이론 02 | 체인의 구조 및 기능

(1) 체인의 정의

원동축과 종동축의 스프로킷에 연결되어 멀리 떨어진 두 축 간에 동력을 전달하는 쇠줄로 지게차에서는 마스트의 안내면을 따라 캐리지를 올리고, 내리는 역할을 한다.

[체 인]

[스프로킷]

(2) 체인전동장치의 특징

① 유지보수가 쉽다.

② 접촉각은 90° 이상이 좋다.

③ 체인의 길이를 조절하기 쉽다.

④ 내열이나 내유, 내습성이 크다.

⑤ 진동이나 소음이 일어나기 쉽다.

⑥ 축간거리가 긴 경우, 고속전동이 어렵다.

⑦ 여러 개의 축을 동시에 작동시킬 수 있다.

⑧ 마멸이 일어나도 전동효율의 저하가 적다.

⑨ 큰 동력 전달이 가능하며, 전동효율은 일반적으로 90% 이상이다.

⑩ 체인의 탄성으로 어느 정도의 충격을 흡수할 수 있다.

⑪ 고속회전에 부적당하며, 저속회전으로 큰 힘을 전달하는 데 적당하다.

⑫ 전달효율이 크고 미끄럼(슬립)이 없이 일정한 속도비를 얻을 수 있다.

⑬ 초기 장력이 필요 없어서 베어링 마멸이 적고, 정지 시 장력이 작용하지 않는다.

(3) 지게차 체인장치의 점검 항목

① 리프트 체인 상태

② 마스트 베어링 상태

③ 마스트의 상하 작동 상태

④ 좌우 리프트 체인 유격 상태

⑤ 포크와 체인의 연결부위 균열 여부

(4) 체인(롤러체인)의 구조

조립 전	조립 후
외부판 베어링 핀 롤러 내부판 외부판	

10년간 자주 출제된 문제

2-1. 체인전동의 특징으로 알맞지 않은 것은?

① 미끄럼이 발생하기 쉽다.

② 체인 길이를 조절하기 쉽다.

③ 진동이나 소음이 발생하기 쉽다.

④ 축간거리가 길 때에는 고속전동이 어렵다.

2-2. 다음 중 다른 전동방식과 비교하여 체인전동방식의 일반적인 특징에 해당하지 않는 것은?

① 미끄럼이 없는 일정한 속도비를 얻을 수 있다.

② 초장력이 필요 없으므로 베어링의 마멸이 적다.

③ 고속회전에 적당하다.

④ 전동효율이 95% 이상으로 좋다.

|해설|

2-1

체인전동은 스프로킷에 체인의 홈을 걸어 회전시키므로 미끄럼이 발생되지 않는다.

2-2

체인전동방식은 고속회전에 적합하지 않다.

정답 2-1 ① 2-2 ③

핵심이론 03 | 포크와 가이드의 구조 및 기능

(1) 포크의 정의

화물을 들어 올릴 때 사용하는 2개의 지지대이며, 캐리지에 장착된다.

(2) 포크의 구조 및 명칭

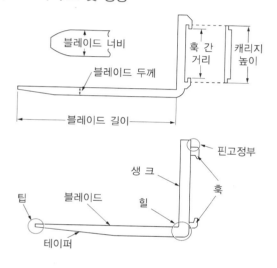

(3) 포크 가이드

지게차를 주차할 때 포크에 의한 상해를 방지하기 위해 포크 가이드를 끼워 놓는다.

2. 지게차 엔진 구조

핵심이론 01 | **엔진(기관) 본체의 구조 및 기능**

(1) 엔진(Engine, 기관)의 정의

지게차가 주행하는 데 필요한 동력을 발생시키는 기계장치로 사용 연료에 따라 가솔린엔진, 디젤엔진, LPG엔진으로 구분된다.

[디젤엔진]

(2) 엔진(기관)의 분류

기 준	종 류	내 용
연소 장소에 따른 분류	내연기관	엔진의 내부에서 연료의 연소가 이루어져서 열에너지를 기계적 에너지로 바꾸는 기계장치
	외연기관	엔진의 외부에서 연료의 연소가 이루어져서 열에너지를 기계적 에너지로 바꾸는 기계장치
점화방식에 따른 분류	압축착화	디젤엔진
	전기점화	가솔린엔진, LPG엔진
냉각방식에 따른 분류	공랭식	엔진에서 열을 흡수한 유체를 열교환기로 흘려보내 공기와의 접촉을 통해 방열시키는 방식
	수랭식	냉각수를 워터펌프로 순환시켜 엔진의 열을 흡수하여 방열시키는 방식
행정길이에 따른 분류	장행정 엔진	실린더의 내경이 행정보다 작은 엔진
	단행정 엔진	실린더의 내경보다 행정이 작은 엔진

(3) 엔진(기관)의 구조

① 실린더블록 : 엔진(기관)을 구성하는 몸체로 피스톤이나 밸브기구 등의 여러 부품들이 장착되는데, 열 방출을 위해 내부에 물 재킷으로 불리는 냉각수 이동통로가 있는 것이 특징이다. 재질은 주로 주철이나 알루미늄, 특수주철로 만들어진다.

② 실린더헤드 : 실린더블록 위에 설치되는 실린더의 머리 부분으로 연소실과 밸브장치가 설치된다.

③ 실린더헤드 개스킷 : 실린더블록과 실린더헤드의 접촉면 사이에 조립되어 가스나 냉각수, 엔진오일 등이 누설되지 않도록 한다. 고온, 고압에 견딜 수 있도록 석면이나 동판 또는 강판으로 제작된다.

④ 크랭크케이스 : 실린더블록의 하단부에 있는 것으로 크랭크 실과 오일 팬으로 구성되어 있다.

⑤ 피스톤 : 실린더의 위아래를 왕복운동하면서 연소실에서의 폭발 힘을 커넥팅로드를 통해 크랭크축에 전달한다. 또한 혼합기를 흡입, 압축하고 연소가스를 배출시키는 역할도 한다.

⑥ 피스톤핀 : 피스톤과 커넥팅로드를 연결하도록 고정시키는 핀이다.

⑦ 커넥팅로드 : 피스톤과 크랭크축을 연결하여 피스톤의 상하 직선운동을 크랭크축의 회전운동으로 변환시키는 역할을 한다.

⑧ 크랭크축 : 피스톤의 상하 왕복운동을 커넥팅로드를 통해서 회전운동으로 바꾸어 전달하는 축이다.

⑨ 플라이휠 : 연소실의 폭발이 크랭크축이 회전할 때마다 일어나지 않으므로, 회전할 때 발생하는 불규칙한 맥동을 막으면서 엔진의 회전을 원활하도록 만들어 주는 장치다. 자동변속기는 토크컨버터가 플라이휠의 기능을 대신하기도 한다.

⑩ 물 재킷(Water Jacket) : 실린더블록과 실린더헤드 내부에 열을 식히기 위한 냉각수의 이동통로로 실린더 벽이나 밸브 시트, 연소실, 밸브가이드의 열을 내리기 위한 구조이다.

[실린더블록]

[실린더헤드]

[실린더헤드 개스킷]

[크랭크축]

[피스톤헤드 및
피스톤핀]

[커넥팅로드]

(4) 지게차 엔진(기관)의 이상 현상

① 엔진 시동 전 점검사항
  ㉠ 냉각수량
  ㉡ 엔진오일량

② 지게차 엔진의 과열 원인
  ㉠ 팬벨트가 헐겁다.
  ㉡ 냉각수가 부족하다.
  ㉢ 물 펌프의 작동이 불량하다.
  ㉣ 냉각장치 내부에 물때가 많다.
  ㉤ 라디에이터(방열기) 코어가 막혔다.

③ 엔진의 배기 상태가 불량하여 배압이 높을 때 발생하는 현상
  ㉠ 엔진이 과열된다.
  ㉡ 엔진의 출력이 감소된다.
  ㉢ 피스톤 운동을 방해한다.

④ 엔진 운전 중 진동이 심할 때 점검해야 할 사항
  ㉠ 엔진의 점화시기 점검
  ㉡ 엔진과 차체의 연결 마운틴 점검
  ㉢ 연료계통의 공기 누설 여부 점검

⑤ 작업 중 엔진 온도가 급상승할 때 가장 먼저 냉각수량부터 점검한다.

(5) 실린더 및 실린더블록

① 실린더의 수가 많은 엔진의 특징
  ㉠ 연료 소비가 많다.
  ㉡ 엔진의 진동이 크다.
  ㉢ 큰 동력을 얻을 수 있다.
  ㉣ 가속이 원활하고 신속하다.
  ㉤ 저속 회전이 용이하고, 큰 동력을 얻을 수 있다.

② 실린더블록에 설치되는 부품
  ㉠ 실린더블록의 상부 설치 부품 : 실린더헤드, 실린더헤드 개스킷
  ㉡ 실린더블록의 하부 설치 부품 : 오일 팬
  ㉢ 실린더블록의 내부 설치 부품 : 크랭크축

③ 실린더블록의 특징
  ㉠ 크랭크축을 지지한다.
  ㉡ 실린더를 냉각시킨다.
  ㉢ 내부에 냉각수 순환통로인 물 재킷 구멍이 만들어진다.
  ㉣ 주철이나 알루미늄을 사용한 주물제품으로 만들어진다.
  ㉤ 내부에 피스톤이 왕복운동을 할 수 있는 실린더가 만들어진다.

(6) 실린더헤드 및 실린더헤드 개스킷

① 실린더헤드의 특징
  ㉠ 실린더블록 상단에 위치한다.
  ㉡ 실린더와 함께 연소실을 만든다.
  ㉢ 냉각수 통로인 워터 재킷(물 재킷)이 있다.
  ㉣ 흡기밸브와 배기밸브, 스파크플러그가 장착된다.
  ㉤ 내열성과 내압성에 견디기 위해 주로 알루미늄합금을 많이 쓴다.

② 실린더헤드 개스킷의 구비조건
  ㉠ 복원성이 클 것
  ㉡ 강도가 적당할 것
  ㉢ 기밀 유지가 좋을 것
  ㉣ 내열성과 내압성이 있을 것

(7) 크랭크축

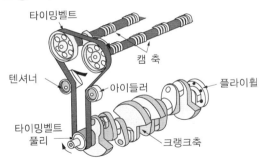

① 크랭크축의 구성

    ㉠ 저널(Journal)

    ㉡ 크랭크핀(Crank Pin)

    ㉢ 크랭크암(Crank Arm)

② 크랭크축의 회전으로 동력을 얻는 장치

    ㉠ 발전기

    ㉡ 캠 샤프트

    ㉢ 워터펌프

(8) 커넥팅로드의 구조

① 대단부 : 크랭크핀과 결합하여 크랭크축과 연결되는 부분

② 생크(본체) : 가운데 뼈대로 소단부와 대단부 연결

③ 소단부 : 피스톤핀이 결합하여 피스톤과 연결되는 부분

(9) 피스톤핀의 특징

① 경량이어야 한다.

② 내마멸성이 좋아야 한다.

③ 급격한 교번하중으로 기계적 강도가 높아야 한다.

(10) 엔진부의 구조

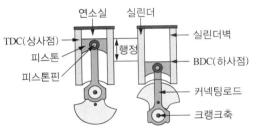

(11) 엔진 관련 주요 용어

용 어	정 의
상사점 (TDC)	• Top Dead Center의 약자 • 피스톤이 실린더 내에서 상하 직선왕복운동을 할 때 피스톤이 올라갈 수 있는 최대의 상단 지점
하사점 (BDC)	• Bottom Dead Center의 약자 • 피스톤이 실린더 내에서 상하 직선왕복운동을 할 때 피스톤이 내려갈 수 있는 최저의 하단 지점
행정 (Stroke)	피스톤이 상사점이나 하사점에서 출발한 후 반대방향 끝까지 한 번 움직인 거리
행정체적 (배기량)	• 실린더에서 피스톤이 움직인 거리의 총부피 • 행정체적(V_s) = 실린더 단면적(A) × 행정길이(L) $$= \frac{\pi d^2}{4} \times L$$ (여기서, d : 실린더 안지름)
압축비(ε)	• 연소실체적과 행정체적을 더한 실린더의 총부피와 연소실체적과의 비 • $\varepsilon = \dfrac{V연소실체적 + V행정체적}{V연소실체적}$
텐셔너 (오토텐셔너)	엔진에서 캠축을 구동시키는 벨트나 체인이 헐거울 때 자동으로 조절하여 장력을 주는 장치
아이들러	엔진에서 벨트에 장력을 주는 장치로 텐셔너와 같은 기능을 하나 고정형이라 위치이동은 불가능하다.
인젝터	연료를 실린더나 기화기 안으로 공급해 주는 장치
연소실 (간극체적)	실린더의 맨 꼭대기부터 TDC 사이의 공간으로 연소가 실제 일어나는 공간

1-1. 실린더의 내경이 행정보다 작은 기관(엔진)을 무엇이라고 하는가?

① 스퀘어 엔진
② 단행정 엔진
③ 장행정 엔진
④ 정방행정 엔진

1-2. 엔진에서 크랭크축의 역할은?

① 원활한 직선운동을 하는 장치이다.
② 엔진의 진동을 줄이는 장치이다.
③ 직선운동을 회전운동으로 변환시키는 장치이다.
④ 원운동을 직선운동으로 변환시키는 장치이다.

1-3. 엔진의 맥동적인 회전을 관성력을 이용하여 원활한 회전으로 바꾸어 주는 역할을 하는 것은?

① 크랭크축
② 피스톤
③ 플라이휠
④ 커넥팅 로드

1-4. 피스톤링에 대한 설명으로 틀린 것은?

① 오일을 제거하고, 피스톤의 냉각에 기여한다.
② 내열성 및 내마모성이 좋아야 한다.
③ 높은 온도에서 탄성을 유지해야 한다.
④ 실린더블록의 재질보다 경도가 높아야 한다.

|해설|

1-1
장행정 엔진은 실린더의 내경이 행정보다 작은 엔진이다.

1-2
크랭크축은 엔진의 구성요소로 피스톤의 직선운동을 크랭크의 회전운동으로 변환시키는 장치다.

1-3
플라이휠은 크랭크축의 끝부분에 연결되며 크랭크의 회전력이 원활히 유지되도록 관성력을 부여하기 위한 원형의 기계요소이다.

1-4
피스톤링은 실린더블록의 재질보다 경도가 낮아야 한다. 만일 높게 되면 실린더블록에 손상을 줄 수 있다.

정답 1-1 ③ 1-2 ③ 1-3 ③ 1-4 ④

핵심이론 02 | 가솔린엔진과 디젤엔진

(1) 가솔린엔진

연료와 공기가 연소실 내에서 혼합되어 압축된 상태로 점화플러그에서 불꽃을 일으켜 착화시키는 전기점화기관이다. 휘발유를 연료로 사용하는 내연기관으로 소음이 적고, 고속 운전이 가능하여 승용차에 주로 사용된다.

(2) 디젤엔진

연소실 내에서 공기만을 압축하여 450~550℃의 고온이 되면 분사펌프로 연료를 분사하여 점화플러그 없이도 자연발화를 하는 자기착화기관이다. 경유를 연료로 사용하는 내연기관으로 소음이 크나 출력이 커서 대형 차량에 주로 사용된다.

(3) 가솔린엔진과 디젤엔진의 차이점

구 분	가솔린엔진	디젤엔진
점화방식	전기불꽃점화	압축착화
최대압력	30~35kg/cm^2	65~70kg/cm^2
압축비	6~11 : 1	15~22 : 1
연소실 형상	간단하다.	복잡하다.
연료공급	기화기 또는 인젝터	분사펌프, 분사노즐
진동 및 소음	작다.	크다.
출력당 중량	작다.	크다.
제작비	저렴하다.	비싸다.
열효율	낮다.	높다.
연료소비율	높다.	낮다.
화재의 위험	높다.	낮다.

(4) 연료의 구비조건

가솔린엔진	디젤엔진
• 발열량이 클 것 • 기화성이 좋을 것 • 부식성이 없을 것 • 앤티노크성이 클 것 • 옥테인값(옥탄가)이 높을 것 • 저장 시 안정성이 있을 것 • 연소 후 유해 화합물이 남지 않을 것	• 세테인값(세탄가)이 높을 것 • 점도가 적당할 것 • 불순물이 없을 것 • 부식성이 없을 것 • 착화성이 좋을 것

(5) 디젤엔진의 연소 과정

착화지연기간 → 급격연소기간 → 제어연소기간 → 후기연소기간

(6) 고속 디젤엔진의 특징

① 가솔린엔진보다 열효율이 높다.
② 가솔린엔진보다 연료소비량이 적다.
③ 가솔린엔진보다 최고 rpm(회전수)이 적다.
④ 인화점이 높은 경유를 연료로 사용하므로 취급이 용이하다.

(7) 디젤 분사노즐의 종류

① 홀형(Hole Type)
② 핀틀형(Pintle Type)
③ 스로틀형(Throttle Type)

(8) 자연발화가 일어나기 쉬운 조건

① 발열량이 클 때
② 표면적이 클 때
③ 착화점이 낮을 때
④ 주위 온도가 높을 때

(9) 디젤엔진의 직접분사실식과 예연소실식의 차이점

직접분사실식	예연소실식
• 열효율이 높다. • 고속회전이 어렵다. • 연료소비량이 적다. • 디젤노크가 일어나기 쉽다. • 실린더헤드의 구조가 간단하다. • 시동이 용이하고, 예열플러그가 필요 없다. • 연소실 용적에 대한 표면적 비율이 낮아 냉각 손실이 작다.	• 냉각 손실이 크다. • 진동과 소음이 적다. • 디젤노크 발생이 적다. • 연료소비율이 큰 편이다.

(10) 디젤엔진에서 조속기(Governor)가 하는 역할

① 엔진의 정지를 방지한다.
② 연료 분사량을 조절함으로써 엔진(기관)의 회전속도를 제어한다.

(11) 4행정 4기통(4실린더) 엔진의 점화(폭발) 순서

① 우수식 : 1 → 3 → 4 → 2
② 좌수식 : 1 → 2 → 4 → 3

> ※ 예제 : 우수식 4기통 엔진의 1번 실린더가 폭발인 경우, 4번 실린더는 어떤 행정인가?
>
> 정답 흡입행정
>
> 해설 다음과 같이 원을 그리고, 원 외곽에 실린더 번호를 문제에 맞게 배치한다. 1번 실린더가 폭발이므로, 시계 반대 방향으로 폭발 순서를 기록하면 4번 실린더는 흡입행정을 한다.

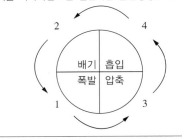

(12) 4행정 6기통(6실린더) 엔진의 점화(폭발) 순서

① 우수식 : 1 → 5 → 3 → 6 → 2 → 4
② 좌수식 : 1 → 4 → 2 → 6 → 3 → 5

> ※ 예제 : 우수식 6기통 엔진의 1번 실린더가 배기행정을 하기 직전인 경우, 3번 실린더는 어떤 행정인가?
>
> 정답 압축행정
>
> 해설 다음과 같이 원을 그리고, 원 외곽에 실린더 번호를 문제에 맞게 배치한다. 1번 실린더가 배기행정 직전이므로 폭발 말에 1을 배치한다. 그리고 시계 반대 방향으로 폭발 순서인 1 → 5 → 3 → 6 → 2 → 4를 기록하면 3번 실린더는 압축행정을 한다.

Tip. 용어 설명
• 4행정 : 흡입 → 압축 → 폭발 → 배기
• 실린더 번호 : 일반적으로 실린더를 차량의 전면에서 바라 보았을 때 좌측부터 1번 실린더, 맨 우측이 6번 실린더
• 우수식 : 조수석 쪽에서 바라보았을 때 타이밍벨트의 회전 방향이 우회전
• 좌수식 : 조수석 쪽에서 바라보았을 때 타이밍벨트의 회전 방향이 좌회전

10년간 자주 출제된 문제

2-1. 직접분사실식 디젤 연소실의 장점이 아닌 것은?
① 실린더헤드가 간단하고 열효율이 높다.
② 시동이 용이하고, 예열플러그가 필요 없다.
③ 디젤노크 발생이 적고 진동, 소음이 적다.
④ 연소실 용적에 대한 표면적 비율이 작아서 냉각손실이 작다.

2-2. 디젤엔진에서 조속기가 하는 역할은?
① 분사시기 조정
② 분사량 조정
③ 분사압력 조정
④ 착화성 조정

|해설|

2-1
직접분사실식은 디젤노크가 일어나기 쉽고 진동이나 소음도 큰 편이다.

2-2
조속기(거버너)는 분사량을 조절함으로써 엔진의 회전속도를 제어한다.

정답 2-1 ③   2-2 ②

핵심이론 03 | 노킹현상(Knocking)

(1) 노킹(노크)의 정의
연소 후반부에 미연소가스의 급격한 자기연소에 의한 충격파가 실린더 내부의 금속을 타격하면서 충격음을 발생하는 현상이다. 노킹현상이 발생하면 실린더 내의 압력이 급상승함으로써 스파크플러그나 피스톤, 실린더헤드, 크랭크축의 손상을 가져오며 출력 저하를 발생시킨다.

(2) 디젤노크의 방지대책
① 압축비를 크게 한다.
② 실린더 체적을 크게 한다.
③ 세테인값이 높은 연료를 사용한다.
④ 엔진의 회전속도와 착화온도를 낮게 한다.
⑤ 흡기의 온도, 압력, 실린더 외벽의 온도를 높게 한다.

(3) 노킹 방지제 : 벤젠, 톨루엔, 아닐린, 에탄올

Tip.
가솔린엔진은 앤티노크성을 수치로 나타낸 옥테인값이 낮으면 좋다. 그리고 디젤엔진은 착화성을 수치로 나타낸 세테인값이 높으면 좋다.

(4) 옥테인값(ON ; Octane Number)
가솔린 연료의 앤티노크성을 수치로 나타낸 값이다. 내폭성이 높은 연료인 아이소옥테인(C_8H_{18})과 내폭성이 낮은 연료인 정헵탄(C_7H_{16})을 100과 0으로 하고, 이 두 연료를 혼합해서 만든 연료의 가치로 "옥테인값 90"이란 내폭성이 높은 연료인 아이소옥테인의 체적이 90%임을 의미한다.

$$ON = \frac{아이소옥테인}{아이소옥테인 + 정헵탄} \times 100\%$$

※ 앤티노크성
가솔린엔진에서 미연소 가스의 조기점화로 인해 엔진의 출력 감소 및 실린더 과열과 같은 이상 연소 현상인 노킹을 일으키기 어려운 성질로 수치가 높은 것이 좋다.

(5) 세테인값(CN ; Cetane Number)

디젤엔진의 착화성을 수치적으로 표시한 것으로 착화성이 가장 좋은 세테인의 착화성을 100, 착화성이 가장 나쁜 α-메틸나프탈렌의 착화성을 0으로 하고, 이들을 표준연료로 하여 착화가 지연될 때 이 표준연료 속의 세테인 함유량을 체적 비율로 표시한 것

$$CN = \frac{\text{세테인}(C_{16}H_{34})}{\text{세테인}(C_{16}H_{34}) + \alpha-\text{메틸나프탈렌}(C_{11}H_{10})} \times 100\%$$

10년간 자주 출제된 문제

3-1. 연료의 세테인값과 가장 밀접한 관련이 있는 것은?

① 열효율
② 폭발압력
③ 착화성
④ 인화성

3-2. 디젤엔진의 노크방지 방법으로 틀린 것은?

① 세테인값이 높은 연료를 사용한다.
② 압축비를 높게 한다.
③ 흡기압력을 높게 한다.
④ 실린더 벽의 온도를 낮춘다.

3-3. 노킹이 발생되었을 때 디젤엔진에 미치는 영향이 아닌 것은?

① 배기가스의 온도가 상승한다.
② 연소실 온도가 상승한다.
③ 엔진에 손상이 발생할 수 있다.
④ 출력이 저하된다.

|해설|

3-1
세테인값은 디젤엔진에서 앤티노크성을 측정하는 척도로 착화성과 관련 있다.

3-2
디젤엔진은 실린더 벽의 온도를 높이면 노크를 방지할 수 있다.

3-3
디젤엔진에서 노킹의 발생과 배기가스의 온도는 관련성이 적으므로 노킹으로 인해 배기가스가 상승하지는 않는다.

정답 3-1 ③ 3-2 ④ 3-3 ①

핵심이론 04 | 윤활장치의 구조 및 기능

(1) 윤활장치의 정의

엔진(기관)이 운전할 때 발생하는 마찰에 의한 베어링 등 부품의 고착을 방지하기 위해 마찰부에 오일을 공급하여 유막(Oil Film)을 형성시킴으로써 마모를 줄이고 효율을 높이기 위한 장치이다. 윤활장치에 사용하는 오일은 윤활유라고 불린다.

(2) 윤활유 및 윤활장치의 기능

① 방청작용
② 냉각작용
③ 윤활작용
④ 마찰 및 마멸 감소
⑤ 응력분산 및 완충
⑥ 기밀(밀봉, 밀폐)작용

(3) 윤활장치의 구성요소

① 오일펌프 : 오일 팬 내부의 오일을 흡입하여 압력을 가해 윤활이 필요한 부분에 공급하는 일을 하는 기계장치
② 오일필터(오일여과기) : 오일(윤활유) 속에 들어 있는 수분이나 카본, 기타 불순물 등을 여과하여 오일을 깨끗하게 유지시켜 주는 장치
③ 오일쿨러(오일냉각기) : 엔진을 순환하는 오일을 냉각시켜 오일의 산화를 방지하고 수명을 길게 만들어 주는 장치
④ 유압조절밸브 : 윤활장치 내부의 유체 압력의 과도한 상승을 방지하고, 일정하게 유지시켜 주는 밸브로 릴리프밸브가 주로 사용된다.
⑤ 오일 팬 : 엔진에서 사용하는 오일의 저장용기로 오일을 냉각시키는 역할도 한다. 내부에 격리판(배플)이, 아래쪽에는 오일 배출에 사용하는 드레인 플러그가 있다.
⑥ 오일 스트레이너 : 윤활장치 내를 순환하는 오일의 불순물을 제거한다.
⑦ 유면표시장치 : 오일 팬 내의 오일량을 점검할 때 사용하는 금속막대로 Low와 Full이 표시되어 있고 정비사

는 그중 Full에 가깝도록 오일을 채운다. 엔진을 정지한 후 게이지를 뽑아서 점검한다.

(4) 윤활유

① 윤활유의 정의 : 기계요소들이 서로 상대운동을 할 때 접촉하는 마찰 부위에 유막을 형성시켜 마찰력 및 기계요소부의 마멸을 줄여주는 기계유로 마찰 부위에 지속적으로 공급된다. 오일로도 불리며 엔진오일, 미션오일, 기계작동유(기계유) 등이 모두 이 윤활유에 속한다.

② 윤활유의 가장 중요한 성질 : 점도

※ 점도 : 유체의 흐름에 대한 저항력으로, 유체의 끈적임 정도로 표현하기도 한다.

③ 윤활유의 윤활 방식

ㄱ 압송식(압송급유) : 오일펌프(Oil Pump)로 오일을 급유하는 방식으로 대부분의 기관에서 가장 많이 사용하는 방식

ㄴ 전압송식 : 4행정 사이클 기관의 윤활 방식 중 피스톤과 피스톤 핀까지 윤활유를 압송하여 윤활하는 방식

ㄷ 비산식 : 오일디퍼(Oil Dipper)로 마찰부에 오일을 급유하는 방식

④ 윤활유의 여과 방식

ㄱ 분류식 : 오일펌프에서 송출된 윤활유의 일부만 오일필터로 여과시켜 오일 팬으로 통과(바이패스)시키고, 나머지 여과되지 않은 윤활유는 윤활부에 직접 공급시키는 방식이다. 베어링이 파손될 우려가 있다.

ㄴ 전류식 : 윤활유 전부가 오일필터를 거친 후 윤활부로 공급되는 방식으로 가장 깨끗한 엔진오일이 공급된다. 베어링 파손의 우려는 분류식에 비해 거의 없는 편이다.

ㄷ 션트식 : 전류식과 분류식의 단점을 보완시켜 윤활유(오일)의 청정도를 높인 방식으로 디젤기관에 주로 사용된다.

⑤ 엔진에서 윤활유의 소비가 과다하게 되는 원인 : 피스톤링의 마멸

(5) 엔진오일

① 엔진오일의 역할

ㄱ 실린더와 크랭크축 사이에서 유막을 형성하여 마찰력을 줄이고, 실린더 벽의 온도를 낮춘다.

ㄴ 크랭크축과 커넥팅로드 사이 회전부의 마찰력을 줄여 기계 작동부의 성능을 유지시킨다.

② 엔진오일(내연기관용 윤활유)이 갖추어야 할 성질

ㄱ 산화안정성이 클 것

ㄴ 기포 발생이 적을 것

ㄷ 부식방지성이 좋을 것

ㄹ 적당한 점도를 가질 것

> Tip. 내연기관(Internal Combustion Engine)
> 기관 내부에 마련된 실린더와 같은 연소공간에서 연소할 때 순간적으로 발생되는 고온, 고압의 팽창 에너지를 이용하여 기계적인 일을 만들어내는 동력발생장치

③ 엔진오일의 급유가 필요한 곳

ㄱ 피스톤

ㄴ 크랭크축

ㄷ 습식 공기청정기

④ 엔진오일의 일반사항

ㄱ 여름에는 점도가 높은 오일(SAE 번호가 큰)을 사용한다.

ㄴ 겨울에는 점도가 낮은 오일(SAE 번호가 작은)을 사용한다.

ㄷ 점도지수가 큰 오일은 온도변화에 따른 점도변화가 작다.

ㄹ 엔진오일 교환 후 압력이 높아졌다면 원인은 점도가 높은 오일로 교환해서이다.

ⓜ 기관에 작동 중인 엔진오일에 가장 많이 포함되는 이물질은 카본(Carbon, 탄소)이다.

⑤ 미국 자동차기술자협회(SAE) 엔진오일 규격 : SAE (Society of Automotive Engineers)는 미국의 자동차 기술자협회로, 오일의 점도를 SAE 다음의 번호로 표시하는데 번호가 클수록 점도가 높다.

겨울용	봄, 가을용	여름용
SAE 10	SAE 20~30	SAE 40

⑥ 미국석유협회(API ; American Petroleum Institute)에서 지정한 API 엔진오일 규격

가솔린기관용	디젤기관용
• ML : 경 부하용 오일	• DG : 경 부하용 오일
• MM : 중간 부하용 오일	• DM : 중간 부하용 오일
• MS : 고 부하용 오일	• DS : 고 부하용 오일

(6) 오일펌프의 종류

분 류		형 상
기어펌프	외접기어펌프	
	내접기어펌프	
	로터식 오일펌프	저압 (입구) 고압 (출구)
로터리펌프		
베인펌프		베 인 입 구 → 출 구 로 터 축

분 류	형 상
플런저펌프	
피스톤펌프	

(7) 4행정 사이클 엔진에 주로 사용되고 있는 오일펌프

① 기어식
② 로터리식

(8) 유압장치에서 금속가루나 불순물을 제거하기 위해 필요한 부품

① 필 터
② 스트레이너

(9) 오일필터(오일여과기)의 종류

① 엘리먼트 교환식(엘리먼트식)

[교환식 엘리먼트]

② 카트리지 교환식(카트리지식)

[교환식 카트리지]

4-1. 건설기계 엔진에서 사용하는 윤활유의 주요 기능이 아닌 것은?

① 기밀작용
② 방청작용
③ 냉각작용
④ 산화작용

4-2. 4행정 사이클 엔진의 윤활방식 중 피스톤과 피스톤핀까지 윤활유를 압송하여 윤활하는 방식은?

① 압력식
② 압송식
③ 비산식
④ 압송비산식

4-3. 윤활유의 성질 중 가장 중요한 것은?

① 온 도
② 점 도
③ 습 도
④ 건 도

| 해설 |

4-1
엔진용 윤활유는 산화작용을 하지 않는다.

4-2
압송식(전압송식)은 오일펌프로 윤활유를 흡입한 뒤 압력을 가하여 윤활부로 공급하는 압송급유방식이다.

4-3
윤활유에서 가장 중요한 성질은 유체의 유동성에 대한 저항의 정도를 의미하는 "점도"이다.

정답 4-1 ④ 4-2 ② 4-3 ②

핵심이론 05 | 연료장치의 구조 및 기능

(1) 연료장치의 정의

실린더 내부에 마련된 연소실로 휘발유나 디젤, LPG 등의 연료를 공급해 주는 장치다.

(2) 연료장치의 구성요소

① 연료필터 : 연료 내에 있는 수분이나 먼지 등을 제거한다.
② 연료펌프 : 연료탱크에 있는 연료를 기화기로 보낼 때 연료를 흡입하기 위한 장치다.
③ 연료탱크 : 연료를 저장하는 용기이다. 화재 방지를 위해 배기 통로나 전기 단자 등 열원으로부터 일정 거리를 두고 차체에 설치된다.
④ 연료파이프 : 연료장치의 각 부분을 연결하여 연료가 운반될 수 있는 통로이다.
⑤ 기화기 : 공기와 연료를 알맞은 비율로 혼합시키는 공간이다.
⑥ 공기청정기 : 엔진으로 흡입되는 공기의 불순물을 여과하기 위한 장치다.
⑦ 연료 게이지 : 운전석 계기판에 연료의 현재 잔량을 표시하기 위한 장치다.

(3) 연료분사의 3요소

① 무화 : 노즐에서 분사되는 연료입자를 미세하게 만들어서 분무시키는 정도
② 분포 : 연료입자가 연소실의 모든 곳에 균일하게 퍼지는 정도
③ 관통력 : 연료입자가 연소실의 먼 곳까지 관통해서 도달할 수 있는 힘

(4) 디젤엔진 연료여과기에 설치된 오버플로 밸브의 역할

① 여과기의 각 부분 보호
② 운전 중 공기 배출 작용
③ 연료공급펌프의 소음발생 억제

(5) 디젤엔진의 연료탱크에서 분사노즐까지 연료의 순환 순서

연료탱크 → 연료공급펌프 → 연료필터 → 분사펌프 → 분사노즐

5-1. 디젤엔진의 연료탱크에서 분사노즐까지 연료의 순환 순서로 맞는 것은?

① 연료탱크 → 연료공급펌프 → 분사펌프 → 연료필터 → 분사노즐
② 연료탱크 → 연료필터 → 분사펌프 → 연료공급펌프 → 분사노즐
③ 연료탱크 → 연료공급펌프 → 연료필터 → 분사펌프 → 분사노즐
④ 연료탱크 → 분사펌프 → 연료필터 → 연료공급펌프 → 분사노즐

5-2. 겨울철에 연료탱크를 가득 채우는 가장 주된 이유는?

① 연료가 적으면 증발하여 손실되므로
② 연료가 적으면 출렁거리기 때문에
③ 공기 중의 수분이 응축되어 물이 생기기 때문에
④ 연료 게이지에 고장이 발생하기 때문에

|해설|

5-1
디젤엔진에서의 연료 순환 순서
연료탱크 → 연료공급펌프 → 연료필터 → 분사펌프 → 분사노즐

5-2
겨울철에는 탱크 내부의 습기가 응축되어 물방울이 생길 수 있으므로 연료탱크를 가득 채워 공간을 줄여야 한다.

정답 5-1 ③ 5-2 ③

핵심이론 06 | 흡기 및 배기장치의 구조 및 기능

(1) 흡기 및 배기장치의 정의
① 흡기장치 : 엔진(기관)으로 연소에 필요한 공기를 공급해 주는 장치
② 배기장치 : 엔진(기관)에서 연소된 가스를 대기 중으로 배출시키는 장치

(2) 흡기장치의 종류
① 흡기다기관 : 혼합기(혼합기체)나 공기를 실린더로 균일하게 공급해 주는 장치
② 공기청정기
  ㉠ 건식 공기청정기 : 여과재를 종이나 천, 다공질의 합성재료로 주름지게 만든 여과장치
    • 구조가 간단하다.
    • 초미세먼지도 잘 거른다.
    • 여과지 교체가 간단하다.
    • 엔진의 회전수 변동에도 여과효율이 안정적이다.
  ㉡ 습식 공기청정기 : 2중 케이스 구조로 내부에는 오일을 흡수하고 있는 스틸 울(Steel Wool)이, 외부에는 윤활유가 들어 있어서 외부에서 먼저 들어온 큰 입자의 먼지나 이물질은 여기서 걸러진다.
③ 과급기 : 엔진에 공기를 강제적으로 밀어 넣어 연소를 돕는 시스템
④ 인터쿨러(Intercooler) : 배기 압력으로 팬을 구동시켜 흡기공기를 압축하여 더 많은 공기를 실린더 안으로 공급함으로써 동일한 배기량에 비해 더 큰 출력을 만들어내는 장치

(3) 과급기의 종류
① 터보차저(Turbo Charger)
  ㉠ 엔진에서 폭발 후 남은 배기가스가 배기다기관(배기 매니폴드)에 연결된 터빈을 돌려 진공청소기처럼 공기를 빨아들여 압축시키는 장치로 배기량에 상관없이 연소에 좋은 성능을 발휘한다.

ㄴ 주요 특징
- 구조가 복잡하다.
- 유지보수가 어렵다.
- 예열과 후열이 필요하다.
- 터빈 작동 시까지 시간 차 발생, 저 rpm 영역에서 배기압이 낮을 때 터보 래그가 발생한다.

② 슈퍼차저(Super Charger)
ㄱ 공기의 압축은 엔진이 구동되는 힘을 이용한다.
ㄴ 주요 특징
- 고 rpm과 고속에서는 터보차저 대비 출력과 연료의 효율이 떨어진다.
- 크랭크축에 근접 설치되므로 엔진룸이나 배기량이 작은 차량에는 설치가 어렵다.
- 배기가스를 이용하지 않으므로 배기 열에 노출되지 않아 엔진룸의 온도 관리에 조금 더 수월하다.
- 엔진의 크랭크축 회전과 동시에 공기를 압축할 수 있기 때문에 터보차저보다 빠른 반응속도를 보인다.

(4) 흡기다기관이 갖추어야 할 조건
① 혼합기를 여러 실린더로 균일하게 공급할 것
② 혼합기에 난류를 형성시켜 기화를 균일하게 만들 것

(5) 배기장치의 구성요소
① 배기다기관
② 배기파이프
③ 소음기

(6) 흡 · 배기밸브의 구비조건
① 열전도율이 좋을 것
② 열팽창률이 낮을 것
③ 고온과 가스에 잘 견딜 것
④ 열에 대한 저항력이 클 것

(7) 디젤엔진 운전 시 흡 · 배기밸브 열림 상태

구 분	흡기밸브	배기밸브
동력(폭발)행정	닫 힘	닫 힘
압축행정	닫 힘	닫 힘
배기행정	닫 힘	열 림
흡입행정	열 림	닫 힘

(8) 배기가스 재순환 장치(EGR ; Exhaust Gas Recirculation)

자동차의 배기가스 중 일부를 흡기다기관으로 유입시켜 연소 온도를 낮춤으로써 질소산화물(NO_x)의 배출을 줄여주는 친환경 장치이다. 배기가스를 재순환시키면 배기가스 중에 포함된 가스인 N_2, CO_2 등에 의해 연소 온도가 낮아져서 질소산화물의 생성을 억제할 수 있다. 일반적으로 질소산화물의 배출이 많은 중속 운전영역에서 EGR 컨트롤 솔레노이드 밸브를 듀티비로 제어한다.

※ 듀티비 : 엔진 회전수와 흡입공기량에 따른 기본 듀티와 냉각수 온도 및 배터리 전압에 의한 보정량으로 결정

> Tip. 질소산화물을 저감하는 방법
> 질소산화물은 높은 연소온도에서 많이 발생하는데, 연소 후 배출되는 배기가스 속에 포함된 질소산화물을 저감하기 위해 일부를 배기관에서 흡기관으로 재순환시킨다. 이때 연소실에는 불활성가스 등이 포함되어 있어서 연소온도가 낮아지게 되며, 이 과정에서 질소산화물이 억제된다.

(9) 디젤엔진 과급기의 특징
① 흡입효율을 높여 출력을 증가시킨다.
② 흡입공기에 압력을 가해 엔진에 공기를 공급한다.
③ 체적효율을 높이기 위해 인터쿨러를 사용한다.
④ 배기 터빈과급기는 주로 원심식이 가장 많이 사용된다.

(10) 공기청정기
① 엔진에서 공기청정기의 설치 목적 : 공기의 여과와 소음방지
② 디젤엔진용 공기청정기가 막혔을 때
ㄱ 출력이 감소한다.

ⓛ 연소가 나빠진다.

ⓒ 배기색은 흑색이 된다.

ⓔ 실린더 내부로 유입되는 공기량이 적어진다.

③ 디젤엔진에서 에어클리너가 막히면 일어나는 현상 : 배기색은 검고, 출력은 저하된다.

(11) 유압식 밸브 리프터의 장점

① 밸브 간극은 자동으로 조절된다.

② 밸브 개폐시기가 정확하다.

③ 밸브 구조가 복잡하다.

④ 밸브 기구의 내구성이 좋다.

(12) 엔진에 장착되는 밸브의 개폐를 돕는 장치 : 로커 암

10년간 자주 출제된 문제

6-1. 터보차저의 특징을 설명한 것으로 가장 거리가 먼 것은?

① 엔진이 고출력일 때 배기가스의 온도를 낮출 수 있다.

② 고지대 작업 시에도 엔진의 출력저하를 방지한다.

③ 구조가 복잡하고 무게가 무거우며 설치가 복잡하다.

④ 과급작용의 저하를 막기 위해 터빈실과 과급실에 각각 물재 킷을 두고 있다.

6-2. 엔진에서 밸브의 개폐를 돕는 것은?

① 너클 암
② 스티어링 암
③ 로커 암
④ 피트먼 암

6-3. 흡·배기밸브의 구비조건이 아닌 것은?

① 열전도성이 좋을 것

② 열에 대한 팽창률이 작을 것

③ 열에 대한 저항력이 작을 것

④ 가스에 견디고 고온에 잘 견딜 것

6-4. 건식공기청정기의 장점이 아닌 것은?

① 설치 또는 분해조립이 간단하다.

② 작은 입자의 먼지나 오물을 여과할 수 있다.

③ 구조가 간단하고 여과망을 세척하여 사용할 수 있다.

④ 엔진 회전속도의 변동에도 안정된 공기청정효율을 얻을 수 있다.

6-5. 디젤엔진에서 흡입밸브와 배기밸브가 모두 닫혀 있을 때는?

① 소기행정
② 배기행정
③ 흡입행정
④ 동력행정

| 해설 |

6-1

터보차저는 소형이면서 경량이므로 설치하기가 비교적 수월하다.

6-2

로커 암은 엔진(기관)부에 설치되어 밸브의 개폐를 돕는다.

6-3

흡기와 배기밸브는 연소실에서 발생되는 고온의 열에 견디기 위해 저항력이 커야 한다.

6-4

건식공기청정기의 여과망은 세척하여 사용할 수 없다.

6-5

흡기와 배기밸브가 닫히면 폭발이 일어나는 동력(폭발)행정이 일어난다.

정답 6-1 ③ 6-2 ③ 6-3 ③ 6-4 ③ 6-5 ④

(1) 냉각장치의 정의

연소열에 의해 엔진(기관)을 구성하는 부품들이 과열되지 않도록 열을 흡수하고, 방열기로 방출하여 엔진 내부를 적절한 온도로 유지하기 위한 장치이다.

(2) 냉각장치의 구조

① 라디에이터(방열기, 응축기) : 엔진(기관)에서 열을 흡수한 물(냉각수)을 코어로 흐르게 하고, 이때 유입되는 공기를 냉각 팬으로 밀어붙여 냉각시키는 장치로 방열장치에 속한다. 또한 고압의 기체냉매를 냉각시켜 액체로 상변화시킨다고 하여 응축기라고도 한다.

[라디에이터]

② 라디에이터 캡 : 라디에이터에 냉각수를 주입하는 주입구의 압력식 뚜껑이다. 냉각수의 비등점(비점)을 대략 110~120℃로 높여서 냉각수의 손실을 방지한다.

③ 수온조절기 : 물 재킷 내부에 설치되어 냉각수의 온도를 약 80℃ 전후로 유지시키는 온도조절장치다.

④ 물재킷(워터 재킷) : 엔진의 냉각수를 순환시킨다.

⑤ 팬벨트 : 크랭크축(Crank Shaft)의 회전력을 워터펌프의 풀리와 발전기의 풀리에 전달함으로써 냉각팬을 회전시키는 벨트로 일반적으로 V벨트를 사용한다.

(3) 엔진(기관)의 냉각 방식

① 강제순환식
② 압력순환식
③ 자연순환식

(4) 냉각장치의 구조별 특징

① 동절기에 냉각수가 얼면 엔진(기관)은 동파된다.

② 엔진의 실린더 벽에서 마멸이 가장 크게 발생하는 부위는 상사점 부근이다.

(5) 라디에이터

① 냉각수에 전달된 엔진(기관)의 물재킷 등에서 흡수한 열을 냉각수로 흡수한 후 라디에이터에서 대기 중으로 열을 방출한다. 주행 시 대기가 내부로 들어와 자연 냉각될 수 있는 높이에 설치된다.

② 라디에이터의 구성
  ㉠ 코 어
  ㉡ 냉각핀
  ㉢ 냉각수 주입구
  ㉣ 위 탱크
  ㉤ 아래 탱크
  ㉥ 오버플로 호스

③ 가압식 라디에이터의 장점
  ㉠ 냉각수의 손실이 적다.
  ㉡ 방열기의 크기를 작게 할 수 있다.
  ㉢ 냉각수의 비등점을 높일 수 있다.

④ 라디에이터의 구비조건
  ㉠ 공기의 흐름 저항이 작을 것
  ㉡ 단위 면적당 방열량이 클 것
  ㉢ 가볍고 작으며, 강도가 클 것
  ㉣ 냉각수의 흐름 저항이 작을 것

⑤ 라디에이터 캡의 특징
  ㉠ 냉각효율을 높이기 위해 방열판이 설치된다.
  ㉡ 냉각장치 내부압력이 부압이 되면 진공밸브는 열린다.
  ㉢ 라디에이터의 재료 대부분은 알루미늄합금이 사용된다.
  ㉣ 라디에이터 캡의 스프링이 파손되면 냉각수 비등점이 낮아진다.
  ㉤ 밀봉 압력식 라디에이터 캡은 냉각수의 비등점(비점)을 올린다.

ⓗ 압력식 라디에이터 캡에 있는 밸브는 압력밸브와 진공밸브이다.

(6) 냉각팬

① 냉각팬의 특징
　　㉠ 냉각팬의 유격이 너무 크면 엔진이 과열된다.
　　㉡ 냉각팬이 회전할 때 공기는 방열기(라디에이터) 방향으로 분다.

② 팬벨트 장력의 점검과정
　　㉠ 팬벨트는 눌러(약 10kgf) 처짐이 약 13~20mm 정도로 한다.
　　㉡ 팬벨트는 발전기를 움직이면서 조정한다.
　　㉢ 팬벨트가 너무 헐거우면 엔진과열의 원인이 된다.
　　㉣ 팬벨트의 장력이 너무 강할 경우에는 발전기 베어링이 손상된다.

(7) 수온조절기

① 냉각수의 적정 온도 : 75~95℃
② 수온조절기의 종류
　　㉠ 벨로스 형식
　　㉡ 펠릿 형식
　　㉢ 바이메탈 형식

(8) 수랭식 냉각 방식의 분류

① 자연순환식
② 강제순환식
③ 밀봉압력식

(9) 부동액

① 부동액은 물과 혼합하여 사용하는 유체로 라디에이터 내부에 주입되어 라디에이터 및 냉각수의 동결을 막기 위한 대체제다.

② 부동액의 주요 성분
　　㉠ 글리세린
　　㉡ 메탄올
　　㉢ 에틸렌글리콜

③ 부동액의 구비조건
　　㉠ 물과 쉽게 혼합될 것
　　㉡ 부식성이 없을 것
　　㉢ 침전물의 발생이 없을 것
　　㉣ 비등점이 물보다 높을 것

10년간 자주 출제된 문제

7-1. 라디에이터 캡의 스프링이 파손되었을 때 가장 먼저 나타나는 현상은?
① 냉각수 비등점이 낮아진다.
② 냉각수 순환이 불량해진다.
③ 냉각수 순환이 빨라진다.
④ 냉각수 비등점이 높아진다.

7-2. 팬벨트에 대한 점검과정이다. 가장 적합하지 않은 것은?
① 팬벨트는 눌러(약 10kgf) 처짐이 13~20mm 정도로 한다.
② 팬벨트는 풀리의 밑부분에 접촉되어야 한다.
③ 팬벨트는 발전기를 움직이면서 조정한다.
④ 팬벨트가 너무 헐거우면 엔진과열의 원인이 된다.

7-3. 수온조절기의 종류가 아닌 것은?
① 벨로스 형식
② 펠릿 형식
③ 바이메탈 형식
④ 마몬 형식

|해설|

7-1
라디에이터 캡의 스프링이 파손되면 압력이 낮아져서 냉각수의 비등점이 낮아진다.

7-2
팬벨트가 풀리의 밑 부분에 접촉되면 미끄럼이 발생할 수 있어 접촉되지 않도록 해야 한다.

7-3
수온조절기의 종류에는 마몬 형식이 없다.

정답 7-1 ① 7-2 ② 7-3 ④

3. 지게차 전기장치

핵심이론 01 시동장치의 구조 및 기능

(1) 시동(始動)장치의 정의

스스로 회전할 수 없는 엔진에 외부 회전력을 주기 위해 스타트 모터를 작동시키면 이와 연결된 크랭크축이 회전하여 엔진을 구동시키는 장치로서 크랭킹 작업을 하는 전기장치이다.

(2) 시동장치의 구성요소

① 스타트 모터(시동전동기)
② 점화스위치(이그니션 스위치, 스타터 스위치)
③ 배터리(축전지)
④ 전기배선

(3) 시동장치의 구성도

이그니션 스위치(점화스위치, Key) → 스타트 모터 → 피니언기어 → 크랭크축

(4) 스타트 모터(시동전동기)

① 스타트 모터의 구성요소

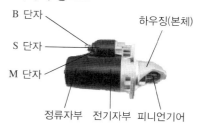

B 단자
하우징(본체)
S 단자
M 단자
정류자부 전기자부 피니언기어

ㄱ 전기자 : 시동전동기에 회전력을 부여하는 장치로 요크 어셈블리 내부에 위치해 있으며, 전기자코일과 정류자로 구성된다.
ㄴ 요크 어셈블리 : 계자코일에 전류를 흐르게 하면 전자석이 되어 자장이 형성되면서 전기자를 회전운동시킨다.
　※ 요크(전동기 몸통) + 계자철심 + 계자코일
ㄷ 피니언기어 : 플라이휠과 직접 연결되어 시동 시 회전시키는 장치이다.

ㄹ 오버러닝 클러치 : 시동 후 시동전동기의 정류자와 전기자코일의 파손 방지, 엔진의 회전력이 시동전동기에 전달되지 않도록 보호하는 기능을 한다.
ㅁ 마그네틱 스위치(솔레노이드 스위치) : B 단자, S 단자, M 단자로 구성된다.
　• B 단자 : 축전지의 (+) 전원과 연결된다.
　• M 단자 : 시동전동기와 솔레노이드 스위치와 연결되어 있으며, 차체와 연결하여 (−) 전원으로 접지시킨다.
　• S 단자 : 점화스위치가 START 상태일 때만 (+) 전원이 인가된다.

② 스타트 모터는 공회전 상태의 엔진에서 크랭크축의 회전과 관계없이 작동된다.

③ 직권전동기와 분권전동기의 차이점

직권전동기	분권전동기
• 부하가 크면 회전속도가 낮아지면서 전류량은 커진다. • 회전속도의 변화가 크다.	• 회전속도가 거의 일정하다. • 회전력이 비교적 작다.

④ 스타트 모터(시동전동기) 성능 시험 항목

ㄱ 저항 시험
ㄴ 무부하 시험
ㄷ 회전력(토크) 시험

(5) 시동장치에서 스타트 릴레이의 설치 목적

① 엔진 시동을 용이하게 한다.
② 키 스위치(시동스위치)를 보호한다.
③ 회로에 충분한 전류가 공급될 수 있도록 하여 크랭킹이 원활하게 한다.

(6) 시동전동기의 회전이 안 되거나 약할 때의 원인 및 점검항목

원 인	점검항목
• 시동스위치 접촉 불량이다. • 배터리 단자와 터널의 접촉이 나쁘다. • 배터리 전압이 낮다.	• 배선의 단선 여부 • 축전지의 방전 여부 • 배터리 단자의 접촉 여부

(7) 시동전동기(기동전동기) 용어

용 어	내 용
정류자	기동전동기의 전기자코일에 항상 일정한 방향으로 전류가 흐르도록 하기 위해 설치한 것
그라울러시험기	기동전동기의 전기자코일을 시험하는 데 사용되는 시험기
계자코일	전류가 흐르면 강력한 전자석이 되며, 자력선을 형성하는 것
로 터	AC 발전기에서 전류가 흐를 때 전자석이 되는 것

(8) 예열플러그의 고장이 발생하는 경우

① 엔진이 과열되었을 때

② 예열시간이 길었을 때

③ 정격이 아닌 예열플러그를 사용했을 때

(9) 오버러닝 클러치 형식의 기동전동기에서 엔진이 기동된 후 계속해서 스위치(I/G Key)를 ST(Start) 위치에 놓을 때 일어나는 현상 : 기동전동기의 피니언기어가 고속회전

(10) 직권전동기의 전기자코일과 계자코일의 연결 방식 : 직렬연결

1-1. 시동장치에서 스타트 릴레이의 설치 목적과 관계없는 것은?

① 회로에 충분한 전류가 공급될 수 있도록 하여 크랭킹이 원활하게 한다.

② 키 스위치(시동스위치)를 보호한다.

③ 엔진 시동을 용이하게 한다.

④ 축전지의 충전을 용이하게 한다.

1-2. 기동전동기 구성품 중 자력선을 형성하는 것은?

① 전기자

② 계자코일

③ 슬립링

④ 브러시

1-3. 오버러닝 클러치 형식의 기동전동기에서 엔진이 기동된 후 계속해서 스위치(I/G Key)를 ST 위치에 놓고 있으면 어떻게 되는가?

① 기동전동기의 전기자에 과전류가 흘러 전기자가 탄다.

② 기동전동기가 부하를 많이 받아 정지된다.

③ 기동전동기의 마그넷 스위치가 손상된다.

④ 기동전동기의 피니언기어가 고속 회전한다.

|해설|

1-1

스타트 릴레이는 엔진을 초기 시동하는 작업과 관련이 있을 뿐 축전지의 충전과는 관련이 없다.

1-2

계자코일에 전류가 흐르면 자력선이 형성되면서 전자석이 된다.

1-3

기동전동기에서 엔진이 기동된 후 계속해서 스위치(I/G Key)를 ST(Start) 위치에 놓으면 기동전동기의 피니언기어가 고속 회전한다.

정답 1-1 ④ 1-2 ② 1-3 ④

핵심이론 02 | 점화장치의 구조 및 기능

(1) 점화(點火)장치의 정의

가솔린엔진이나 LPG엔진과 같은 내연기관의 실린더 내에서 압축된 혼합가스에 불꽃을 점화시켜 폭발에너지를 만드는 전기장치이다.

(2) 점화장치의 구성요소

① 점화코일
② 점화플러그
③ 크랭크 각 센서
④ 전자제어유닛(ECU)
⑤ 파워 트랜지스터(파워 TR)

(3) 점화장치의 구비조건

① 절연성이 우수할 것
② 불꽃 에너지가 높을 것
③ 점화 시기의 제어가 정확할 것
④ 발생 전압이 높고, 여유 전압도 클 것
⑤ 노이즈에 의한 잡음과 전파에 방해가 없을 것

(4) 점화코일(이그니션 코일)

① 점화코일의 정의 : 가솔린엔진의 점화플러그에 고전압을 발생시키며, 불꽃을 발생시키는 변압기의 일종으로 내부 철심의 구조에 따라 "개자로형"과 "폐자로형"으로 분류된다.
② 점화코일의 종류별 특징
  ㉠ 개자로형 점화코일의 특징
    • 부피가 크다.
    • 가격이 저렴하다.
    • 자속 손실이 커서 고전압을 얻기 힘들다.
    • 기계식 배전기의 초기 점화시스템으로 최근에는 잘 사용되지 않는다.
    • 2차 전압은 약 25,000V 정도 발생시킨다.

  ㉡ 폐자로형 점화코일
    • 발생 전압이 높다(2차 전압은 30,000V 이상).
    • 생산비용이 비싸다.
    • 소형이면서, 경량이 가능해서 최근에 많이 사용된다.
    • 자속이 철심 내부에서 생성되므로 자속의 손실이 작다.
③ 자동차에서 점화코일의 필요성 : 12V를 사용하는 자동차에서는 점화플러그에서의 불꽃 방전을 위해 10,000V 이상의 고전압을 발생시킬 필요성이 있어서 변압기의 일종인 점화코일의 사용은 필수적이다.

(5) 디젤엔진의 예열장치 종류

코일형 예열플러그	시스드형 예열플러그
기계적 강도 및 가스에 의한 부식에 약하다.	• 발열량이 크고, 열용량도 크다. • 예열플러그들 사이의 회로는 병렬로 결선되어 있다. • 예열플러그 하나가 단선되어도 나머지는 작동된다.

(6) 파워 트랜지스터(파워 TR)

ECU에 의해 점화코일의 1차 전류 차단 및 연결을 파워 TR의 베이스 단자를 이용해서 최적의 시기에 2차 전압을 발생시키기 위한 전기장치

(7) 용어 정리

① 기전력 : 전류를 흐르게 하는 힘
② 상호유도작용 : 2개의 코일을 근접시킨 후 1개의 코일에 흐르는 변화를 주면 다른 코일에 기전력이 발생한다는 원리
③ 자기유도작용
  ㉠ 자석을 코일에 근접시키면 자기장의 크기가 증가하면서 전류가 발생한다. 또한 코일에는 유도전류가 흐른다.
  ㉡ 유도전류는 근접시키는 자석의 움직임이 빠르거나 코일을 많이 감을수록 큰 전류가 발생한다.

④ 렌츠의 법칙(Lenz's Law) : 코일에 발생된 유도전류의 방향은 자기장의 변화를 방해하는 방향으로 흐른다.

⑤ 자기장의 세기는 자력선의 수에 따라 달라진다.

$$자기장의\ 세기 = \frac{자기력선의\ 수}{단위면적}$$

(1) 충전장치의 정의

① 엔진형 지게차의 충전장치 : 엔진의 회전력을 이용하여 배터리를 충전시키는 장치

② 전동형 지게차의 충전장치 : 연료전지(Fuel Cell)를 충전시키는 장치

(2) 충전장치의 구조

① 배터리(축전지)
② 레귤레이터
③ 제너레이터(알터네이터)
④ 이그니션 스위치(스타터 스위치)

(3) 충전장치의 구비조건

① 내구성이 우수할 것
② 전압에 맥동이 없을 것
③ 정비 등의 유지보수가 쉬울 것
④ 출력전압이 안정되고, 다른 전기회로에는 영향을 미치지 않을 것

(4) 제너레이터(발전기)

[제너레이터]

① 전류의 자기작용을 응용한 전기 발생 장치

② 교류발전기의 특징

　　㉠ 전압 조정기만 필요하다.

　　㉡ 소형이며, 경량이다.

　　㉢ 브러시 수명이 길다.

　　㉣ 저속 발전 성능이 좋다.

③ 디젤엔진 가동 중에 발전기가 고장 났을 때 발생할 수 있는 현상

　　㉠ 충전경고등에 불이 들어온다.

　　㉡ 헤드램프를 켜면 불빛이 어두워진다.

　　㉢ 전류계의 지침이 (−)쪽을 가리킨다.

(5) 교류발전기에서 스테이터 코일에 발생한 교류 : 실리콘 다이오드에 의해 직류로 정류시킨 뒤에 외부로 끌어낸다.

(6) 축전지 케이스와 커버의 세척 : 소다와 물을 섞어 사용한다.

(7) AC 발전기에서 다이오드의 역할

① 교류를 직류로 정류한다.

② 축전지 전류의 역류를 방지한다.

| 핵심이론 04 | 계기장치의 구조 및 기능 |

(1) 계기장치(계기판)의 정의

지게차 운행에 필요한 정보를 등화 및 디지털표시기를 사용해서 표시하여 작업자에게 현재 지게차의 상태를 지시해 주는 장치이다.

(2) 계기장치의 표시내용

① 연료게이지

② 속도게이지

③ 방향지시등

④ 작업표시등

⑤ 엔진점검 경고등

⑥ 브레이크 고장등

⑦ 엔진 예열 표시등

⑧ 연료 레벨 경고등

⑨ 미션오일 온도계

⑩ 배터리 충전 경고등

⑪ 엔진 냉각수 온도계

⑫ 주차브레이크 표시등

⑬ 아워미터(Hour Meter) : 지게차 엔진이 가동된 총시간

(3) 지게차의 실제 계기장치

[출처 : 현대지게차, 지게차의 계기장치]

(4) 계기판의 경고등 작동 원인

이상현상	작동 원인
엔진을 정지하고 계기판 전류계의 지시침을 살펴보니 정상에서 (−) 방향을 지시하고 있다.	• 전조등 스위치가 점등위치에서 방전하고 있다. • 배선에서 누전되고 있다. • 시동 시 엔진의 예열장치를 동작시키고 있다.

(5) 계기판의 경고등 작동 시 조치방법

이상현상	조치 내용
운전 중 갑자기 계기판에 충전 경고등이 점등되었다. 따라서 충전이 되지 않음을 확인했다.	• 축전지의 전압을 측정해서 이상 유무를 확인한다. • 충전계통을 확인해서 교체한다.

4-1. 운전 중 운전석 계기판에서 확인해야 하는 것이 아닌 것은?

① 실린더 압력계
② 연료량 게이지
③ 냉각수 온도게이지
④ 충전 경고등

4-2. 엔진을 정지하고 계기판 전류계의 지시침을 살펴보니 정상에서 (-) 방향을 지시하고 있다. 그 원인이 아닌 것은?

① 전조등 스위치가 점등위치에서 방전하고 있다.
② 배선에서 누전되고 있다.
③ 시동 시 엔진 예열장치를 동작시키고 있다.
④ 발전기에서 축전지로 충전되고 있다.

4-3. 운전 중 갑자기 계기판에 충전 경고등이 점등되었다. 그 현상으로 맞는 것은?

① 정상적으로 충전이 되고 있음을 나타낸다.
② 충전이 되지 않고 있음을 나타낸다.
③ 충전계통에 이상이 없음을 나타낸다.
④ 주기적으로 점등되었다가 소등되는 것이다.

| 해설 |

4-1
실린더 압력계는 관련 측정기를 직접 연결해서 확인이 가능하며, 계기판에서는 확인이 불가능하다.

4-2
계기판 전류계의 지시침이 정상에서 (-) 방향이라면 현재 충전이 되지 않음을 나타낸 것이다.

4-3
계기판에 충전 경고등이 들어왔다면 이는 현재 충전이 안 되고 있음을 지시하는 것이다.

정답 4-1 ① 4-2 ④ 4-3 ②

핵심이론 05 | 등화장치의 구조 및 기능

(1) 등화(燈火)장치의 정의

지게차에서 조명, 신호, 지시, 경고용 등 여러 목적으로 빛을 밝히는 장치로 램프나 배선, 스위치, 퓨즈 등으로 구성된다.

(2) 등화장치의 종류

① 전조등
② 방향지시등
③ 비상등
④ 후진등
⑤ 번호판등

(3) 전조등의 구성요소

① 전 구
② 렌 즈
③ 반사경

(4) 전조등 회로의 구성요소

① 퓨 즈
② 디머 스위치
③ 라이트 스위치

(5) 등화장치의 고장 원인

① 헤드라이트가 한쪽만 점등되었을 때의 고장 원인
  ㉠ 전구 불량
  ㉡ 전구 접지불량
  ㉢ 한쪽 회로의 퓨즈 단선
② 운전 중 엔진오일 경고등이 점등되었을 때의 원인
  ㉠ 윤활계통이 막혔을 때
  ㉡ 오일필터가 막혔을 때
  ㉢ 오일 드레인 플러그가 열렸을 때
③ 운전 중 계기판에 충전 경고등이 점등되었다면, 충전이 되고 있지 않음을 나타낸다.

(6) 등화장치 고장 시 해결 방법

① 방향지시등의 한쪽 등이 빠르게 점멸하고 있을 때, 운전자가 가장 먼저 전구(램프)를 점검하여야 한다.

② 실드빔 형식의 전조등을 사용하는 건설기계장비에서 전조등 밝기가 흐려 야간운전에 어려움이 있을 때 전조등을 교체하여야 한다.

(7) 엔진을 정지하고 계기판 전류계의 지시침을 살펴보니 정상에서 (-) 방향을 지시하고 있을 때의 그 원인

① 전조등 스위치가 점등위치에서 방전하고 있다.

② 배선에서 누전되고 있다.

③ 시동 시 엔진 예열장치를 동작시키고 있다.

(8) 건설기계의 전조등 성능을 유지하기 위하여 가장 좋은 방법 : 복선식

① 복선식은 큰 전류가 흐르는 회로에 주로 사용된다.

② 접지 쪽에도 전선을 사용하여 병렬로 연결하는 복선식을 사용한다.

(9) 실드빔식 전조등의 특징

① 내부에 불활성가스가 들어 있다.

② 사용에 따른 광도의 변화가 적다.

③ 렌즈와 반사경, 필라멘트 일체형이다.

④ 대기 조건에 따라 반사경이 흐려지지 않는다.

⑤ 고장 시 렌즈를 교환할 수 없이 전조등 통째로 교체해야 한다.

5-1. 건설기계의 전조등 성능을 유지하기 위하여 가장 좋은 방법은?

① 단선으로 한다.

② 복선식으로 한다.

③ 축전지와 직결시킨다.

④ 굵은선으로 갈아 끼운다.

5-2. 야간작업 시 헤드라이트가 한쪽만 점등되었다. 고장 원인으로 가장 거리가 먼 것은?

① 헤드라이트 스위치 불량

② 전구 접지불량

③ 한쪽 회로의 퓨즈 단선

④ 전구 불량

5-3. 조명에 관련된 용어의 설명으로 틀린 것은?

① 조도의 단위는 루멘이다.

② 피조면의 밝기는 조도로 나타낸다.

③ 광도의 단위는 cd이다.

④ 빛의 밝기를 광도라 한다.

| 해설 |

5-1

접지 쪽에도 전선을 사용하여 병렬로 연결하는 복선식은 큰 전류가 흐르는 회로에 사용해도 안정성이 좋아서 전조등의 성능을 유지하기 위한 좋은 방법이다.

5-2

헤드라이트가 한쪽이라도 점등되었다는 것은 스위치는 정상 작동했다는 뜻이다.

5-3

조도의 단위는 럭스(lx)이다.

정답 5-1 ② **5-2** ① **5-3** ①

핵심이론 06 | 퓨즈의 구조 및 기능

(1) 퓨즈의 기능

전기장치를 구성하는 회로에 과도한 전류가 흐를 경우 해당 장치의 고장이나 화재를 막기 위한 과전류 보호장치이다.

퓨즈박스(커버 장착)　　퓨즈박스(커버 탈거)

[그림 : 현대지게차]

(2) 퓨즈의 용량의 표시 단위 : A(Ampere, 암페어)

(3) 퓨즈의 특징

① 주로 직렬로 결선한다.
② 지게차용 전기직렬회로에 사용하는 퓨즈의 용량은 회로 내 전류의 1.5~1.7배이다.

(4) 전조등 회로에서 퓨즈의 접촉이 불량할 때 : 전류의 흐름이 나빠져서 퓨즈가 끊어지는 현상이 나타날 수 있다.

(5) 지게차의 리프트 실린더 작동 회로에서 플로 프로텍터(벨로시티 퓨즈)를 사용하는 목적 : 컨트롤 밸브와 리프트 실린더 사이에서 배관 파손 시 적재물의 급강하를 방지한다.

(6) 퓨즈용량(A) 계산법

회로도	풀이 과정
6V30W　6V30W 퓨 즈 6V100Ah	회로도에서 회로는 병렬연결이므로 6V30W, $30W = 6V \times I$(전류)이다. 여기서 용량 A는 다음과 같다. $I = 5A \times 2 = 10A$

(7) 트랜지스터(TR)의 회로작용

① 증폭작용
② 발진작용
③ 정류작용
④ 검파작용
⑤ 스위칭작용

(8) 용어 해설

① 단선 : 배선이 끊어지는 현상
② 단락 : 배선이 겹쳐져서 합선되는 현상

10년간 자주 출제된 문제

6-1. 전조등 회로에서 퓨즈의 접촉이 불량할 때 나타나는 현상으로 옳은 것은?

① 전류의 흐름이 나빠지고 퓨즈가 끊어질 수 있다.
② 기동전동기가 파손된다.
③ 전류의 흐름이 일정하게 된다.
④ 전압이 과대하게 흐르게 된다.

6-2. 퓨즈의 접촉이 나쁠 때 나타나는 현상으로 옳은 것은?

① 연결부의 저항이 떨어진다.
② 전류의 흐름이 높아진다.
③ 연결부가 끊어진다.
④ 연결부가 튼튼해진다.

|해설|

6-1
전조등 회로에서 퓨즈가 접촉 불량이면 전류의 흐름이 나빠지고 끊어질 수 있다.

6-2
퓨즈의 접촉이 나쁘면 연결부가 끊어진다.

정답 6-1 ① 6-2 ③

핵심이론 07 | 축전지의 구조 및 기능

(1) 축전지(Storage Battery)의 정의

절연체를 기준으로 양쪽에 2장의 금속판을 마주 보게 한 다음, 각각 (+), (−) 전원을 연결한 뒤 전압을 가하면 두 판은 서로 잡아당기는 원리로 전기를 저장하는 장치이다. 그 용량은 정전용량이라고도 하며, 주로 사용하는 종류는 납산축전지와 MF(Maintenance Free) 축전지가 있다.

(2) 정전용량(Q)

2장의 금속판에 단위 전압을 가했을 때 전기를 저장할 수 있는 능력을 표시하는 단위

$Q = C$(비례상수) $\times V$(전압)

(3) 축전지의 가장 중요한 역할

① 엔진 시동 시 기동장치에 전원을 공급한다.
② 발전기 고장 시 일시적으로 전원을 공급한다.
③ 발전기 출력과 필요한 부하가 불균형할 때 중간에서 부하를 담당한다.

(4) 축전지의 구조

① (+) 전극
② (−) 전극
③ 양극판
④ 음극판
⑤ 플러그
⑥ 격리판
⑦ 셀 칸막이
⑧ 극판 스트랩
⑨ 축전지 케이스
⑩ 전해액 표시선

(5) 납산축전지

① 납산축전지의 구성
  ㉠ (+) 양극판 : 과산화납
  ㉡ (−) 음극판 : 해면상납
  ㉢ 전해액 : 묽은 황산

② 납산축전지의 특징
  ㉠ 납산축전지의 방전종지 전압 : 1.75V
  ㉡ 음극판이 양극판보다 1장 더 많은 구조다.
  ㉢ 전압은 셀의 개수와 셀 1개당 전압에 의해 정해진다.
  ㉣ 12V 납산축전지의 셀 수는 약 2V의 셀이 6개로 되어 있다.
  ㉤ 축전지의 셀당 극판 수를 늘려 용량을 증가하여 전류량을 증가시킨다.
  ㉥ 양극판이 과산화납, 음극판은 해면상납, 전해액은 묽은 황산으로 구성되어 있다.
  ㉦ 축전지의 용량은 극판의 크기, 극판의 수 및 전해액(황산)의 양에 의해 결정된다.
  ㉧ 축전지의 전압은 셀을 직렬로 연결하여 계산하며, 12V의 축전지는 6개의 셀이 직렬로 연결된다.

③ 납산축전지의 전해액을 만들 때 황산과 증류수의 혼합방법
  ㉠ 증류수에 황산을 조금씩 부으면서 잘 젓는다.
  ㉡ 전기가 잘 통하지 않는 용기를 사용하여 혼합한다.
  ㉢ 추운 지방인 경우 온도가 표준온도일 때 비중이 1.280이 되게 측정하면서 작업을 끝낸다.

(6) MF(Maintenance Free) 축전지의 특징

① 무보수용 축전지이다.
② 밀봉 촉매 마개를 사용한다.
③ 격자는 납과 칼슘으로 만들어진다.
④ 증류수를 점검하거나 보충하지 않는다.

(7) 축전지의 용량을 결정짓는 인자

① 셀당 극판 수
② 극판의 크기
③ 전해액의 양

(8) 축전지 연결에 따른 전압과 전류 변화

① 지게차용 축전지 2개를 병렬로 연결 → 전압은 그대로, 전류는 증가
② 지게차용 축전지 2개를 직렬로 연결 → 전압은 증가, 전류는 그대로

(9) 축전지 취급 방법

① 축전지를 보관할 때는 가능한 충전시키는 것이 좋다.
② 2개 이상의 축전지를 병렬로 배선할 경우 (+)와 (+), (−)와 (−)를 연결한다.
③ 축전지의 용량을 크게 하기 위해서는 다른 축전지와 병렬로 연결하면 된다.
④ 축전지의 방전이 거듭될수록 전압이 낮아지고 전해액의 비중도 낮아진다.

(10) 일반적인 축전지 터미널의 식별법

① (+), (−)의 표시로 구분한다.
② 굵고, 가는 것으로 구분한다.
③ 적색과 흑색 등의 색으로 구분한다.

(11) 전해액의 비중에 따른 축전지의 자기방전

① 100% 완전 충전 : 1.260~1.280
② 75% 충전 : 1.210~1.259
③ 50% 충전 : 1.150~1.209
④ 25% 충전 : 1.100~1.149
⑤ 0% 상태 : 1.050~1.099

(12) 축전지 충전방법

종 류	내 용
정전류 충전법	• 충전 초기부터 일정한 전류를 유지하며 충전하는 방식 • 최초의 충전용량이 작아서 극판의 손상이 적다. • 충전 말기에는 충전율이 높아서 과충전의 우려가 있다.
정전압 충전법	• 충전 시작부터 끝까지 일정한 전압으로 충전하는 방식 • 충전효율이 좋고, 가스 발생이 거의 없다. • 충전율이 낮아서 과충전의 우려가 적다. • 극판이 손상되기 쉽고, 초기 전류값이 커지는 단점이 있다.
준정전압 충전법	• 충전 초기에 큰 전류가 흐르게 한 뒤 시간이 지나면 정전압 충전법으로 바꾸는 충전방식 • 충전기와 축전지 사이에 직렬저항을 둔다.
단별전류 충전법	• 충전 초기에 큰 전류로 충전하며, 시간이 갈수록 단계적으로 전류를 내려가면서 충전한다. • 충전 중 전해액의 온도 상승률이 작다.

(13) 배터리의 완전 충전된 상태의 화학식

PbO_2(과산화납) + $2H_2SO_4$(묽은 황산) + Pb(순납)

(14) 축전지 커버에 붙은 전해액을 세척할 때 : 중화제인 베이킹 소다수를 사용한다.

(15) 전동식 지게차의 축전지에 부착해야 할 확인표지판 항목

① 형 식
② 일련번호
③ 정격볼트(전압)
④ 축전지 제조자 이름
⑤ 축전지의 총중량(케이스 포함)
⑥ 5시간에 대한 시간당 용량(암페어)

7-1. 납산축전지의 용량은 어떻게 결정되는가?

① 극판의 크기, 극판의 수, 황산의 양에 의해 결정된다.
② 극판의 크기, 극판의 수, 단자의 수에 따라 결정된다.
③ 극판의 수, 셀의 수, 발전기의 충전능력에 따라 결정된다.
④ 극판의 수와 발전기의 충전능력에 따라 결정된다.

7-2. 일반적인 축전지 터미널의 식별법으로 적합하지 않은 것은?

① (+), (−)의 표시로 구분한다.
② 터미널의 요철로 구분한다.
③ 굵고, 가는 것으로 구분한다.
④ 적색과 흑색 등 색으로 구분한다.

7-3. 납산축전지를 오랫동안 방전상태로 두면 사용하지 못하게 되는 원인은?

① 극판이 영구 황산납이 되기 때문이다.
② 극판에 산화납이 형성되기 때문이다.
③ 극판에 수소가 형성되기 때문이다.
④ 극판에 녹이 슬기 때문이다.

7-4. 12V용 납산축전지의 방전종지 전압은?

① 12V
② 10.5V
③ 7.5V
④ 1.75V

|해설|

7-1
납산축전지의 용량은 극판의 크기, 극판의 수, 황산의 양에 따라 결정된다.

7-2
축전지용 터미널은 (+), (−)의 표시, 굵은선과 가는선, 적색과 흑색으로 구분하며, 요철로는 구분하지 않는다.

7-3
납산축전지를 방전상태로 두면 극판이 영구 황산납이 되어 축전지의 역할을 하지 못한다.

7-4
방전종지 전압 1.75V에 셀의 수를 곱하면 $1.75 \times 6 = 10.5$V이다.

정답 **7-1** ① **7-2** ② **7-3** ① **7-4** ②

4. 지게차 주행장치

핵심이론 01 주행장치의 정의 및 종류

(1) 주행장치(走行裝置)의 정의

지게차의 바퀴가 회전하는 데 필요한 모든 장치들이 함께 연동하여 작동함으로써 지게차를 원하는 목적지까지 이동시켜 주는 장치이다.

(2) 주행장치의 종류

① 조향장치 : 핸들
② 변속장치 : 수동기어장치, 자동기어장치
③ 제동장치 : 브레이크, 타이어
④ 현가장치 : 유압식 서스펜션, 공압식 서스펜션
⑤ 동력전달장치 : 클러치, 커플링, 종감속장치, 차동기어장치

주행장치의 종류에 속하지 않는 것은?

① 핸 들
② 바 퀴
③ 퓨 즈
④ 클러치

정답 ③

(1) 조향장치의 정의

운전자가 원하는 방향으로 핸들을 돌리면 지게차의 방향을 바꾸어 주는 장치이다.

[지게차의 유압식 조향장치(현대)]

(2) 조향장치의 구조

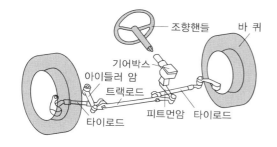

(3) 조향장치가 갖추어야 할 조건

① 정비가 용이할 것
② 조작하기 쉽고, 방향전환이 확실할 것
③ 주행 중 충격이 조향장치에 미치지 않을 것
④ 조향 휠의 회전과 바퀴 선회 차가 크지 않을 것
⑤ 고속 주행에서도 조향 핸들의 조작이 안전할 것
⑥ 회전 반지름이 작아서 폭이 좁은 도로에서도 방향 전환이 쉬울 것

(4) 조향핸들의 유격이 커지는 원인

① 피트먼 암의 헐거움
② 조향기어, 링키지 조정 불량
③ 앞바퀴 베어링 과대 마모
④ 타이로드 엔드 볼 조인트 마모

(5) 동력조향장치의 장점

① 작은 조작력으로 조향 조작이 가능하다.
② 조향 핸들의 시미 현상을 줄일 수 있다.
③ 설계·제작 시 조향 기어비를 조작력에 관계없이 선정할 수 있다.

(6) 조향륜 정렬 점검하기

① 토인(Toe-in) : 주행할 때 앞바퀴가 자연적으로 벌어지려는 현상을 보상하기 위해 타이어 앞부분의 간격이 뒷부분의 간격보다 좁은 상태
② 캐스터 : 바퀴를 옆에서 보았을 때 킹핀 중심선이 수직선에 대해 어느 한쪽으로 기울어진 상태
③ 캠버 : 바퀴를 정면에서 보았을 때 바퀴 중심선이 수직선에 대해 어느 한쪽으로 기울어진 상태

(7) 지게차의 일반적인 조향방식 : 뒷바퀴 조향방식

(8) 벨 크랭크 : 지게차의 유압식 조향장치에서 조향실린더의 직선운동을 축의 중심으로 하는 회전운동으로 바꾸어 줌과 동시에 타이로드에 직선운동을 시켜 주는 것

(9) 타이어의 구조

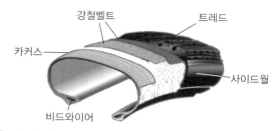

① 카커스(Carcass) : 타이어에서 고무로 피복된 코드를 여러 겹으로 겹친 층에 해당되며 타이어의 골격을 이루는 부분이다.
② 트레드(Tread) : 노면과 직접 접촉하는 부분으로 접촉하는 면적에 따라 접지력이 달라진다. 또한 노면과 접촉했을 때 물기가 빠지는 물길의 형태에 따라 트레드 형상은 달라진다.

③ 비드와이어(비드부) : 철선으로 타이어를 림에 강력하게 고정시키기 위해 사용한다. 튜브리스 타이어는 비드와이어가 타이어와 림 사이에 기밀을 유지시키는 역할도 한다.

④ 강철벨트(브레이커, 코드벨트) : 트레드와 카커스의 중간부분에 위치하는 강철로 만든 벨트로 외부의 충격이 내부에 전달되는 것을 막아 손상을 방지한다.

⑤ 사이드월(숄더부) : 타이어의 측면부로 카커스를 보호하는 역할을 한다.

10년간 자주 출제된 문제

2-1. 지게차의 일반적인 조향방식은?

① 앞바퀴 조향방식이다.
② 뒷바퀴 조향방식이다.
③ 허리꺾기 조향방식이다.
④ 작업조건에 따라 바꿀 수 있다.

2-2. 타이어식 건설기계에서 조향 바퀴의 토인을 조정하는 것은?

① 핸 들
② 타이로드
③ 웜기어
④ 드래그링크

2-3. 앞바퀴 정렬 요소 중 캠버의 필요성에 대한 설명으로 틀린 것은?

① 앞차축의 휨을 적게 한다.
② 조향 휠의 조작을 가볍게 한다.
③ 조향 시 바퀴의 복원력이 발생한다.
④ 토(Toe)와 관련성이 있다.

| 해설 |

2-1
지게차는 일반적으로 뒷바퀴 조향방식을 사용한다.

2-2
조향 바퀴의 토인은 타이로드와 연결된 너트를 조이거나 풀면서 조정한다.

2-3
조향 시 바퀴에 복원력을 주기 위한 것은 캐스터이다.

정답 2-1 ② 2-2 ② 2-3 ③

핵심이론 03 | 변속장치의 구조 및 기능

(1) 변속기(트랜스미션)의 정의

지게차의 속도를 변속시키는 장치이다.

[트랜스미션]

(2) 건설기계에서 변속기의 구비조건

① 전달효율이 좋아야 한다.
② 단계 없이 연속적으로 변속되어야 한다.
③ 소형 경량이며, 수리하기가 쉬워야 한다.
④ 변속 조작이 쉽고, 신속 · 정확 · 정숙해야 한다.

(3) 변속기의 필요성

① 엔진의 회전력을 증대시킨다.
② 장비의 후진 시 필요로 한다.
③ 시동 시 장비를 무부하 상태로 한다.

(4) 변속기의 특징

수동변속기가 장착된 동력전달장치에서 클러치판은 변속기 입력 축의 스플라인에 끼워져 있다.

(5) 수동식 변속기가 장착된 건설기계에서 기어의 이상음이 발생하는 이유

① 기어 백래시 과다
② 변속기의 오일 부족
③ 변속기 베어링의 마모

(6) 변속장치에서 클러치의 필요성

① 관성운동을 하기 위해
② 기어 변속 시 엔진의 동력을 차단하기 위해
③ 엔진 시동 시 엔진을 무부하 상태로 만들기 위해

(7) 자동변속기의 과열 원인

① 메인 압력이 높을 때
② 과부하 운전을 계속했을 때
③ 변속기 오일쿨러가 막혔을 때

(8) 클러치의 용량

기관 회전력의 1.5~2.5배 정도가 적합하다.

핵심이론 04 │ 동력전달장치의 구조 및 기능

(1) 동력전달장치의 정의

엔진에서 발생한 동력을 지게차가 주행할 수 있도록 알맞게 속도를 변환시켜 구동 바퀴에 그 힘을 전달하는 장치이다.

(2) 동력전달장치의 구조

① 엔 진
② 구동축(액슬)
③ 변속기(트랜스미션)
④ 유압기어펌프
⑤ 토크컨버터 : 엔진의 동력을 터빈 샤프트를 거쳐 클러치 샤프트로 전달한다.

(3) 트랜스미션의 토크컨버터

엔진에 의해 회전하는 임펠러를 입력축으로 하고, 출력부에 연결된 터빈, 스테이터 등 3개 요소로 구성된 토크컨버터의 내부는 오일로 채워져 있다. 임펠러가 회전하면서 유체에너지가 생기면 오일은 원심력에 의해 터빈에 힘을 전달하여 토크를 발생시키고, 스테이터에 의해 흐름이 바뀌면서 스테이터에는 반대 방향의 토크를 발생한다. 이때 출력 토크는 엔진 토크의 몇 배 이상으로 증가한다.

(4) 지게차 토크

지게차는 막 주행을 시작하려고 할 때 최대의 출력 토크가 발생되며, 정속 시에나 최대 속도로 도로를 달릴 때에는 큰 토크를 필요로 하지 않는다.

(5) 차동기어장치(Differential Gear)

① 지게차의 선회를 원활하게 하는 장치
② 자동차가 울퉁불퉁한 요철부분을 지나갈 때 서로 달라지는 좌우 바퀴의 회전수를 적절히 분해하여 구동시키는 장치로 직교하는 사각구조의 베벨기어를 차동기어열에 적용한 장치이다.

[차동기어장치]

(6) 토크컨버터의 구성

① 임펠러 : 입력축인 엔진과 직결되어 엔진과 같은 회전수로 회전하는 펌프의 일종이다.

② 단방향 클러치 : 터빈의 회전력이 커지면, 오일의 방향이 바뀌면서 스테이터의 뒷면에 부딪쳐 펌프의 회전을 방해하는데 이것을 방지하기 위한 장치이다.

③ 스테이터 : 임펠러와 터빈 사이에 장착되며, 오일의 흐름 방향을 바꾸고, 회전력을 증대시켜서 동력을 터빈으로 전달한다.

④ 터빈 : 스테이터의 동력을 출력축에 전달한다.

(7) 토크컨버터와 유체클러치의 주요 구성요소

구 분	토크컨버터	유체클러치
구성요소	펌프(임펠러), 터빈, 스테이터	펌프(임펠러), 터빈

(8) 용어 정리

용 어	내 용
자재이음 (유니버설 조인트)	추진축의 각도 변화를 가능하게 하는 이음
클러치 디스크	플라이휠과 압력판 사이에 설치되어 있으며, 변속기 압력축을 통해 변속기에 동력을 전달하는 장치
수동변속기 클러치판	수동변속기가 장착된 동력전달장치의 클러치판은 변속기 입력축 스플라인에 장착됨

4-1. 지게차 작업장치의 동력전달 기구가 아닌 것은?

① 리프트 체인
② 틸트 실린더
③ 리프트 실린더
④ 트렌치 호

4-2. 동력전달장치에 사용되는 차동기어장치에 대한 설명으로 틀린 것은?

① 선회할 때 좌우 구동바퀴의 회전속도를 다르게 한다.
② 선회할 때 바깥쪽 바퀴의 회전속도를 증대시킨다.
③ 보통 차동기어장치는 노면의 저항을 작게 받는 구동바퀴의 회전속도가 빠르게 될 수 있다.
④ 엔진의 회전력을 크게 하여 구동 바퀴에 전달한다.

4-3. 수동변속기가 장착된 건설기계의 동력전달장치에서 클러치판은 어떤 축의 스플라인에 끼워져 있는가?

① 추진축
② 차동기어 장치
③ 크랭크축
④ 변속기 입력축

4-4. 토크컨버터 구성품 중 스테이터의 기능으로 옳은 것은?

① 오일의 방향을 바꾸어 회전력을 증대시킨다.
② 토크컨버터의 동력을 전달 또는 차단한다.
③ 오일의 회전속도를 감속하여 견인력을 증대시킨다.
④ 클러치판의 마찰력을 감소시킨다.

4-5. 엔진과 연결되어 같은 회전수로 회전하는 토크컨버터의 구성품은?

① 터 빈
② 펌 프
③ 스테이터
④ 변속기 출력 측

4-1

트렌치 호(Trench Hoe)는 지게차용 동력전달장치는 아니고 도랑을 파는 기중기 작업장치이다.

4-2

차동기어장치는 차량의 선회를 원활히 하기 위해 좌우 바퀴의 회전수를 적절히 분해하여 구동시키는 장치로 엔진의 회전력을 변경할 수는 없다.

4-3

수동변속기의 클러치판은 변속기의 입력축에 장착되어 동력을 단속한다.

4-4

스테이터는 오일의 흐름 방향을 바꾼다.

4-5

엔진(기관)에 연결되어 같은 회전수로 회전하는 장치는 펌프이다.

정답 4-1 ④ 4-2 ④ 4-3 ④ 4-4 ① 4-5 ②

핵심이론 05 │ 제동장치의 구조 및 기능

(1) 제동장치(Brake)의 정의

움직이는 기계장치의 속도를 줄이거나 정지시키는 장치로 마찰력을 이용하여 운동에너지를 열에너지로 변환시킨다.

(2) 제동장치의 구조

① 딥스틱(Dipstick)
② 온도센서
③ 컨트롤 밸브
④ 변속기(트랜스미션) 오일필터
⑤ 브레이크 라인 에어 브리더

(3) 제동장치의 구비조건

① 신뢰성이 클 것
② 내구성이 클 것
③ 마찰력이 좋을 것
④ 정비와 점검이 편할 것
⑤ 제동이 정확하고, 효과가 클 것

(4) 제동방식의 분류

① 유압식 브레이크
② 전자식 브레이크
③ 공기식 브레이크
④ 배력식 브레이크
⑤ 하이드로 백

(5) 드럼브레이크

바퀴와 함께 회전하는 브레이크 드럼의 안쪽에 마찰재인 초승달 모양의 브레이크 패드(슈)를 밀착시켜 제동시키는 장치

[드럼브레이크]

(6) 진공식 제동 배력 장치

릴레이 밸브 피스톤 컵이 파손되어도 브레이크는 작동된다.

(7) 베이퍼 로크(베이퍼록)

① 베이퍼 로크의 정의 : 브레이크 오일 내부에서 시간이 지남에 따라 자연적으로 발생되는 수분이 여름철과 같이 기온이 높을 때 브레이크를 과도하게 사용하면, 마찰열에 의해 캘리퍼 부근의 브레이크액이 끓게 되면서 기포가 발생되어 브레이크에 압력이 전부 전달되지 않음으로써 완전히 정지되지 못하는 현상

② 브레이크 장치 내부 파이프에 베이퍼 로크가 발생하는 원인

    ㉠ 드럼의 과열

    ㉡ 잔압의 저하

    ㉢ 오일의 변질에 의한 비등점 저하

    ㉣ 드럼과 라이닝의 끌림에 의한 가열

    ㉤ 긴 내리막길에서 과도한 브레이크 사용

③ 긴 내리막을 내려갈 때에는 베이퍼 로크를 방지하기 위해 엔진 브레이크를 사용하는 것이 좋다.

10년간 자주 출제된 문제

5-1. 진공식 제동 배력 장치의 설명 중에서 옳은 것은?

① 진공밸브가 새면 브레이크가 전혀 듣지 않는다.
② 릴레이 밸브의 다이어프램이 파손되면 브레이크가 듣지 않는다.
③ 릴레이 밸브 피스톤 컵이 파손되어도 브레이크는 듣는다.
④ 하이드로릭 피스톤의 체크 볼이 밀착 불량이면 브레이크가 듣지 않는다.

5-2. 건설기계 검사기준 중 제동장치의 제동력으로 맞지 않는 것은?

① 모든 축의 제동력의 합은 50% 이상일 것
② 동일 차축 좌우 바퀴 제동력의 편차는 해당 축하중의 8% 이내일 것
③ 뒤차축 좌우 바퀴 제동력의 편차는 해당 축하중의 15% 이내일 것
④ 주차제동력의 합은 건설기계 빈차 중량의 20% 이상일 것

5-3. 긴 내리막을 내려갈 때 베이퍼 로크를 방지하기 위한 좋은 운전방법은?

① 변속 레버를 중립으로 놓고 브레이크페달을 밟고 내려간다.
② 클러치를 끊고 브레이크페달을 밟고 속도를 조절하며 내려간다.
③ 시동을 끄고 브레이크페달을 밟고 내려간다.
④ 엔진 브레이크를 사용한다.

|해설|

5-1

진공식 제동 배력 장치에서 릴레이 밸브 피스톤 컵이 파손되어도 브레이크는 작동한다.

5-2

제동장치의 제동력(건설기계관리법 시행규칙 [별표 8])

• 검사소 입고검사
  – 조향축의 제동력은 운전중량 상태에서 해당 축하중의 50% 이상이고, 그 외의 제동력은 해당 축하중의 20% 이상이며, 모든 축의 제동력의 합은 50% 이상일 것
  – 동일 차축의 좌우 바퀴 제동력의 편차는 해당 축하중의 8% 이내일 것
  – 주차제동력의 합은 건설기계 빈차 중량의 20% 이상일 것
  – 제동드럼, 라이닝 및 라이닝 팽창장치는 심한 마모·균열·변형이 없어야 하며, 기름의 누출이 없을 것

• 현장검사
  – 빈차 상태에서 조종사 1인이 탑승하여 일정거리를 주행시켜 제동 시 즉시 정지하고 좌우 바퀴의 제동 상태(끌림·정지거리·제동흔 등)에 현저한 차이가 없을 것
  – 주차제동장치는 빈차 상태에서 조종사 1인이 탑승하여 경사지에서 정지 상태를 유지하거나 제동체결 상태에서 변속단은 최저 감속으로 발진하여 바퀴의 끌림 및 원동기 정지 상태를 직접 눈으로 확인할 수 있을 것

5-3

베이퍼 로크(베이퍼록)는 차량 제동 시 브레이크를 과도하게 밟아 마찰열에 의해 발생하는 것으로, 가파른 내리막길은 가급적 엔진 브레이크를 사용하는 것이 좋다.

정답 5-1 ③ 5-2 ③ 5-3 ④

핵심이론 06 | 현가장치의 구조 및 기능

(1) 현가장치(Suspension System)

자동차가 주행하는 동안 노면으로부터 전달되는 충격이나 진동을 완화시켜 바퀴와 노면과의 접착력을 향상시켜 승차감을 높여 주는 장치로 차축과 차체 사이에 설치된다.

(2) 현가장치의 구성

① 스프링(원통코일스프링) : 코일 형상의 스프링은 가해지는 하중의 방향에 따라 압축코일과 인장코일스프링으로 나뉘며, 스프링의 형상에 따라서는 원통코일스프링과 원주코일스프링으로 분류된다. 이 중 일반적으로 코일스프링이라 함은 원통코일스프링을 말하는데, 이 코일스프링은 제작이 상대적으로 쉬워 하중이나 진동, 충격완화를 위해 널리 사용되고 있다.

[코일스프링]

② 쇼크 업소버(Shock Absorber) : 축 방향의 하중 작용 시 피스톤이 이동하면서 작은 구멍의 오리피스로 기름이 빠져나가면서 진동을 감쇠시키는 완충장치이다.

[쇼크 업소버]

③ 스태빌라이저 : 독립현가방식의 차량이 선회할 때 롤링을 감소시켜 주고, 차체의 평형을 유지시켜 주는 장치

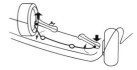

[스태빌라이저]

(3) 현가장치가 갖추어야 할 기능

① 주행 안정성이 있어야 한다.
② 구동력 및 제동력 발생 시 적당한 강성이 있어야 한다.
③ 차체의 안정성을 위해 원심력이 발생되지 않도록 해야 한다.
④ 승차감의 향상을 위해 상하 움직임에 적당한 유연성이 있어야 한다.

(4) 현가장치의 종류

① 일체 차축식 현가장치(Rigid Axle Suspension, 일체식 현가장치) : 일체로 된 차축의 양 끝에 바퀴를 설치하고, 차축과 차체 사이는 판스프링으로 연결한 현가장치로 하중을 지지하는 능력이 뛰어나서 대형 차량에 주로 사용된다.

② 독립식 현가장치(Independent Suspension) : 좌우 바퀴가 독립적으로 구동되는 현가장치로 높은 승차감이 필요한 승용차에 주로 사용된다. 일체식 현가장치에 비해 구성 부품이 많아 구조가 복잡하지만, 스프링 아래의 질량이 작아서 승차감이 좋다.

ㄱ 위시본식 현가장치(Wishbone Type Suspension) : 위와 아래의 컨트롤 암을 사용하여 바퀴의 구동력과 옆 방향의 저항을 지지하고, 스프링과 쇼크 업소버는 상하의 진동을 흡수한다.

[위시본식 현가장치]

ⓛ 맥퍼슨식 현가장치(Mcpherson Strut Type Suspen-
sion) : 위시본식 현가장치를 개량한 것으로 스트
럿과 볼 조인트, 코일스프링, 컨트롤 암으로 구성
되어 있다. 스트럿 어셈블리의 상부인 고무 마운팅
인슐레이터를 차체에 연결하고, 하부는 조향 너클
과 연결하는 방식으로 구조가 간단하고, 설치 면적
이 작아서 넓은 엔진룸을 사용할 수 있다는 장점이
있다.

[맥퍼슨식 현가장치]

6-1. 현가장치가 갖추어야 할 기능이 아닌 것은?

① 승차감의 향상을 위해 상하 움직임에 적당한 유연성이 있어
야 한다.
② 원심력이 발생되어야 한다.
③ 주행 안정성이 있어야 한다.
④ 구동력 및 제동력 발생 시 적당한 강성이 있어야 한다.

6-2. 독립식 현가장치의 특징이 아닌 것은?

① 승차감이 좋고, 바퀴의 시미현상이 적다.
② 스프링 정수가 적어도 된다.
③ 구조가 간단하고 부품수가 적다.
④ 윤거 및 앞바퀴 정렬 변화로 인한 타이어 마멸이 크다.

**6-3. 독립현가방식 차량에서 선회할 때 롤링을 감소시켜 주고
차체의 평형을 유지시켜 주는 것은?**

① 볼 조인트
② 공기스프링
③ 쇼크 업소버
④ 스태빌라이저

| 해설 |

6-1
현가장치는 차체의 안정성을 위해 원심력이 발생되지 않도록 해
야 한다.

6-2
독립식 현가장치는 구조가 복잡해서 부품수도 많다.

6-3
스태빌라이저는 자동차가 주행할 때 롤링이 되는 현상을 감소시
켜 차량 주행 시 평형을 유지할 수 있게 만들어 주는 장치이다.

정답 6-1 ② 6-2 ③ 6-3 ④

5. 지게차 유압장치

핵심이론 01 유체의 정의 및 분류

(1) 유체의 정의

① 유체 : 기체나 액체를 하나의 용어로서 부르는 말
② 압축성 유체 : 기체는 외부 압력을 받으면 그 부피가 줄어든다. 이를 압축성 유체라 한다.
③ 비압축성 유체 : 액체는 외부 압력을 받으면 그 부피가 거의 줄어들지 않는다. 이를 비압축성 유체라 한다.

(2) 유체의 분류

유체(流體) ┬ 유체(油體) - 유압(油壓) - 액체 - 비압축성
       └ 기체(氣體) - 공압(空壓) - 기체 - 압축성

(3) 유압(油壓)과 공압(空壓, 기압)의 응답속도

유압장치에 사용되는 유체는 비압축성 액체다. 액체를 실린더나 관로 내에서 일정한 부피만큼 밀어내면, 그 즉시 동일한 부피만큼 끝부분이 다른 곳으로 이동하므로 응답속도가 빠르다. 반면에 공압장치는 압축성 유체인 기체를 사용한다. 일정한 부피만큼 밀어내어도 상당한 부피의 압축이 이루어진 후에서야 응답이 이루어지므로 반응속도는 유압보다 떨어진다. 따라서 유압이 공압에 비해 반응속도(응답속도)가 빠른 것이다.

※ 반응속도 : 액체 > 기체

(4) 유압의 장단점

장 점	단 점
• 응답성이 우수하다. • 일정한 힘과 토크를 낼 수 있다. • 소형장치로 큰 힘을 발생시킨다. • 무단변속이 가능하며, 원격제어가 가능하다.	• 고압이므로 위험하다. • 기름이 누설될 우려가 있다. • 작은 이물질에서 영향을 크게 받는다. • 유체의 온도에 따라 속도나 성능이 변한다.

(5) 유압장치의 특징

① 에너지의 축적이 가능하다.
② 제어하기 쉽고, 비교적 정확하다.
③ 구조가 간단하고, 원격조작이 가능하다.
④ 공압에 비해 출력의 응답속도가 빠르다.
⑤ 작동 유체로는 액체인 오일이나 물이 사용된다.
⑥ 유량 조절을 통해 무단변속 운전을 할 수 있다.
⑦ 여러 동작을 수동이나 자동으로 선택하여 조작할 수 있다.
⑧ 유압유의 온도변화에 따라 액추에이터의 출력과 속도가 변화되기 쉽다.
⑨ 파스칼의 원리를 이용하여 작은 힘으로 큰 힘을 얻는 장치의 제작이 가능하다.
⑩ 유압기기에 사용되는 작동유는 동력 전달의 효율성을 위하여 비압축성이어야 한다.

(6) 유압장치의 구성요소

① 동력발생원 : 유압펌프, 유압모터
② 유압 발생부 : 유압펌프, 유압모터, 오일탱크
③ 유압 청정부 : 여과기
④ 유압 제어부 : 유량제어, 압력제어, 방향제어
⑤ 유압 작동부 : 액추에이터(유압모터, 유압실린더 등)
⑥ 부속장치 : 오일냉각기, 가열기, 축압기 등

(7) 공유압 기호

유압동력원	공압동력원
▶—	▷—
유압펌프	**공기압 모터**
⊖	⊖
전동기	**회전형 전기 액추에이터**
Ⓜ	Ⓜ

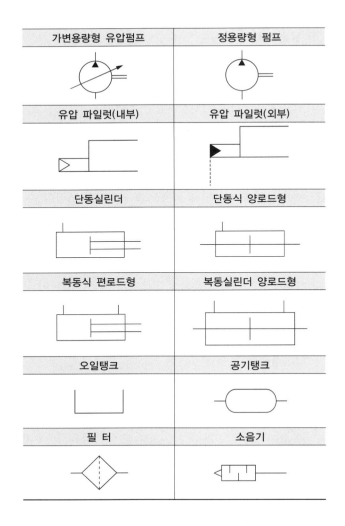

가변용량형 유압펌프	정용량형 펌프
유압 파일럿(내부)	유압 파일럿(외부)
단동실린더	단동식 양로드형
복동식 편로드형	복동실린더 양로드형
오일탱크	공기탱크
필 터	소음기

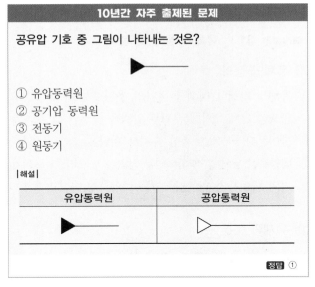
(8) 축압기

① 축압기의 역할 : 유압펌프에서 발생한 유압을 저장하고, 맥동을 제거한다.

② 축압기의 종류

ㄱ 공기 압축형-피스톤식(Piston Type)

ㄴ 다이어프램식(Diaphragm Type)

ㄷ 블래더식(Bladder Type)

핵심이론 02 | 유압펌프의 구조 및 기능

(1) 유압펌프의 정의

공압 대신 유압을 에너지원으로 사용하는 펌프로 유압 에너지를 기계적 에너지로 변환시키는 기계장치이다.

> Tip. 펌프의 역할
> 외부로부터 에너지를 받아 높은 압력으로 유체를 흡입하거나 토출하는 기계로, 주로 낮은 곳에 있는 유체에 압력과 속도를 줌으로써 관 속에서 유동시켜 높은 곳으로 양수하는 장치이다. 냉수나 온수 등을 운반하기 위해 가동된다.

(2) 유압펌프의 분류

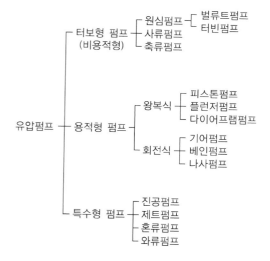

(3) 정용량형 펌프

1회전당 유압유의 토출량에 변동이 없는 펌프로 종류에는 나사펌프, 기어펌프, 피스톤펌프, 베인펌프 등이 있다. 단, 피스톤펌프와 베인펌프는 정용량형이면서 가변용량형이다.

(4) 가변용량형 펌프

1회전당 유압유의 토출량을 변화시킬 수 있는 펌프이다.

(5) 펌프의 3요소

① 송출유량(m^3/min)
② 양정(m)
③ 회전수(rpm)

(6) 유압펌프의 특징

① 진동이 적다.
② 기기의 배치가 자유롭다.
③ 일정한 힘과 토크를 낼 수 있다.
④ 유량의 조절로 무단변속이 가능하다.
⑤ 구조가 간단하고, 안전하며, 경제적이다.
⑥ 입력에 대한 출력의 응답 특성이 양호하다.
⑦ 제어가 쉽고, 정확하며, 속도 조절이 용이하다.
⑧ 유압유를 매체로 하므로 녹을 방지할 수 있다.
⑨ 윤활성이 좋고, 충격을 완화하여 장시간 사용이 가능하다.
⑩ 파스칼의 원리에 의해 작은 힘으로 큰 힘을 전달할 수 있다.
⑪ 각종 제어밸브로 압력제어, 유량제어, 방향제어를 할 수 있다.
⑫ 작업의 반복성이 우수하여 무거운 물체의 정밀 조작이 가능하다.
⑬ 베인펌프의 경우 깃이 마멸되어도 펌프의 토출은 충분히 행해질 수 있다.
⑭ 피스톤펌프는 다른 펌프와 비교해서 상당히 높은 압력에 견딜 수 있고, 효율이 높다.
⑮ 힘의 전달 기구가 간단하고, 먼 거리에서도 배관을 연결하여 힘의 전달과 방향전환이 가능하다.
⑯ 용적형 펌프는 정량토출을 목적으로 하고, 비용적형 펌프는 저압에서 대량의 유체를 수송하는 데 사용한다.

(7) 유압펌프의 단점

① 화재의 위험성이 크다.
② 전기 제어회로에 비해 유압회로의 구성이 복잡하다.
③ 유압유의 압력이 높으면 액추에이터에 충격이 발생하여 기름이 새어나오기 쉽다.
④ 유압유의 온도가 높아지면 점도가 변화되어 액추에이터의 출력이나 속도가 변화되기 쉽다.

(8) 원심펌프(Centrifugal Pump)

① 원심펌프의 정의 : 원통을 중심으로 축을 회전시킬 때, 유체가 원심력을 받아서 중심 부분의 압력이 낮아지고, 중심에서 먼 곳의 압력은 높아지는 원리를 이용하여 유체를 송출한다. 날개(임펠러)를 회전시켜 유체에 원심력으로 인한 에너지를 줌으로써 유체를 낮은 곳에서 높은 곳으로 끌어올릴 수 있도록 한 펌프이다. 그 종류에는 속도에너지를 압력에너지로 변환하는 방법에 따라 벌류트펌프와 터빈펌프가 있다.

② 원심펌프의 특징

ㄱ 가격이 저렴하다.

ㄴ 맥동이 없으며, 효율이 좋다.

ㄷ 작고 가벼우며, 구조가 간단하다.

ㄹ 고장률이 적어서 취급이 용이하다.

ㅁ 용량이 작고, 양정이 높은 곳에 적합하다.

ㅂ 고속 회전이 가능하고, 가장 많이 사용한다.

ㅅ 비속도를 통해 성능이나 적정 회전수를 결정한다.

※ 비속도 : 유동 상태가 상사가 될 때의 회전수로서, 이는 유량과 양정이 주요 변수이다.

ㅇ 평형공을 이용하여 축추력을 방지할 수 있다.

※ 평형공 : 날개의 회전력을 균형 있게 만들기 위해 날개 차에 여러 개의 구멍을 뚫은 것으로 입구 측과 날개 차 뒷면 간의 이동통로 구멍이다.

(9) 베인펌프

① 베인펌프의 정의 : 회전자인 로터(Rotor)에 방사형으로 설치된 베인(Vane, 깃)이 캠링의 내부를 회전하면서 베인과 캠링 사이에 폐입된 유체를 흡입구에서 출구로 송출하는 펌프이다. 용적형 펌프의 일종으로 정용량형과 가변용량형이 있으며 토출 유량이 비교적 일정하다.

② 베인펌프의 특징

ㄱ 맥동이 거의 없다.

ㄴ 고장이 적고 보수가 용이하다.

ㄷ 용적형 펌프인 베인펌프는 상대적으로 비용적형 펌프에 비해 송출량은 크지 않다.

ㄹ 깃이 마멸되어도 펌프의 토출은 충분히 행해질 수 있으나, 유압유의 접촉 면적이 넓어서 점도에 제한이 있다.

(10) 기어펌프

① 기어펌프의 정의 : 두 개의 맞물리는 기어를 케이싱 안에서 회전시켜 유압을 발생시키는 펌프로, 구조가 간단해서 많이 사용된다.

② 기어펌프의 특징

ㄱ 흡입 능력이 크다.

ㄴ 역회전이 불가능하다.

ㄷ 유체의 오염에도 강하다.

ㄹ 송출량을 변화시킬 수 없다.

ㅁ 맥동이 적고, 소음과 진동도 작다.

ㅂ 구조가 간단하며, 가격이 저렴하다.

ㅅ 1회 토출량이 일정한 정용량형 펌프에 속한다.

ㅇ 신뢰도가 높으며, 보수작업이 비교적 용이하다.

(11) 피스톤펌프(플런저펌프)

① 피스톤펌프의 정의 : 피스톤과 플런저의 구분은 작동부 단면이 연결부보다 크면 피스톤이고, 연결부의 끝부분이 작동부가 되면 플런저이다. 피스톤이나 플런저 작동부의 왕복운동에 의해 펌프를 작동시키는 펌프로 고압이나 고속펌프에 적합하다.

② 피스톤펌프의 특징

    ㉠ 효율이 높다.

    ㉡ 가격이 비싸다.

    ㉢ 구조가 복잡하다.

    ㉣ 흡입 능력이 작다.

    ㉤ 가변용량형의 펌프로 사용된다.

    ㉥ 다른 유압펌프에 비해 효율이 가장 크다.

    ㉦ 고속이나 고압의 유압장치에 적용이 가능하다.

    ㉧ 다른 펌프보다 상당히 높은 압력에 견딜 수 있다.

(12) 나사펌프

① 나사펌프의 정의 : 나사와 케이싱 사이의 홈으로 유체를 압축시켜 유압을 발생시키는 펌프로, 장기간 사용해도 성능 저하가 작다.

② 나사펌프의 특징

    ㉠ 맥동이 적다.

    ㉡ 진동이나 소음이 적다.

    ㉢ 장시간 사용해도 성능 저하가 작다.

    ㉣ 내구성이 풍부하고, 운전이 정숙하다.

    ㉤ 저점도의 유체도 사용이 가능하다.

(13) 유압펌프 관련 이론

① 펌프의 이론동력(L)을 구하는 식

$$L = pQ \text{ (여기서, } p : \text{유체의 압력, } Q : \text{유량)}$$
$$= rHQ, \ p = rH \text{ 를 대입}$$
$$= \rho gHQ, \ r = \rho g \text{ 를 대입}$$
$$= 1,000 \times 9.8HQ$$
$$= 9,800QH\,(\text{W})$$
$$= 9.8QH\,(\text{kW})$$

② 파스칼의 원리

    ㉠ 정지 액체에 접하고 있는 면에 가해진 압력은 그 면에 수직으로 작용한다.

    ㉡ 정지 액체의 한 점에 있어서의 압력의 크기는 전 방향에 대하여 동일하다.

    ㉢ 밀폐용기 내의 한 부분에 가해진 압력은 액체 내의 여러 부분에 같은 압력으로 전달된다.

③ 폐입현상 : 기어펌프에서 배출된 유량 중 일부가 입구로 되돌려지면서 배출량이 감소하고, 축 동력이 증가하며, 케이싱을 마모시키는 현상으로 기포와 진동을 발생시키는데, 이를 방지하려면 기어의 측면에 홈을 파면 된다.

④ 유압펌프의 토출량을 나타내는 단위

    LPM(Liter Per Minutes) = L/min(유량의 분당 리터를 나타내는 단위)

2-1. 기어펌프에 대한 설명으로 맞는 것은?

① 가변용량 펌프이다.
② 정용량 펌프이다.
③ 비정용량 펌프이다.
④ 날개깃에 의해 펌핑 작용을 한다.

2-2. 베인펌프에 대한 설명으로 틀린 것은?

① 날개로 펌핑 동작을 한다.
② 토크(Torque)가 안정되어 소음이 적다.
③ 싱글형과 더블형이 있다.
④ 베인펌프는 1단 고정으로 설계된다.

|해설|

2-1
기어펌프는 한 번에 토출할 수 있는 용량이 일정하므로 정용량형 펌프에 속한다.

2-2
베인펌프는 1단에서 다단까지 다양한 방식이 적용된 것이 제작된다.

정답 2-1 ② 2-2 ④

핵심이론 03 | 유압실린더 및 유압모터의 구조 및 기능

(1) 유압실린더

① 유압실린더의 정의 : 유압에너지를 이용하여 직선형의 이동운동을 발생시키는 유압기기이다.
② 유압실린더의 종류
　㉠ 복동식 실린더 싱글로드형
　㉡ 복동식 실린더 더블로드형
　㉢ 단동식 실린더 플런저형
　㉣ 단동식 실린더 피스톤형
　㉤ 단동식 실린더 램형
　㉥ 복동식 실린더 램형
③ 유압실린더의 지지방식
　㉠ 플랜지형
　㉡ 푸드형
　㉢ 트러니언형
④ 유압실린더의 움직임이 느리거나 불규칙할 때의 원인
　㉠ 피스톤링이 마모되었다.
　㉡ 유압유의 점도가 너무 높다.
　㉢ 회로 내에 공기가 혼입되어 있다.
⑤ 유압실린더를 교환하였을 경우 조치해야 할 작업
　㉠ 누유 점검
　㉡ 공기빼기 작업
　㉢ 시운전하여 작동상태 점검

(2) 유압모터

① 유압모터의 정의 : 유압에너지를 기계적 에너지로 변화시켜서 회전운동을 발생시키는 유압기기로 구동방식에 따라 기어모터, 베인모터, 피스톤모터로 분류한다. 유압에너지를 기계적 일로 변환한다.
② 유압모터의 장단점
　㉠ 장 점
　　• 관성력이 작다.

- 구조가 간단하다.
- 내폭성이 우수하다.
- 무단변속이 가능하다.
- 토크제어가 가능하다.
- 자동원격조작이 가능하다.
- 속도나 방향제어가 가능하다.
- 출력당 큰 힘을 낼 수 있다.
- 관성력이 적으며, 정회전이나 역회전 시 모두 강하다.

ⓒ 단 점
- 보수하기가 다소 복잡하다.
- 화재의 우려가 있는 곳에는 사용이 어렵다.
- 작동유의 온도변화에 의해 성질이 변한다.
- 작동유의 온도 범위를 20~80℃로 유지해야 한다.
- 작동유에 이물질이 들어가지 않도록 실링을 잘해야 한다.

③ 유압모터의 종류

명 칭	특 징
기어모터	밀폐된 케이싱 안에 2개 이상의 기어가 회전하며 유압을 토출시키는 모터로, 구조는 기어펌프와 동일하다. [기어모터의 특징] • 가격이 싸다. • 구조가 간단하다. • 가혹한 조건에서도 잘 견딘다. • 이물질에 의한 고장률이 낮다. • 베어링 하중이 커서 수명이 짧다. • 누설이 많고, 토크의 변동이 크다는 단점이 있다.
베인모터	로터 내부에 캠 링과 접촉되어 있는 베인에 유입된 유체의 압력에 의해 로터가 회전하는 모터이다. [베인모터의 특징] • 구조가 간단하다. • 베어링 하중이 작다. • 누설량이 많지 않다. • 무단변속이 가능하다. • 정회전과 역회전이 원활하다.
레이디얼 플런저 모터	플런저가 구동축의 직각방향으로 설치되어 있는 모터이다. [레이디얼 플런저 모터의 특징] 액시얼 플런저 모터와 비교하면, 속도 범위가 제한되나 건설장비와 같은 것에서 큰 토크를 발생시킬 때 사용된다.
액시얼 플런저 모터	플런저가 구동축 방향으로 설치되어 있는 모터 [액시얼 플런저 모터의 특징] 낮은 스피드로 큰 토크를 발생시킨다.
요동모터	360° 범위 내에서 회전하는 유압 엑추에이터로 된 모터로 작은 크기로 큰 토크를 얻을 수 있다.

※ 플런저와 피스톤의 작동 방식은 동일하지만 일부 도서에서는 유체의 통과 정도에 따라 명칭을 달리 사용하기도 한다. 혹은 플런저 모터를 피스톤형 모터로 함께 쓰기도 한다.

④ 유압모터의 회전속도가 규정 속도보다 느릴 경우의 원인
ⓐ 오일의 내부누설
ⓑ 유압유의 유입량 부족
ⓒ 각 작동부의 마모 또는 파손

⑤ 유압장치에서 기어모터에 대한 설명
ⓐ 구조가 간단하고, 가격이 저렴하다.
ⓑ 유압유에 이물질이 혼합되어도 고장 발생이 적다.
ⓒ 일반적으로 스퍼기어를 사용하나 헬리컬기어도 사용한다.

3-1. 유압실린더의 종류에 해당하지 않는 것은?

① 단동 실린더
② 복동 실린더
③ 다단 실린더
④ 회전 실린더

3-2. 유압모터의 특징 중 거리가 가장 먼 것은?

① 소형으로 강력한 힘을 낼 수 있다.
② 과부하에 대해 안전하다.
③ 정·역회전 변화가 불가능하다.
④ 무단변속이 용이하다.

3-3. 유압모터의 용량을 나타내는 것은?

① 입구압력(kg/cm^2)당 토크
② 유압 작동부 압력(kg/cm^2)당 토크
③ 주입된 동력(HP)
④ 체적(cm^3)

|해설|

3-1
유압실린더의 종류에 회전실린더는 분류되어 있지 않다.

3-2
유압모터는 정·역회전이 모두 가능하다.

3-3
유압모터의 용량은 $\dfrac{토크(T)}{입구압력(P)}$로 나타낸다.

정답 3-1 ④ 3-2 ③ 3-3 ①

핵심이론 04 | 유압밸브의 구조 및 기능

(1) 유압밸브의 정의

관로 내부에서 유체가 흐를 때 압력이나 방향, 유량이나 흐름의 정지를 위해 사용하는 부속장치로 배관에 부착되어 사용된다.

(2) 밸브의 분류

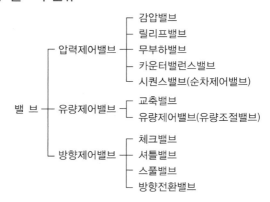

```
              ┌ 감압밸브
              ├ 릴리프밸브
    압력제어밸브 ┼ 무부하밸브
              ├ 카운터밸런스밸브
              └ 시퀀스밸브(순차제어밸브)
밸 브 ┼ 유량제어밸브 ┬ 교축밸브
              └ 유량제어밸브(유량조절밸브)
              ┌ 체크밸브
    방향제어밸브 ┼ 셔틀밸브
              ├ 스풀밸브
              └ 방향전환밸브
```

(3) 압력제어밸브

① 릴리프밸브 : 유압회로에서 회로 내 압력이 설정치 이상이 되면 그 압력에 의해 밸브가 열려 압력을 일정하게 유지시키는 역할을 하는 밸브로서 안전밸브의 역할을 한다.

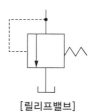

[릴리프밸브]

② 감압밸브(Reducing Valve, 리듀싱밸브) : 유체의 압력을 감소시키기 위한 밸브로 급속귀환장치가 부착된 공작기계에서 고압펌프와 귀환 시 사용할 저압의 대용량 펌프를 병행할 경우 동력 절감을 위해 사용한다. 작동 방식은 항상 닫혀 있다가 일정 조건이 되면 열려 작동하는 과정을 갖는다.

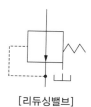

[리듀싱밸브]

③ 카운터밸런스밸브 : 유압회로에서 한쪽 방향의 흐름에는 배압이 생기게 하고, 다른 방향으로는 자유 흐름이 되도록 한 밸브로서 내부에는 한쪽 방향으로만 흐르게 하는 체크밸브가 반드시 내장된다. 수직형 유압실린더의 자중낙하를 방지하거나 부하가 급격히 제거되어 관성제어가 불가능할 때 배압을 유지하기 위해 주로 사용한다.

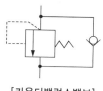

[카운터밸런스밸브]

④ 시퀀스밸브 : 정해진 순서에 따라 순차적으로 작동시키는 밸브로서 주회로에서 2개 이상의 분기회로를 가질 경우에 각각의 회로를 순차적으로 작동시키고자 할 때 사용하므로 기계의 조작 순서를 확실하게 조정할 수 있다.

[시퀀스밸브]

⑤ 무부하밸브 : 펌프의 송출량을 필요로 하지 않을 때 펌프의 전체 유량을 직접 탱크로 되돌려 보낸 뒤 펌프를 무부하 상태로 만들어서 동력을 절감하거나 동작 유체의 온도 상승을 방지하는 데 사용하는 밸브이다.

[무부하밸브]

(4) 유량제어밸브

① 유량제어밸브(유량조절밸브) : 유압회로 내에서 단면적의 변화를 통해서 유체가 흐르는 양을 제어하는 밸브로 액추에이터의 운동 속도를 조정하고자 할 때 사용되는 밸브이다.

한 방향 유량제어밸브	가변용량형 유량제어밸브

② 교축밸브 : 교축(얽힌 관을 수축시킴)밸브란 단면을 수축시켜 압력을 갑작스럽게 줄임으로써 관 내 흐르는 유량을 조절하고자 할 때 사용하는 밸브이다.

고정형	조정형

(5) 방향제어밸브

① 체크밸브 : 유체가 한쪽 방향으로만 흐르고 반대쪽으로는 흐르지 못하도록 할 때 사용하는 밸브로 기호로는 다음과 같이 2가지로 표시한다.

[체크밸브]

② 셔틀밸브 : 항상 고압인 쪽의 유압만을 통과시키는 방향전환밸브이다.

③ 스풀밸브 : 하나의 배관에 여러 개의 밸브 면을 둠으로써 유체의 흐름을 변환시키는 밸브이다.

④ 방향제어밸브의 해석 : 밸브의 스위치를 수동이나 자동으로 작동시켜 유체의 흐름을 차단하거나 방향을 전환시켜 모터나 실린더의 작동을 제어하는 밸브로 다음과 같이 해석한다.

예 2/2밸브, 2포트 2위치 밸브
- 포트 : 사각형의 영역 안에서 입구나 출구의 수
- 위치 : 사각형의 개수로 위치를 조정하여 입구 및 출구의 방향을 바꿀 수 있는 수

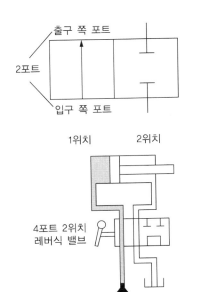

출구 쪽 포트
2포트
입구 쪽 포트

1위치   2위치

4포트 2위치
레버식 밸브

⑤ 방향제어밸브의 작동 방식

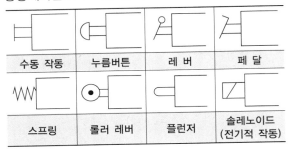

수동 작동	누름버튼	레 버	페 달
스프링	롤러 레버	플런저	솔레노이드 (전기적 작동)

(6) 유량제어밸브에 적용되는 회로

① 미터인 회로 : 액추에이터(실린더)의 입구 측 관로에 설치하여 유량을 제어함으로써 속도를 제어하는 회로
② 미터아웃 회로 : 액추에이터(실린더)의 출구 측 관로에 설치하여 유량을 제어함으로써 속도를 제어하는 회로
③ 블리드오프 회로 : 액추에이터(실린더)의 입구 측 관로에 설치된 바이패스 관로의 흐름을 제어함으로써 속도를 제어하는 회로

(7) 채터링 현상

유압계통에서 릴리프밸브의 스프링 장력이 약화될 때 발생될 수 있는 현상으로 볼이 밸브의 시트를 때려 소음을 발생시키는 현상

(8) 캐비테이션(공동현상)의 특징

① 소음 증가
② 공동현상
③ 오일탱크의 오버플로

10년간 자주 출제된 문제

4-1. 2개 이상의 분기회로에서 실린더나 모터의 작동순서를 결정하는 자동제어밸브는?

① 리듀싱밸브
② 릴리프밸브
③ 시퀀스밸브
④ 파일럿 체크밸브

4-2. 작업 중에 유압펌프 유량이 필요하지 않게 되었을 때 오일을 저압으로 탱크에 귀환시키는 회로는?

① 시퀀스 회로
② 어큐뮬레이션 회로
③ 블리드오프 회로
④ 언로드 회로

4-3. 유압회로에서 유량제어를 통하여 작업속도를 조절하는 방식에 속하지 않는 것은?

① 미터인(Meter-in) 방식
② 미터아웃(Meter-out) 방식
③ 블리드오프(Bleed-off) 방식
④ 블리드온(Bleed-on) 방식

|해설|

4-1

시퀀스 회로는 여러 분기회로 중 임의로 순서를 정해서 작동하도록 회로를 설계할 수 있는 자동제어밸브이다.

4-2

언로드 회로는 부하가 없을 때 오일을 탱크로 귀환시키는 데 사용된다.

4-3

블리드온 방식의 유량제어회로는 사용되지 않는다.

정답 4-1 ③ 4-2 ④ 4-3 ④

핵심이론 05 | 유압탱크의 구조 및 기능

(1) 유압탱크의 기능

① 오일의 저장

② 오일의 역류 방지

③ 오일온도 조정(방열)

④ 계통 내의 필요한 유량 확보

⑤ 배플(Baffle)에 의해 기포발생 방지 및 소멸

⑥ 탱크 외벽의 방열에 의해 적정온도 유지

(2) 유압탱크에 대한 구비조건

① 적당한 크기의 주유구 및 스트레이너를 설치한다.

② 드레인(배출 밸브) 및 유면계를 설치한다.

③ 오일에 이물질이 혼입되지 않도록 밀폐되어야 한다.

(3) 지게차의 유압탱크 유량 점검 : 유량점검을 하기 전 포크는 지면에 내려놓고 점검한다.

5-1. 유압장치의 오일탱크에서 펌프 흡입구의 설치에 대한 설명으로 틀린 것은?

① 펌프 흡입구는 반드시 탱크 가장 밑면에 설치한다.

② 펌프 흡입구는 스트레이너(오일여과기)를 설치한다.

③ 펌프 흡입구와 탱크로의 귀환구(복귀구) 사이에는 격리판 (Baffle Plate)을 설치한다.

④ 펌프 흡입구는 탱크로의 귀환구(복귀구)로부터 될 수 있는 한 멀리 떨어진 위치에 설치한다.

5-2. 유압장치에서 유압탱크의 기능이 아닌 것은?

① 계통 내의 필요한 유량 확보

② 배플에 의해 기포발생 방지 및 소멸

③ 탱크 외벽의 방열에 의해 적정온도 유지

④ 계통 내에 필요한 압력의 설정

5-3. 오일탱크 내의 오일을 전부 배출시킬 때 사용하는 것은?

① 리턴 라인

② 배 플

③ 어큐뮬레이터

④ 드레인 플러그

|해설|

5-1

펌프의 흡입구는 불순물 혼입 방지를 위해 바닥에서 흡입관 직경의 2~3배 떨어져서 설치해야 한다.

5-2

유압탱크는 계통 내 필요한 압력까지 압력을 올릴 수 없다. 압력은 펌프나 모터를 통해 높일 수 있다.

5-3

드레인 플러그는 오일탱크 내의 오일을 배출시킬 때 사용한다.

① 리턴 라인 : 다시 되돌아가는 유체 통로

② 배플 : 유동장의 구역을 나눠 주는 기능

③ 어큐뮬레이터 : 축압기로 압력보상의 기능

정답 5-1 ① 5-2 ④ 5-3 ④

핵심이론 06 | 유압유의 기능

(1) 유압장치의 일상점검 항목
① 오일의 양 점검
② 변질상태 점검
③ 오일의 누유 여부 점검

(2) 오일 관련 협회
① 자동차기술자협회(SAE ; Society of Automotive Engineers)
② 미국석유협회(API ; American Petroleum Institute)
③ 미국 윤활그리스학회(NLGI ; National Lubricating Grease Institute)

(3) 작동유의 적정온도 : 유압회로에서 작동유의 적정 온도는 45~80℃이다.

(4) 유압장치의 수명연장 : 유압장치 수명 연장의 가장 중요한 요소는 오일량 점검 및 필터 교환이다.

(5) 유압 오일의 온도 상승에 따른 불량현상
① 점도 저하
② 펌프효율 저하
③ 밸브류의 기능 저하

CHAPTER 03 지게차 작업

핵심이론 01 | 화물의 무게중심 확인

(1) 무게중심의 정의

물체의 각 부분에 작용하는 중력을 합한 합력의 작용점으로, 질량중심이라고도 한다.

(2) 적재 및 하역 시

화물을 적재 및 하역할 때에는 가장 먼저 화물의 무게와 무게중심을 확인해야 한다.

(3) 지게차에 작용하는 화물의 무게중심

지게차의 포크에 화물을 실으면 지게차의 앞바퀴를 중심으로 앞으로 회전하려는 모멘트가 발생한다. 따라서 지게차의 뒷부분에 카운터웨이트(무게중심추)를 장착시켜서 발생한 모멘트를 상쇄시킨다. 이때 화물의 무게중심 위치에 따라 발생하는 모멘트가 다르므로 화물을 취급할 때에는 무게중심을 고려해서 포크에 실어야 한다.

(4) 화물의 종류별 무게중심

① 대칭구조 : 중심
② 비대칭 구조 : 임의의 점에 줄을 매달아 축으로부터 아래로 수직선을 긋고, 다시 다른 임의의 점에 줄을 매달아서 아래로 수직선을 그었을 때 두 수직선의 교차점이 중심

(1) 화물 운반 작업 시 주의사항

① 출입구를 확인한다.

② 운전 시야를 확보한다.

③ 마스트를 뒤로 기울여서 이동한다.

④ 지게차의 허용 중량에 맞게 화물을 싣는다.

⑤ 교통수칙을 준수하고 안전거리를 확보한다.

⑥ 화물로 전방 시야가 가릴 때는 후진으로 주행한다.

⑦ 화물을 포크로 들고 이동하는 높이는 가능한 낮춘다.

⑧ 작업 진행 시 보조자의 수신호를 확인하여 운전한다.

⑨ 화물을 적재하는 경우를 제외하고는 높게 들지 않는다.

⑩ 주행 중 출입구 진입 시 높이와 폭을 확인하여 진입 가능여부를 판단해야 한다.

(2) 화물 하역 작업 시 주의사항

① 유도자의 수신호를 준수한다.

② 화물 위에 사람이 탑승하지 않도록 한다.

③ 무너질 위험이 있는 화물은 반드시 결착해야 한다.

④ 굴러갈 우려가 있는 화물은 고임목으로 고인다.

⑤ 마스트를 수직으로 세우고 하역할 위치에 포크를 천천히 내린다.

⑥ 허용 적재하중을 초과하는 화물의 적재는 금한다.

⑦ 적재된 화물의 형태에 따라서 마스트 각도를 조절해야 한다.

⑧ 무거운 것은 밑으로, 가벼운 것은 위에 적재한다.

⑨ 지정된 장소로 이동한 후 낙하에 주의하여 하역한다.

⑩ 공동 작업은 작업지휘자의 신호에 따른다.

⑪ 화물의 종류에 따라 포크의 깊이와 각도로 적재상태를 확인해야 한다.

⑫ 물건을 내린 후 마스트를 살짝 앞으로 기울여 포크를 빼고, 바닥에서 15~20cm 정도 들어 올린 상태에서 지게차를 이동한다.

(3) 화물의 하역 순서

화물의 바로 앞에서 지게차 속도를 감속한다.
↓
화물 앞에 접근하였을 때에는 일단 정지한다.
↓
적재된 화물의 붕괴나 다른 위험이 없는지 확인한다.
↓
마스트는 수직, 포크는 수평으로 하여 팰릿의 스키드 위치까지 상승시킨다.
↓
포크를 꽂을 위치를 확인한 후 정면으로 천천히 꽂는다.
↓
포크를 꽂은 후 5~10cm 들어 올리고, 팰릿과 스키드를 10~20cm 정도 앞으로 당겨서 일단 내린다.
↓
다시 한 번 포크를 끝까지 깊숙이 꽂아 넣고, 화물이 포크의 수직 전면 또는 백레스트에 가볍게 접촉하면 상승시킨다.
↓
화물을 상승시킨 후 안전하게 내릴 수 있는 위치로 이동하고 다시 화물을 천천히 내린다.
↓
지상으로부터 5~10cm의 높이까지 내리고, 마스트를 충분히 뒤로 기울인 후 포크를 바닥에서 약 15~20cm의 위치에 놓고 목적하는 장소로 운반한다.

(4) 포크 삽입 방법

① 포크를 팰릿 너비에 맞게 조정한다.

② 포크의 길이는 화물의 2/3 이상이어야 한다.

③ 포크를 직각으로 만든 후 화물에 천천히 접근시킨다.

(5) 유도자의 수신호

① 수신호의 요구 조건

　　㉠ 수신호는 지게차 운전자에게 충분히 이해되어야
　　　 한다.

　　㉡ 수신호는 오해를 피해 명확하고, 간결하여야 한다.

　　㉢ 한 팔 신호는 어떤 팔을 사용해도 수용되어야 한다.

　　㉣ 수신호는 지게차운전 작업자가 완전히 숙지하여
　　　 야 한다.

② 신호수가 지켜야 할 사항

　　㉠ 안전한 위치에서 실시하여야 하며, 지게차 운전자
　　　 를 명확히 볼 수 있어야 한다.

　　㉡ 화물 또는 장비를 명확히 볼 수 있어야 한다.

　　㉢ 지게차 운전자에게 수신호를 보내는 신호수는 한
　　　 사람이어야 한다. 다만, 비상정지(비상·긴급멈
　　　 춤) 신호는 예외로 한다.

　　㉣ 적용이 가능한 경우, 신호를 조합하여 사용할 수
　　　 있다.

③ 지게차 수신호 : 현재 지게차 작업을 위한 수신호 체계
　 에 대하여 명문화된 것이 없으므로 "크레인 수신호(KS
　 B ISO 16715)"에 준용할 것을 안전보건공단에서 권고
　 하고 있다.

④ 수신호 방법(KS B ISO 16715)

수행작업	수신호 방법	
작업 시작		두 팔을 수평으로 뻗고 손바닥은 펴서 정면을 향하게 한다.
멈춤 (보통멈춤)		한 팔을 수평으로 뻗어 서 손바닥은 바닥을 향하게 하고, 팔은 수평을 유지하며, 앞뒤로 움직인다.

수행작업	수신호 방법	
비상멈춤 (긴급멈춤)		두 팔을 수평으로 뻗고, 손바닥은 바닥을 향하게 하고, 팔은 수평을 유지하며, 앞뒤로 움직인다.
미동 혹은 최저속도		두 손바닥을 마주치며, 원을 그리듯 문지른다. 이 신호 후에 기타 해당 수신호를 적용한다.
포크 폭 확장		양손을 앞쪽으로 뻗고 (주먹을 쥔 상태) 엄지손 가락을 서로 반대방향으로 유지한다.
포크 폭 축소		양손을 앞쪽으로 뻗고 (주먹을 쥔 상태) 엄지손 가락을 마주 보는 방향으로 유지한다.
주행/선회 방향 표시		한 팔을 수평으로 뻗으 며, 손은 펴고, 손바닥은 아래로 향하게 하여 원하는 방향을 가리킨다.
주행(나에 게서 멀어 지시오)		두 팔을 앞쪽으로 펴서 벌리고, 두 손은 펴서 손 바닥을 아래쪽으로 유지한 상태에서, 두 팔뚝을 위아래로 반복하여 움직인다.

수행작업	수신호 방법		수행작업	수신호 방법	
주행 (나에게로 오시오)		두 팔을 앞쪽으로 펴서 벌리고, 두 손은 펴서 손바닥을 위쪽으로 유지한 상태에서, 두 팔뚝을 위아래로 반복하여 움직인다.	수평거리 표시		두 팔을 몸 앞쪽으로 수평하게 뻗고서 두 손바닥은 마주하게 둔다.
포크 올리기		한 팔을 수평으로 뻗고서 엄지손가락을 위로 향하게 한다.	화물 일정속도 올리기		한 팔을 위로 올리고, 주먹을 쥔 상태에서 검지는 위쪽을 가리키며, 팔뚝으로 작은 평면 원을 그린다.
포크 내리기		한 팔을 수평으로 뻗고서 엄지손가락을 아래로 향하게 한다.	화물 일정속도 내리기		한 팔을 몸과 거리를 두고서 아래로 내리고, 주먹을 쥔 상태에서 검지를 아래쪽을 가리키며, 팔뚝으로 작은 평면 원을 그린다.
작업 중지		양손을 신체 앞쪽 가슴 높이에서 모으고 움켜쥔다.	천천히 올리기		한 손은 올리기 신호를 하고, 다른 한 손바닥은 신호를 하는 손 위에 올려놓은 후 움직이지 않는다.
수직거리 표시		두 팔을 몸 앞쪽으로 뻗고, 두 손바닥을 마주하여 한 손을 다른 손 위에 둔다.	천천히 내리기		한 손은 내리기 신호를 하고, 다른 한 손바닥은 신호를 하는 손 아래에 내려놓은 후 움직이지 않는다.

※ 도로교통법령에 따라 뒤차에게 앞지르기를 시키려는 때 적절한 신호방법(도로교통법 시행령 [별표 2])
오른팔 또는 왼팔을 차체의 왼쪽 또는 오른쪽 밖으로 수평으로 펴서 손을 앞뒤로 흔들 것

(6) 지게차의 화물 적재 방법

화물을 높게 쌓을 때는 화물이 떨어지는 것을 방지하기 위해 마스트를 충분히 뒤로 기울여서 천천히 접근한다.

(7) 체인블록 : 작업장에서 중량물을 들어 올리는 방법 중 안전상 가장 적절하다.

[체인블록]

2-1. 지게차를 운전하여 화물 운반 시 주의사항으로 적합하지 않은 것은?

① 노면이 좋지 않을 때는 저속으로 운행한다.
② 경사지 운전 시 화물을 위쪽으로 한다.
③ 화물 운반거리는 5m 이내로 한다.
④ 노면에서 약 20~30cm 상승 후 이동한다.

2-2. 작업장에서 중량물을 들어 올리는 방법 중 안전상 가장 올바른 것은?

① 최대한 사람의 힘을 모아들어 올린다.
② 지렛대를 이용한다.
③ 로프로 묶고 잡아당긴다.
④ 체인블록을 이용하여 들어 올린다.

2-3. 체인블록을 사용할 때의 주의사항으로 가장 옳은 것은?

① 체인이 느슨한 상태에서 급격히 잡아당기면 재해가 발생할 수 있다.
② 밧줄은 무조건 굵은 것을 사용하여야 한다.
③ 기관을 들어 올릴 때에는 반드시 체인으로 묶어야 한다.
④ 이동 시에는 무조건 최단거리 코스로 빠른 시간 내에 이동시켜야 한다.

|해설|

2-1
③ 화물 운반거리를 지정하지는 않는다.

2-2
중량물은 체인블록을 사용해서 들어 올려야 안전하게 들어 올릴 수 있다.

2-3
체인은 팽팽한 상태에서 서서히 잡아당겨야 한다. 만약 체인이 느슨한 상태에서 급격히 잡아당기게 되면 체인이 받는 충격이 커져서 파손되며, 이로 인한 재해가 발생할 수 있다.

정답 2-1 ③   2-2 ④   2-3 ①

(1) 운전시야 확보의 필요성

지게차의 충돌사고나 화물의 낙하사고 등을 사전에 예방할 수 있다.

(2) 운전시야를 확보하는 방법

① 작업장의 위험요소를 미리 파악한다.
② 보조자의 도움으로 운행동선을 확인할 수 있다.
③ 시야확보가 불가능할 때는 후진으로 주행한다.
④ 운전 중 주행방향이 보이지 않을 때는 정지하고 확인한다.
⑤ 주행 중 작업자와 보행자의 안전거리를 확보하여 접촉사고를 예방한다.

(3) 지게차 작업 공간의 확보기준

① 지게차 1대가 지나는 운행경로의 폭 : 지게차 1대의 최대 폭에서 +60cm 이상
② 지게차 2대가 지나는 운행경로의 폭 : 지게차 2대의 최대 폭(2대의 폭 합산)에서 +90cm 이상

(4) 장비 및 주변 상태 확인

① 운전 중 돌발 상황발생 시 대처할 수 있다.
② 지게차 운전 중 누유·누수 상태를 확인하고 조치할 수 있다.
③ 작업요청서에 따른 운전 중 작업장치 성능을 확인할 수 있다.
④ 작업요청서에 따른 이동경로의 장애물을 확인하고 대처할 수 있다.
⑤ 지게차의 정상운전 상태 확인을 위하여 이상 소음 여부를 확인하여 조치할 수 있다.

3-1. 지게차의 작업 공간을 확보할 때 지게차 1대의 운행 폭은?

① 지게차 1대의 최대 폭
② 지게차 1대의 최대 폭 +30cm 이상
③ 지게차 1대의 최대 폭 +60cm 이상
④ 지게차 2대의 최대 폭

3-2. 지게차 운전 시 운전시야를 확보하는 방법으로 알맞지 않은 것은?

① 작업장의 위험요소를 미리 파악한다.
② 보조자의 도움으로 운행동선을 확인한다.
③ 주행방향이 보이지 않을 때는 정지하고 확인한다.
④ 시야확보가 불가능할 때는 전진으로 주행한다.

| 해설 |

3-1
지게차의 1대의 작업 공간은 지게차 1대의 최대 폭 +60cm 이상으로 한다.

3-2
지게차 운전 시 시야확보가 불가능할 때는 후진으로 주행한다.

정답 3-1 ③ 3-2 ④

CHAPTER 04 지게차 도로주행

핵심이론 01 | 도로주행 시 준수사항

(1) 긴급자동차의 우선 통행(도로교통법 제29조)

① 교차로나 그 부근에서 긴급자동차가 접근하는 경우에는 차마와 노면전차의 운전자는 교차로를 피하여 일시정지하여야 한다.

② 모든 차와 노면전차의 운전자는 ①에 따른 곳 외의 곳에서 긴급자동차가 접근한 경우에는 긴급자동차가 우선 통행할 수 있도록 진로를 양보하여야 한다.

  ※ 고속도로 진입 시의 우선순위(법 제65조) : 자동차(긴급자동차는 제외)의 운전자는 고속도로에 들어가려고 하는 경우에는 그 고속도로를 통행하고 있는 다른 자동차의 통행을 방해하여서는 아니 되며, 긴급자동차 외의 자동차의 운전자는 긴급자동차가 고속도로에 들어가는 경우에는 그 진입을 방해하여서는 아니 된다.

(2) 신호 또는 지시에 따를 의무(도로교통법 제5조)

① 도로를 통행하는 보행자, 차마 또는 노면전차의 운전자는 교통안전시설이 표시하는 신호 또는 지시와 다음의 어느 하나에 해당하는 사람이 하는 신호 또는 지시를 따라야 한다.

  ㉠ 교통정리를 하는 경찰공무원(의무경찰을 포함) 및 제주특별자치도의 자치경찰공무원(자치경찰공무원)

  ㉡ 경찰공무원(자치경찰공무원을 포함)을 보조하는 사람으로서 대통령령으로 정하는 사람(경찰보조자)

② 도로를 통행하는 보행자, 차마 또는 노면전차의 운전자는 ①에 따른 교통안전시설이 표시하는 신호 또는 지시와 교통정리를 하는 경찰공무원 또는 경찰보조자(경찰공무원 등)의 신호 또는 지시가 서로 다른 경우에는 경찰공무원 등의 신호 또는 지시에 따라야 한다.

(3) 도로교통법에 따라 도로를 주행할 때의 준수사항

① 신호를 준수하며 운전할 것

② 안전속도를 준수하며 방어 운전할 것

③ 노면의 장애물을 확인하며, 안전 운전할 것

④ 야간 운행 시 전조등이나 경광등을 점등할 것

⑤ 지게차에 형광 및 반사판 등 안전부착물을 부착할 것

⑥ 보행자 보호 및 타 차량에 대하여 양보 운전을 할 것

⑦ 차선을 준수하여 우측 끝 차선으로 운전할 것

⑧ 안전을 위하여 운전석에는 운전자만 탑승하고 운전할 것

⑨ 마스트 장치로 인하여 발생하는 사각지대의 시야를 확보할 것

⑩ 안전주행을 위하여 도로주행 시 포크의 끝부분이 보행자의 안전을 고려하도록 횡단보도 정지선을 준수하여 정지할 것

(4) 신호등의 녹색등화 시 차마의 통행방법(도로교통법 시행규칙 [별표 2])

① 차마는 직진 또는 우회전할 수 있다.

② 비보호좌회전표지 또는 표시가 있는 곳에서는 좌회전할 수 있다.

(5) 도로 주행 시 지게차 준수사항

① 노면의 상태에 충분히 주의하여야 한다.

② 포크의 끝을 올려서 안으로 경사지게 한다.

③ 화물 적재공간에 사람을 태워서는 안 된다.

④ 주행 시 포크 높이는 지면으로부터 약 20cm 정도 들어 올린다.

⑤ 짐을 싣고 주행할 때는 절대로 속도를 내서는 안 된다.

(6) 교차로 통행

① 지게차의 교차로 통행방법(도로교통법)
   ㉠ 교차로에서는 다른 차를 앞지르지 못한다(제22조제3항제1호).
   ㉡ 교차로에서는 우회전할 때 서행해야 한다(제25조제1항).
   ㉢ 좌회전할 때는 교차로의 중심 안쪽으로 서행한다(제25조제2항).
   ㉣ 교통정리를 하고 있지 아니하는 교차로에서 좌회전하려고 하는 차의 운전자는 그 교차로에서 직진하거나 우회전하려는 다른 차가 있을 때에는 그 차에 진로를 양보하여야 한다(제26조제4항).
   ㉤ 교차로에서는 정차하거나 주차하여서는 아니 된다(제32조제1호).
   ㉥ 좌·우회전할 때 방향지시기 등으로 신호해야 한다(영 [별표 2]).
② 교차로나 그 부근에서 긴급자동차가 접근하는 경우에는 교차로를 피하여 일시 정지하여야 한다(제29조제4항).
③ 교차로에서 황색등화 시 운전조치(규칙 [별표 2])
   ㉠ 차마는 정지선이 있거나 횡단보도가 있을 때에는 그 직전이나 교차로의 직전에 정지하여야 하며, 이미 교차로에 차마의 일부라도 진입한 경우에는 신속히 교차로 밖으로 진행하여야 한다.
   ㉡ 차마는 우회전할 수 있고, 우회전하는 경우에는 보행자의 횡단을 방해하지 못한다.

(7) 교통사고 발생 시 대처방법

① 인명 사고 시 신속한 응급조치 후 긴급구호를 요청할 수 있다.
② 지게차 화재 시 장비에 비치된 소화기로 긴급 진화할 수 있다.
③ 전도·전복사고 발생 시 안전조치하고 긴급구호를 요청할 수 있다.
④ 교통사고 시 안전주차하고 후면 안전거리에 고장표시판을 설치하여 2차 사고를 예방할 수 있다.

(8) 운전 중 계기판에서 확인할 사항

① 충전경고등
② 연료량 게이지
③ 냉각수 온도 게이지

(9) 도로에서 지게차 고장 시 응급대처 방법

① 시동이 꺼졌을 때에는 후면 안전거리에 고장표시판을 설치 후 고장 내용을 점검한다.
② 제동불량 시 안전주차하고 후면 안전거리에 고장표시판을 설치한 후 고장 내용을 점검한다.
③ 타이어 펑크 시 안전주차하고 후면 안전거리에 고장표시판을 설치 후 정비사에게 지원을 요청한다.
④ 전·후진 주행장치 고장 시 안전주차하고 후면 안전거리에 고장표시판을 설치 후 견인 조치를 의뢰한다.
⑤ 마스트 유압라인 고장 시 안전주차하고 후면 안전거리에 고장표시판을 설치 후 포크를 마스트에 고정하여 응급 운행할 수 있다.

(10) 지게차 전진 및 후진할 때 유의사항

① 노면과 주변 상황에 따라 후진작업 시 후사경과 후진경고음을 확인하며, 주행해야 한다.
② 작업 진행 시 적재된 화물의 낙하에 주의하며 제한속도를 준수하여 주행해야 한다.

(11) 보도와 차도의 구분이 없는 도로에서 아동이 있는 곳을 통행할 때에 운전자가 취할 조치

① 서행한다.
② 일시 정지하여 안전을 확인한 뒤 진행한다.

1-1. 다음 신호 중 가장 우선하는 신호는?

① 신호기의 신호
② 경찰관의 수신호
③ 안전표시의 지시
④ 신호등의 신호

1-2. 교차로 통행방법으로 틀린 것은?

① 교차로에서는 정차하지 못한다.
② 교차로에서는 다른 차를 앞지르지 못한다.
③ 좌·우회전 시에는 방향지시기 등으로 신호를 하여야 한다.
④ 교차로에서는 반드시 경음기를 울려야 한다.

| 해설 |

1-1

도로교통법 제5조에 의거 도로에서 가장 우선하는 신호는 경찰공무원 등의 수신호이다.

1-2

교차로에서 경음기를 울릴 필요는 없다.

정답 1-1 ② 1-2 ④

| 핵심이론 **02** | 도로교통법

(1) 도로교통법에 따른 긴급자동차(법 제2조제22호)

① 소방차
② 구급차
③ 혈액 공급차량
④ 그 밖에 대통령령으로 정하는 자동차
　　※ 그 밖에 대통령령으로 정하는 자동차란 "영 제2조"의 긴급자동차를 말한다.

(2) 정차 및 주차 금지장소(법 제32조)

① 교차로·횡단보도·건널목이나 보도와 차도가 구분된 도로의 보도(주차장법에 따라 차도와 보도에 걸쳐서 설치된 노상주차장은 제외)
② 교차로의 가장자리나 도로의 모퉁이로부터 5m 이내인 곳
③ 안전지대가 설치된 도로에서는 그 안전지대의 사방으로부터 각각 10m 이내인 곳
④ 버스여객자동차의 정류지임을 표시하는 기둥이나 표지판 또는 선이 설치된 곳으로부터 10m 이내인 곳. 다만, 버스여객자동차의 운전자가 그 버스여객자동차의 운행시간 중에 운행노선에 따르는 정류장에서 승객을 태우거나 내리기 위하여 차를 정차하거나 주차하는 경우에는 제외
⑤ 건널목의 가장자리 또는 횡단보도로부터 10m 이내인 곳
⑥ 다음의 곳으로부터 5m 이내인 곳
　　㉠ 소방기본법 제10조에 따른 소방용수시설 또는 비상소화장치가 설치된 곳
　　㉡ 소방시설 설치 및 관리에 관한 법률 제2조제1항제1호에 따른 소방시설로서 대통령령으로 정하는 시설이 설치된 곳
⑦ 시·도경찰청장이 도로에서의 위험을 방지하고 교통의 안전과 원활한 소통을 확보하기 위하여 필요하다고 인정하여 지정한 곳
⑧ 시장 등이 제12조제1항에 따라 지정한 어린이 보호구역

(3) 주차 금지의 장소(법 제33조)

① 터널 안 및 다리 위

② 다음의 곳으로부터 5m 이내인 곳

    ㉠ 도로공사를 하고 있는 경우에는 그 공사 구역의 양쪽 가장자리

    ㉡ 다중이용업소의 안전관리에 관한 특별법에 따른 다중이용업소의 영업장이 속한 건축물로 소방본부장의 요청에 의하여 시·도경찰청장이 지정한 곳

③ 시·도경찰청장이 도로에서의 위험을 방지하고 교통의 안전과 원활한 소통을 확보하기 위하여 필요하다고 인정하여 지정한 곳

(4) 앞지르기 금지의 장소(법 제22조제3항)

① 교차로

② 터널 안

③ 다리 위

④ 도로의 구부러진 곳, 비탈길의 고갯마루 부근 또는 가파른 비탈길의 내리막 등 시·도경찰청장이 도로에서의 위험을 방지하고 교통의 안전과 원활한 소통을 확보하기 위하여 필요하다고 인정하는 곳으로서 안전표지로 지정한 곳

(5) 승차 또는 적재의 방법과 제한(법 제39조제1항)

모든 차의 운전자는 승차 인원, 적재중량 및 적재용량에 관해 대통령령으로 정하는 운행상의 안전기준을 넘어서 승차시키거나 적재한 상태에서 운전을 하기 위해서는 출발지를 관할하는 경찰서장의 허가를 받아야 한다.

(6) 제1종 운전면허 취득하기 위한 적성검사 합격 기준(영 제45조)

① 두 눈을 동시에 뜨고 잰 시력(교정시력을 포함하며, 이하 같다)이 0.8 이상이고, 두눈의 시력이 각각 0.5 이상일 것(한쪽 눈을 보지 못하는 사람은 다른 쪽 눈의 시력이 0.8, 수평시야가 120°, 수직시야가 20° 이상이며, 중심시야 20° 내 암점(暗點)과 반맹(半盲)이 없어야 한다)

② 붉은색·녹색 및 노란색을 구별할 수 있을 것

③ 55dB(보청기를 사용하는 사람은 40dB)의 소리를 들을 수 있을 것

④ 조향장치나 그 밖의 장치를 뜻대로 조작할 수 없는 등 정상적인 운전을 할 수 없다고 인정되는 신체상 또는 정신상의 장애가 없을 것(단, 보조수단이나 신체장애 정도에 적합하게 제작·승인된 자동차를 사용하여 정상적인 운전을 할 수 있다고 인정되는 경우에는 그러하지 아니하다)

(7) 도로교통법상 교통안전표지의 종류(규칙 제8조 제1항)

① 주의표지

② 규제표지

③ 지시표지

④ 보조표지

⑤ 노면표시

(8) 음주운전의 처벌 기준

① 음주운전 시 형사적 책임(법 제148조의2)

위 반		기 준
1회	0.03% 이상 0.08% 미만	1년 이하의 징역이나 500만원 이하의 벌금
	0.08% 이상 0.2% 미만	1년 이상 2년 이하의 징역이나 500만원 이상 1,000만원 이하의 벌금
	0.2% 이상	2년 이상 5년 이하의 징역이나 1,000만원 이상 2,000만원 이하의 벌금
측정 거부		1년 이상 5년 이하의 징역이나 500만원 이상 2,000만원 이하의 벌금
2회 이상 위반		2년 이상 5년 이하의 징역이나 1,000만원 이상 2,000만원 이하의 벌금

② 음주운전 시 행정상 책임

구 분		단순음주	대물사고	대인사고
1회	0.03% 이상 0.08% 미만	벌점 100점	벌점 100점 (벌점 110점)	면허취소 (결격기간 2년)
	0.08% 이상 0.2% 미만	면허취소 (결격기간 1년)	면허취소 (결격기간 2년)	
	0.2% 이상			
	음주 측정거부			
2회 이상		면허취소 (결격기간 2년)	면허취소 (결격기간 3년)	
음주운전 인사사고 후 도주				면허취소 (결격기간 5년)
사망사고				

(9) 벌점의 누산점수 초과로 인한 면허취소 기준(규칙 [별표 28])

기 간	벌점 또는 누산점수
1년	121점 이상
2년	201점 이상
3년	271점 이상

※ 1회 위반·사고로 인한 벌점 또는 연간 누산점수가 표의 벌점 또는 누산점수에 도달한 때에 그 운전면허를 취소한다.

(10) 준수사항에 따른 도로교통법 사례

① 도로의 중앙선이 황색실선이거나 황색점선이 복선으로 표시된 때(규칙 [별표 6])

　㉠ 황색점선 : 반대방향의 교통에 주의하면서 일시적으로 반대편 차로로 넘어갈 수 있으나 진행방향 차로로 다시 돌아와야 함을 표시

　㉡ 황색실선과 점선의 복선 : 자동차가 점선이 있는 측에서는 반대방향의 교통에 주의하면서 넘어갔다가 다시 돌아올 수 있으나 실선이 있는 쪽에서는 넘어갈 수 없음을 표시

② 서행해야 할 장소(법 제31조제1항)

　㉠ 교통정리를 하고 있지 아니하는 교차로

　㉡ 도로가 구부러진 부근

　㉢ 비탈길의 고갯마루 부근

　㉣ 가파른 비탈길의 내리막

　㉤ 시·도경찰청장이 도로에서의 위험을 방지하고 교통의 안전과 원활한 소통을 확보하기 위하여 필요하다고 인정하여 안전표지로 지정한 곳

③ 통고처분의 수령을 거부하거나 범칙금을 기간 안에 납부하지 못한 자의 처리(법 제165조제1항) : 즉결심판에 회부됨

④ 폭우·폭설·안개 등으로 가시거리가 100m 이내일 때 최고속도의 감속비(규칙 제19조제2항제2호) : 50%

⑤ 밤에 도로에서 자동차를 주정차할 때 켜야 하는 등화(영 제19조제2항) : 미등 및 차폭등

⑥ 교차로에서 차마의 정지선(규칙 [별표 6]) : 흰색 선

(11) 차로가 설치된 도로에서 통행법 위반 사례

① 두 개의 차로에 걸쳐 운행하였다.

② 노면이 얼어붙은 곳에서 최고속도의 20/100을 줄인 속도로 운행하였다.

(12) 도로교통법 용어

① 주차 : 운전자가 승객을 기다리거나 화물을 싣거나 차가 고장 나거나 그 밖의 사유로 차를 계속 정지 상태에 두는 것 또는 운전자가 차에서 떠나서 즉시 그 차를 운전할 수 없는 상태에 두는 것을 말한다.

② 정차 : 운전자가 5분을 초과하지 아니하고 차를 정지시키는 것으로서 주차 외의 정지 상태를 말한다.

③ 안전거리 : 같은 방향으로 가고 있는 앞차가 갑자기 정지하게 되는 경우, 그 앞차와의 충돌을 피할 수 있는 거리로, 정지거리보다 약간 긴 정도의 거리를 말한다.

　※ 정지거리는 공주거리와 제동거리의 합으로, 운전자가 위험을 느끼고 제동되기 전까지 주행한 거리(공주거리)와 제동되기 시작하여 정지될 때까지 주행한 거리(제동거리)의 합을 말한다.

2-1. 앞지르기 금지 장소가 아닌 것은?

① 터널 안, 앞지르기 금지표지 설치장소
② 버스정류장 부근, 주차금지 구역
③ 경사로의 정상 부근, 급경사로의 내리막
④ 교차로, 도로의 구부러진 곳

2-2. 자동차가 주행 중 서행하여야 하는 곳을 설명한 사항으로 맞지 않는 것은?

① 4차로 주행차선에서 1차로
② 도로가 구부러진 부근
③ 가파른 비탈길의 내리막
④ 비탈길의 고갯마루 부근

2-3. 도로교통법상 도로의 모퉁이로부터 몇 m 이내의 장소에 정차하여서는 안 되는가?

① 2m
② 3m
③ 5m
④ 10m

|해설|

2-1
버스정류장 부근이나 주차금지 구역에서는 앞지르기를 하여도 된다.

2-2
4차로 주행차선에서 1차로는 추월차선으로 서행해서는 안 된다.

2-3
차량을 도로의 모퉁이로부터 5m 이내에 정차하거나 주차하여서는 안 된다.

정답 2-1 ② 2-2 ① 2-3 ③

핵심이론 03 │ 도로표지판(도로교통법 시행규칙 [별표 6])

(1) 주의표지

| 회전형교차로표지 | 2방향통행표지 |
| 노면고르지못함표지 | 위험표지 |

(2) 규제표지

통행금지표지	진입금지표지
직진금지표지	앞지르기금지표지
정차·주차금지표지	차중량제한표지

차높이제한표지	차폭제한표지
최저속도제한표지	일시정지표지

(3) 지시표지

회전교차로표지	일방통행표지
비보호좌회전표지	통행우선표지

(4) 보조표지

100m 앞부터	안전속도 30
거리표지	안전속도표지

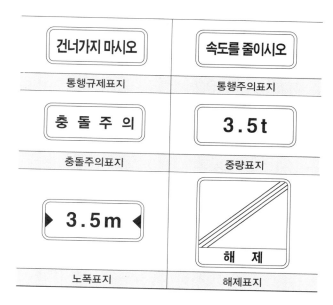

통행규제표지	통행주의표지
충돌주의표지	중량표지
노폭표지	해제표지

(5) 노면표시

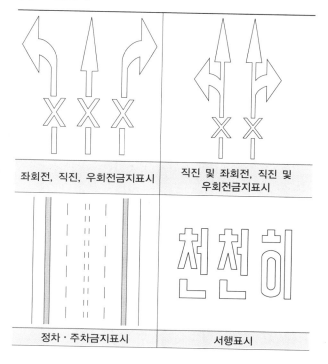

좌회전, 직진, 우회전금지표시	직진 및 좌회전, 직진 및 우회전금지표시
정차·주차금지표시	서행표시

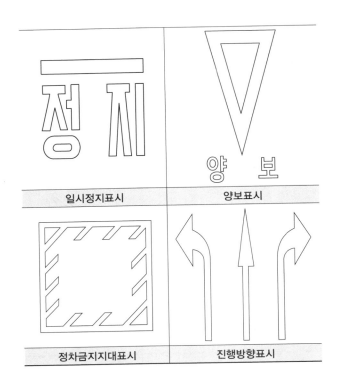

일시정지표시	양보표시

정차금지지대표시	진행방향표시

(6) 구간시작 도로표지판의 해석

구간시작
←
200m

- 규제표지 또는 지시표지가 표시하는 교통의 규제·지시가 행하여지는 구간의 시작을 표시하는 것

(7) 구간끝 도로표지판의 해석

구 간 끝
→
600m

- 규제표지 또는 지시표지가 표시하는 교통의 규제지시가 행하여지는 구간의 끝을 표시하는 것

3-1. 그림과 같은 교통안전표지의 설명으로 맞는 것은?

① 삼거리표지
② 우회로표지
③ 회전형교차로표지
④ 좌로계속굽은도로표지

3-2. 다음 그림의 교통안전표지에 대한 설명으로 맞는 것은?

① 30ton 자동차전용도로
② 최고중량 제한표시
③ 최고속도 30km/h 속도제한표시
④ 최저속도 30km/h 속도제한표시

정답 3-1 ③ 3-2 ④

핵심이론 04 | 건설기계관리법

(1) 건설기계(Construction Equipment)의 정의(법 제2조제1항제1호)

건설공사에 사용할 수 있는 기계로서 대통령령으로 그 종류를 정한다.

(2) 건설기계사업의 분류(법 제2조)

① 건설기계대여업 : 건설기계의 대여를 업(業)으로 하는 것
② 건설기계정비업 : 건설기계를 분해·조립 또는 수리하고 그 부분품을 가공제작·교체하는 등 건설기계를 원활하게 사용하기 위한 모든 행위(경미한 정비행위 등 국토교통부령으로 정하는 것은 제외한다)를 업으로 하는 것
③ 건설기계매매업 : 중고(中古) 건설기계의 매매 또는 그 매매의 알선과 그에 따른 등록사항에 관한 변경신고의 대행을 업으로 하는 것
④ 건설기계해체재활용업 : 폐기 요청된 건설기계의 인수(引受), 재사용 가능한 부품의 회수, 폐기 및 그 등록말소 신청의 대행을 업으로 하는 것

(3) 건설기계사업의 등록(법 제21조제1항)

건설기계사업을 하려는 자(지방자치단체는 제외)는 대통령령으로 정하는 바에 따라 사업의 종류별로 특별자치시장·특별자치도지사·시장·군수 또는 자치구의 구청장에게 등록하여야 한다.

(4) 건설기계(지게차) 등록신청(법 제3조제2항)

건설기계의 소유자가 대통령령으로 정하는 바에 따라 건설기계를 등록할 때에는 특별시장·광역시장·특별자치시장·도지사 또는 특별자치도지사(시·도지사)에게 건설기계 등록신청을 하여야 한다.

(5) 국내에서 제작된 건설기계 등록 시 필요서류(영 제3조제1항)

① 건설기계제작증
② 매수증서(행정기관으로부터 매수한 건설기계만)
③ 건설기계의 소유자임을 증명하는 서류(단, ① 또는 ②의 서류가 건설기계의 소유자임을 증명할 수 있는 경우 제외)
④ 건설기계제원표
⑤ 자동차손해배상 보장법 제5조에 따른 보험 또는 공제의 가입을 증명하는 서류

(6) 관련 기관 및 직위

구 분	업 무
한국건설기계정비협회	우리나라에서 건설기계에 대한 정기검사를 실시하는 검사업무 대행기관
국토교통부장관	건설기계 형식승인
시장·군수 또는 구청장	건설기계사업을 영위하고자 하는 자의 등록 기관

(7) 건설기계의 등록 말소(법 제6조)

시·도지사는 등록된 건설기계가 다음의 어느 하나에 해당하는 경우에는 그 소유자의 신청이나 시·도지사의 직권으로 등록을 말소할 수 있다. 다만, ①, ⑤, ⑧(제34조의2제2항에 따라 폐기한 경우로 한정) 또는 ⑫에 해당하는 경우에는 직권으로 등록을 말소하여야 한다.

① 거짓이나 그 밖의 부정한 방법으로 등록을 한 경우
② 건설기계가 천재지변 또는 이에 준하는 사고 등으로 사용할 수 없게 되거나 멸실된 경우
③ 건설기계의 차대(車臺)가 등록 시의 차대와 다른 경우
④ 건설기계가 건설기계안전기준에 적합하지 아니하게 된 경우
⑤ 정기검사 명령, 수시검사 명령 또는 정비 명령에 따르지 아니한 경우
⑥ 건설기계를 수출하는 경우
⑦ 건설기계를 도난당한 경우

⑧ 건설기계를 폐기한 경우

⑨ 건설기계해체재활용업을 등록한 자(건설기계해체재활용업자)에게 폐기를 요청한 경우

⑩ 구조적 제작 결함 등으로 건설기계를 제작자 또는 판매자에게 반품한 경우

⑪ 건설기계를 교육·연구 목적으로 사용하는 경우

⑫ 대통령령으로 정하는 내구연한을 초과한 건설기계. 다만, 정밀진단을 받아 연장된 경우는 그 연장기간을 초과한 건설기계

⑬ 건설기계를 횡령 또는 편취당한 경우

(8) 건설건설기계의 내구연한(법 제20조의3)

① 국토교통부장관은 대통령령으로 정하는 건설기계와 건설기계 장치 및 부품에 대하여 그 내구연한을 대통령령으로 정할 수 있다.

② 누구든지 내구연한을 초과한 건설기계 또는 건설기계 장치 및 부품을 운행하거나 사용할 수 없다.

③ 다만, 국토교통부장관이 실시하는 건설기계 정밀진단을 받아 안전하게 운행할 수 있다고 인정되는 경우에는 그 내구연한을 3년 단위로 연장할 수 있다.

④ 정밀진단을 받으려는 자는 국토교통부령으로 정하는 바에 따라 건설기계 정밀진단 신청서를 국토교통부장관에게 제출하여야 한다.

⑤ 국토교통부장관은 국토교통부령으로 정하는 바에 따라 건설기계 정밀진단을 실시하고 그 결과를 신청자 및 시·도지사에게 통보하여야 한다.

(9) 건설기계등록번호표의 표시내용(규칙 제13조)

① 기 종
② 용 도
③ 등록번호

(10) 건설기계등록번호표의 규격 및 재질(규칙 [별표 2])

① 규격 : 가로 520mm × 세로 110mm × 두께 1mm

※ 위 그림에서 "0"은 건설기계, "12"는 기종번호, "가 4568"은 일련번호

② 재질 : 알루미늄 제판(KS D6701 A1050P "0")

③ 색상 및 일련번호

㉠ 비사업용(관용) : 흰색 바탕에 검은색 문자, 0001~0999

㉡ 비사업용(자가용) : 흰색 바탕에 검은색 문자, 1000~5999

㉢ 대여사업용 : 주황색 바탕에 검은색 문자, 6000~9999

※ 등록번호표에 표시되는 모든 문자 및 외곽선은 1.5mm 튀어나와야 한다.

(11) 건설기계의 기종별 기호표시(규칙 [별표 2])

기 호	건설기계	기 호	건설기계
01	불도저	15	콘크리트펌프
02	굴착기	16	아스팔트믹싱플랜트
03	로 더	17	아스팔트피니셔
04	지게차	18	아스팔트살포기
05	스크레이퍼	19	골재살포기
06	덤프트럭	20	쇄석기
07	기중기	21	공기압축기
08	모터그레이더	22	천공기
09	롤 러	23	항타 및 항발기
10	노상안정기	24	자갈채취기
11	콘크리트배칭플랜트	25	준설선
12	콘크리트피니셔	26	특수건설기계
13	콘크리트살포기	27	타워크레인
14	콘크리트믹서트럭		

(12) 건설기계(지게차) 검사(법 제13조제1항)

① 신규 등록검사 : 건설기계를 신규로 등록할 때 실시하는 검사

② 정기검사 : 건설공사용 건설기계로서 3년의 범위에서 국토교통부령으로 정하는 검사유효기간이 끝난 후에 계속하여 운행하려는 경우에 실시하는 검사와 대기환경보전법 제62조 및 소음·진동관리법 제37조에 따른 운행차의 정기검사

   ※ 지게차는 1ton 이상일 경우 정기검사 유효기간을 2년으로 한다. 다만, 신규등록일(수입된 중고건설기계의 경우에는 제작연도의 12월 31일)로부터 20년 초과 경과된 경우 검사유효기간은 1년으로 한다(규칙 [별표 7]).

③ 구조변경검사 : 건설기계의 주요 구조를 변경하거나 개조한 경우 실시하는 검사

④ 수시검사 : 성능이 불량하거나 사고가 자주 발생하는 건설기계의 안전성 등을 점검하기 위하여 수시로 실시하는 검사와 건설기계 소유자의 신청을 받아 실시하는 검사

(13) 건설기계의 구조 변경 불가능 범위(규칙 제42조 단서)

① 건설기계의 기종변경
② 육상작업용 건설기계규격의 증가
③ 적재함의 용량 증가를 위한 구조변경

(14) 건설기계조종사 면허 적성검사 기준(규칙 제76조 제1항)

① 두 눈을 동시에 뜨고 잰 시력(교정시력을 포함)이 0.7 이상이고 두 눈의 시력이 각각 0.3 이상일 것

② 55dB(보청기를 사용하는 사람은 40dB)의 소리를 들을 수 있고, 언어분별력이 80% 이상일 것

③ 시각은 150° 이상일 것

④ 다음의 사유에 해당되지 아니할 것

   ㉠ 건설기계 조종상의 위험과 장해를 일으킬 수 있는 정신질환자 또는 뇌전증환자로서 국토교통부령으로 정하는 사람

   ㉡ 앞을 보지 못하는 사람, 듣지 못하는 사람, 그 밖에 국토교통부령으로 정하는 장애인

   ㉢ 건설기계 조종상의 위험과 장해를 일으킬 수 있는 마약·대마·향정신성의약품 또는 알코올중독자로서 국토교통부령으로 정하는 사람

(15) 국토교통부령으로 정하는 소형건설기계(규칙 제73조제2항)

① 5ton 미만의 불도저
② 5ton 미만의 로더
③ 5ton 미만의 천공기(트럭적재식은 제외)
④ 3ton 미만의 지게차
⑤ 3ton 미만의 굴착기
⑥ 3ton 미만의 타워크레인
⑦ 공기압축기
⑧ 콘크리트펌프(이동식에 한정)
⑨ 쇄석기
⑩ 준설선

(16) 대형건설기계의 범위(건설기계 안전기준에 관한 규칙 제2조제33호)

① 길이가 16.7m를 초과하는 건설기계
② 너비가 2.5m를 초과하는 건설기계
③ 높이가 4.0m를 초과하는 건설기계
④ 최소회전반경이 12m를 초과하는 건설기계
⑤ 총중량이 40ton을 초과하는 건설기계(굴착기, 로더 및 지게차는 운전중량이 40ton을 초과하는 경우)
⑥ 총중량 상태에서 축하중이 10ton을 초과하는 건설기계(굴착기, 로더 및 지게차는 운전중량 상태에서 축하중이 10ton을 초과하는 경우)

(17) 대형건설기계 기준에 적합한 특별표지판 부착(건설기계 안전기준에 관한 규칙 제168조)

① (16)의 요건 중 어느 하나에 해당하는 대형건설기계의 경우 특별표지판의 규격은 가로 481mm, 세로 100mm의 직사각형으로 하고, 해당되는 요건을 다음과 같이 표시할 것

② (16)의 요건 중 2가지 이상에 해당하는 대형건설기계의 경우 특별표지판의 규격은 가로 481mm, 세로 200mm의 직사각형으로 하고, 해당되는 요건을 다음과 같이 표시할 것(단, 해당되는 요건이 3개 이상인 경우에는 총중량, 너비, 높이, 길이 및 최소회전반경의 순서로 해당하는 2개의 항목만을 표시)

(18) 건설기계 등록 및 검사

내 용	기 간
건설기계를 도난당한 날로부터 얼마 이내에 등록말소를 신청해야 하는가?	2개월 이내
정기검사를 받지 않은 건설기계의 소유자에게 국토교통부령으로 정하는 바에 따라 정기검사를 명령하려는 때에는 정기검사 명령의 이행을 위한 검사의 신청기간을 며칠 이내로 정하여 통지해야 하는가?	31일 이내
건설기계 운전면허의 효력정지 사유가 발생한 경우 관련법상 효력 정지기간은?	1년 이내

(19) 건설기계조종사면허의 취소·정지처분 기준(규칙 [별표 22])

위반행위	처분기준
① 거짓이나 그 밖의 부정한 방법으로 건설기계조종사면허를 받은 경우	취 소
② 건설기계조종사면허의 효력정지기간 중 건설기계를 조종한 경우	취 소
③ 건설기계조종사면허의 결격사유(법 제27조) 제2호부터 제4호까지의 규정 중 어느 하나에 해당하게 된 경우	취 소
④ 건설기계의 조종 중 고의 또는 과실로 중대한 사고를 일으킨 경우	
㉠ 인명피해	
• 고의로 인명피해(사망·중상·경상 등)를 입힌 경우	취 소
• 과실로 산업안전보건법 제2조제2호에 따른 중대재해가 발생한 경우	취 소
• 그 밖의 인명피해를 입힌 경우	
– 사망 1명마다	면허효력정지 45일
– 중상 1명마다	면허효력정지 15일
– 경상 1명마다	면허효력정지 5일
㉡ 재산피해 : 피해금액 50만원마다	면허효력정지 1일 (90일을 넘지 못함)
㉢ 건설기계의 조종 중 고의 또는 과실로 도시가스사업법 제2조제5호에 따른 가스공급시설을 손괴하거나 가스공급시설의 기능에 장애를 입혀 가스의 공급을 방해한 경우	면허효력정지 180일
⑤ 국가기술자격법에 따른 해당 분야의 기술자격이 취소되거나 정지된 경우	국가기술자격법 제16조에 따라 조치
⑥ 건설기계조종사면허증을 다른 사람에게 빌려준 경우	취 소
⑦ 건설기계종사자 및 고용주의 준수사항(법 제27조의2)을 위반하여 술에 취하거나 마약 등 약물을 투여한 상태에서 조종한 경우	
㉠ 술에 취한 상태(혈중알코올농도 0.03% 이상 0.08% 미만을 말한다)에서 건설기계를 조종한 경우	면허효력정지 60일
㉡ 술에 취한 상태에서 건설기계를 조종하다가 사고로 사람을 죽게 하거나 다치게 한 경우	취 소
㉢ 술에 만취한 상태(혈중알코올농도 0.08% 이상)에서 건설기계를 조종한 경우	취 소
㉣ 2회 이상 술에 취한 상태에서 건설기계를 조종하여 면허효력정지를 받은 사실이 있는 사람이 다시 술에 취한 상태에서 건설기계를 조종한 경우	취 소

위반행위	처분기준
⑪ 약물(마약, 대마, 향정신성 의약품 및 유해화학물질 관리법 시행령 제25조에 따른 환각물질을 말한다)을 투여한 상태에서 건설기계를 조종한 경우	취 소
⑧ 정기적성검사를 받지 않고 1년이 지난 경우	취 소
⑨ 정기적성검사 또는 수시적성검사에서 불합격한 경우	취 소

(20) 건설기계조종사의 정기적성검사 및 수시적성검사(법 제29조·제30조)

시장·군수 또는 구청장이 실시

(21) 다른 법률과의 관계(법 제39조)

건설기계에 대하여는 자동차관리법을 적용하지 아니한다.

(22) 건설기계조종사 및 고용주의 준수사항(법 제27조의2)

① 건설기계조종사면허를 받은 사람(건설기계조종사)은 다음의 어느 하나에 해당하는 경우 건설기계를 조종해서는 아니 된다.
  ㉠ 술에 취하거나 마약 등 약물을 투여한 상태
  ㉡ 과로 또는 질병의 영향이나 그 밖의 사유로 정상적으로 조종하지 못할 우려가 있는 상태
② 고용주는 건설기계조종사면허가 없는 자나 술에 취하거나 마약 등 약물을 투여한 상태에 따라 조종을 하여서는 아니 되는 건설기계조종사가 건설기계를 조종하는 것을 알고도 말리지 아니하거나 그러한 자가 건설기계를 조종하도록 지시해서는 아니 된다.
③ 술에 취하거나 마약 등 약물을 투여한 상태에 따른 술에 취한 상태의 기준, 금지 약물의 종류 및 측정방법 등에 대하여는 도로교통법에서 정하는 바에 따른다.

(23) 주요 과태료 부과기준(영 [별표 3])

위반 내용	규 정
건설기계관리법령상 국토교통부령으로 정하는 바에 따라 등록번호표를 부착 및 봉인하지 않은 건설기계를 운행하여서는 아니 된다. 이를 1차 위반했을 경우의 과태료는?(단, 임시번호표를 부착한 경우는 제외)	100만원
건설기계등록번호표를 가리거나 훼손하여 알아보기 곤란하게 한 자 또는 그러한 건설기계를 운행한 자에게 부과하는 과태료는?	100만원 이하
건설기계관리법에 따라 안전교육 등을 받지 않고 건설기계를 조종해서는 안 된다. 이를 1차 위반했을 경우의 과태료는?	50만원
건설기계의 소유자 또는 점유자가 자신의 정비시설을 갖추어 건설기계를 정비하려는 경우에는 정비시설의 종류 및 규모에 따라 국토교통부령으로 정하는 범위에서 정비를 하여야 한다. 이를 위반하여 건설기계를 정비한 경우 과태료는?	50만원
건설기계관리법령상 등록번호표를 가리거나 훼손하여 알아보기 곤란하게 한 경우 또는 그러한 건설기계를 운행한 경우 1차 과태료는?	50만원
건설기계가 천재지변 또는 이에 준하는 사고 등으로 사용할 수 없게 되거나 멸실된 경우 말소를 신청하지 않았을 경우 1차 과태료는?	20만원
건설기계관리법상 건설기계를 일시적으로 운행하는 경우에는 국토교통부령으로 정하는 바에 따라 임시번호표를 붙여야 한다. 이를 1차 위반했을 경우의 과태료는?	20만원
건설기계의 소유자 또는 점유자는 건설기계를 주택가 주변의 도로·공터 등에 세워 두어 교통소통을 방해하거나 소음 등으로 주민의 조용하고 평온한 생활환경을 침해하여서는 아니 된다. 이를 1차 위반했을 경우의 과태료는?	5만원
건설기계조종사는 국토교통부령으로 정하는 바에 따라 정기적으로 시장·군수 또는 구청장이 실시하는 적성검사를 받아야 한다. 이를 1차 위반했을 경우의 과태료는?(단, 검사기간 만료일로부터 30일을 초과하는 경우의 가산금은 제외)	5만원

(24) 2년 이하의 징역 또는 2천만원 이하의 벌금 (법 제40조)

① 등록되지 아니한 건설기계를 사용하거나 운행한 자
② 등록이 말소된 건설기계를 사용하거나 운행한 자
③ 시·도지사의 지정을 받지 아니하고 등록번호표를 제작하거나 등록번호를 새긴 자

④ 검사대행자 또는 그 소속 직원에게 재물이나 그 밖의 이익을 제공하거나 제공 의사를 표시하고 부정한 검사를 받은 자
⑤ 건설기계의 주요 구조나 원동기, 동력전달장치, 제동장치 등 주요 장치를 변경 또는 개조한 자
⑥ 무단 해체한 건설기계를 사용·운행하거나 타인에게 유상·무상으로 양도한 자
⑦ 제작 결함사실의 공개 또는 시정조치를 하지 아니하는 제작자 등에 대한 시정명령을 이행하지 아니한 자
⑧ 등록을 하지 아니하고 건설기계사업을 하거나 거짓으로 등록을 한 자
⑨ 등록이 취소되거나 사업의 전부 또는 일부가 정지된 건설기계사업자로서 계속하여 건설기계사업을 한 자

(25) 1년 이하의 징역 또는 1천만원 이하의 벌금(법 제41조)
① 거짓이나 그 밖의 부정한 방법으로 등록을 한 자
② 등록번호를 지워 없애거나 그 식별을 곤란하게 한 자
③ 구조변경검사 또는 수시검사를 받지 아니한 자
④ 정비명령을 이행하지 아니한 자
⑤ 사용·운행 중지 명령을 위반하여 사용·운행한 자
⑥ 사업정지명령을 위반하여 사업정지기간 중에 검사를 한 자
⑦ 형식승인, 형식변경승인 또는 확인검사를 받지 아니하고 건설기계의 제작 등을 한 자
⑧ 사후관리에 관한 명령을 이행하지 아니한 자
⑨ 내구연한을 초과한 건설기계 또는 건설기계 장치 및 부품을 운행하거나 사용한 자
⑩ 내구연한을 초과한 건설기계 또는 건설기계 장치 및 부품의 운행 또는 사용을 알고도 말리지 아니하거나 운행 또는 사용을 지시한 고용주
⑪ 부품인증을 받지 아니한 건설기계 장치 및 부품을 사용한 자
⑫ 부품인증을 받지 아니한 건설기계 장치 및 부품을 건설기계에 사용하는 것을 알고도 말리지 아니하거나 사용을 지시한 고용주

⑬ 매매용 건설기계를 운행하거나 사용한 자
⑭ 폐기인수 사실을 증명하는 서류의 발급을 거부하거나 거짓으로 발급한 자
⑮ 폐기요청을 받은 건설기계를 폐기하지 아니하거나 등록번호표를 폐기하지 아니한 자
⑯ 건설기계조종사면허를 받지 아니하고 건설기계를 조종한 자
⑰ 건설기계조종사면허를 거짓이나 그 밖의 부정한 방법으로 받은 자
⑱ 소형 건설기계의 조종에 관한 교육과정의 이수에 관한 증빙서류를 거짓으로 발급한 자
⑲ 술에 취하거나 마약 등 약물을 투여한 상태에서 건설기계를 조종한 자와 그러한 자가 건설기계를 조종하는 것을 알고도 말리지 아니하거나 건설기계를 조종하도록 지시한 고용주
⑳ 건설기계조종사면허가 취소되거나 건설기계조종사면허의 효력정지처분을 받은 후에도 건설기계를 계속하여 조종한 자
㉑ 건설기계를 도로나 타인의 토지에 버려둔 자

(26) 300만원 이하의 과태료(법 제44조제1항)
① 등록번호표를 부착하지 아니하거나 봉인하지 아니한 건설기계를 운행한 자
② 정기검사를 받지 아니한 자
③ 건설기계임대차 등에 관한 계약서를 작성하지 아니한 자
④ 정기적성검사 또는 수시적성검사를 받지 아니한 자
⑤ 시설 또는 업무에 관한 보고를 하지 아니하거나 거짓으로 보고한 자
⑥ 소속 공무원의 검사·질문을 거부·방해·기피한 자
⑦ 정당한 사유 없이 직원(검사 또는 질문하는 공무원)의 출입을 거부하거나 방해한 자

(27) 100만원 이하의 과태료(법 제44조제2항)

① 수출의 이행 여부를 신고하지 아니하거나 폐기 또는 등록을 하지 아니한 자
② 등록번호표를 부착·봉인하지 아니하거나 등록번호를 새기지 아니한 자
③ 등록번호표를 가리거나 훼손하여 알아보기 곤란하게 한 자 또는 그러한 건설기계를 운행한 자
④ 등록번호의 새김명령을 위반한 자
⑤ 건설기계안전기준에 적합하지 아니한 건설기계를 운행하거나 운행하게 한 자
⑥ 조사 또는 자료제출 요구를 거부·방해·기피한 자
⑦ 검사유효기간이 끝난 날부터 31일이 지난 건설기계를 사용하게 하거나 운행하게 한 자 또는 사용하거나 운행한 자
⑧ 특별한 사정 없이 건설기계임대차 등에 관한 계약과 관련된 자료를 제출하지 아니한 자
⑨ 건설기계사업자의 의무를 위반한 자
⑩ 안전교육 등을 받지 아니하고 건설기계를 조종한 자

(28) 대통령령으로 정한 건설기계(영 [별표 1])

건설기계명	범 위
① 불도저	무한궤도 또는 타이어식인 것
② 굴착기	무한궤도 또는 타이어식으로 굴착장치를 가진 자체중량 1ton 이상인 것
③ 로 더	무한궤도 또는 타이어식으로 적재장치를 가진 자체중량 2ton 이상인 것(단, 차체굴절식 조향장치가 있는 자체중량 4ton 미만인 것은 제외)
④ 지게차	타이어식으로 들어올림장치와 조종석을 가진 것(단, 전동식으로 솔리드타이어를 부착한 것 중 도로가 아닌 장소에서만 운행하는 것은 제외)
⑤ 스크레이퍼	흙·모래의 굴착 및 운반장치를 가진 자주식인 것
⑥ 덤프트럭	적재용량 12ton 이상인 것(단, 적재용량 12ton 이상 20ton 미만의 것으로 화물운송에 사용하기 위하여 자동차관리법에 의한 자동차로 등록된 것을 제외)
⑦ 기중기	무한궤도 또는 타이어식으로 강재의 지주 및 선회장치를 가진 것(단, 궤도(레일)식인 것을 제외)
⑧ 모터그레이더	정지장치를 가진 자주식인 것

건설기계명	범 위
⑨ 롤 러	• 조종석과 전압장치를 가진 자주식인 것 • 피견인 진동식인 것
⑩ 노상안정기	노상안정장치를 가진 자주식인 것
⑪ 콘크리트배칭플랜트	골재저장통·계량장치 및 혼합장치를 가진 것으로서 원동기를 가진 이동식인 것
⑫ 콘크리트피니셔	정리 및 사상장치를 가진 것으로 원동기를 가진 것
⑬ 콘크리트살포기	정리장치를 가진 것으로 원동기를 가진 것
⑭ 콘크리트믹서트럭	혼합장치를 가진 자주식인 것(재료의 투입·배출을 위한 보조장치가 부착된 것을 포함)
⑮ 콘크리트펌프	콘크리트배송능력이 $5m^3/h$ 이상으로 원동기를 가진 이동식과 트럭적재식인 것
⑯ 아스팔트믹싱플랜트	골재공급장치·건조가열장치·혼합장치·아스팔트공급장치를 가진 것으로 원동기를 가진 이동식인 것
⑰ 아스팔트피니셔	정리 및 사상장치를 가진 것으로 원동기를 가진 것
⑱ 아스팔트살포기	아스팔트살포장치를 가진 자주식인 것
⑲ 골재살포기	골재살포장치를 가진 자주식인 것
⑳ 쇄석기	20kW 이상의 원동기를 가진 이동식인 것
㉑ 공기압축기	공기배출량이 $2.83m^3/min$(매 cm^2당 7kg 기준) 이상의 이동식인 것
㉒ 천공기	천공장치를 가진 자주식인 것
㉓ 항타 및 항발기	원동기를 가진 것으로 해머 또는 뽑는 장치의 중량이 0.5ton 이상인 것
㉔ 자갈채취기	자갈채취장치를 가진 것으로 원동기를 가진 것
㉕ 준설선	펌프식·버킷식·디퍼식 또는 그래브식으로 비자항식인 것(단, 선박법에 따른 선박으로 등록된 것은 제외)
㉖ 특수건설기계	①부터 ㉕까지의 규정 및 ㉗에 따른 건설기계와 유사한 구조 및 기능을 가진 기계류로서 국토교통부장관이 따로 정하는 것
㉗ 타워크레인	수직타워의 상부에 위치한 지브(Jib)를 선회시켜 중량물을 상하, 전후 또는 좌우로 이동시킬 수 있는 것으로서 원동기 또는 전동기를 가진 것(단, 산업집적활성화 및 공장설립에 관한 법률 제16조에 따라 공장등록대장에 등록된 것은 제외)

(29) 건설기계조종사면허의 종류(규칙 [별표 21])

면허의 종류	조종할 수 있는 건설기계
① 불도저	불도저
② 5ton 미만의 불도저	5ton 미만의 불도저
③ 굴착기	굴착기
④ 3ton 미만의 굴착기	3ton 미만의 굴착기
⑤ 로 더	로 더
⑥ 3ton 미만의 로더	3ton 미만의 로더
⑦ 5ton 미만의 로더	5ton 미만의 로더
⑧ 지게차	지게차
⑨ 3ton 미만의 지게차	3ton 미만의 지게차
⑩ 기중기	기중기
⑪ 롤 러	롤러, 모터그레이더, 스크레이퍼, 아스팔트피니셔, 콘크리트피니셔, 콘크리트살포기 및 골재살포기
⑫ 이동식 콘크리트펌프	이동식 콘크리트펌프
⑬ 쇄석기	쇄석기, 아스팔트믹싱플랜트 및 콘크리트배칭플랜트
⑭ 공기압축기	공기압축기
⑮ 천공기	천공기(타이어식, 무한궤도식 및 굴진식을 포함. 단, 트럭적재식은 제외), 항타 및 항발기
⑯ 5ton 미만의 천공기	5ton 미만의 천공기(트럭적재식은 제외)
⑰ 준설선	준설선 및 자갈채취기
⑱ 타워크레인	타워크레인
⑲ 3ton 미만의 타워크레인	3ton 미만의 타워크레인 중 세부 규격에 적합한 타워크레인

[비 고]
1. 영 [별표 1]의 특수건설기계에 대한 조종사면허의 종류는 운전면허를 받아 조종하여야 하는 특수건설기계를 제외하고는 위 면허 중에서 국토교통부장관이 지정하는 것
2. 3ton 미만의 지게차의 경우에는 적합한 종류의 자동차운전면허가 있는 사람으로 한정

4-1. 건설기계사업을 영위하고자 하는 자는 누구에게 등록하여야 하는가?

① 시장·군수 또는 구청장
② 전문 건설기계 정비업자
③ 국토교통부장관
④ 건설기계 폐기업자

4-2. 3ton 미만 지게차의 소형건설기계 조종 교육시간은?

① 이론 6시간, 실습 6시간
② 이론 4시간, 실습 8시간
③ 이론 12시간, 실습 12시간
④ 이론 10시간, 실습 14시간

|해설|

4-1

건설기계사업의 등록(법 제21조제1항)

건설기계사업을 하려는 자(지방자치단체는 제외)는 대통령령으로 정하는 바에 따라 사업의 종류별로 특별자치시장·특별자치도지사·시장·군수 또는 자치구의 구청장에게 등록하여야 한다.

4-2

3ton 미만의 소형 지게차는 총 12시간 교육으로 이론과 실습을 6시간씩 배운다(규칙 [별표 20]).

정답 4-1 ① 4-2 ①

05 CHAPTER 지게차 점검 및 유지보수

1. 지게차 점검 및 유지관리

핵심이론 01 | 작업 시점에 따른 점검사항

(1) 일일 안전 점검사항

① 외관 검사
② 기능 점검
③ 작업 전 점검(시동 전 점검)
④ 작업 후 점검(시동 후 점검)
⑤ 작업 중 점검

(2) 작업 전 점검

① 냉각수량
② 브레이크액
③ 엔진오일량
④ 유압 오일 점검
⑤ 램프 상태 점검
⑥ 누유 및 누수 확인
⑦ 타이어 공기압 상태
⑧ 전해액 부족 상태 점검
⑨ 팬벨트의 장력 점검
⑩ 계기판의 게이지 상태 점검
⑪ 주차브레이크 및 경음기 상태 점검

(3) 작업 중 점검사항

① 충전상태
② 냉각수 온도
③ 엔진오일 압력
④ 이상 소음 확인
⑤ 운전 중 작업장치 성능확인

(4) 작업 후 점검사항

① 지게차 청결상태 확인
② 주행일지 기록상태 확인
③ 각 회전부의 급유상태 확인
④ 연료, 윤활유, 냉각수의 충전상태 확인
⑤ 겨울에 냉각수를 전부를 빼두었는지 여부 확인(단, 부동액이 첨가된 경우 제외)

(5) 시동 전후 점검사항

① 배기가스의 상태 확인
② 기계의 작동 상황 확인
③ 시동 후 저속 회전인지 확인
④ 각 작동레버의 작동상태 확인
⑤ 핸드브레이크가 당겨져 있는지 확인
⑥ 기어와 각 작동레버가 중립에 있는지 확인
⑦ 엔진의 회전음, 연소 폭발음을 확인하여 엔진의 이상 유무 확인

1-1. 유압장치에서 일일정비 점검사항이 아닌 것은?

① 유량 점검
② 이음부분의 누유점검
③ 필 터
④ 호스의 손상과 접촉면의 점검

1-2. 엔진이 작동되는 상태에서 점검 가능한 사항이 아닌 것은?

① 냉각수의 온도
② 충전상태
③ 엔진오일의 압력
④ 엔진오일량

| 해설 |

1-1
필터는 지게차 제조사에서 제시한 교환 주기에 따라 교체하므로 일일 정비사항은 아니다.

1-2
엔진오일량은 엔진 작동 전에 점검할 사항이다.

정답 1-1 ③ 1-2 ④

핵심이론 02 | 지게차 유지관리

(1) 지게차의 유지 보수 시 점검사항

① 경보장치의 작동 여부
② 헤드가드의 손상 여부
③ 페달이 잘 밟아지는지 여부
④ 브레이크의 정상 작동 여부
⑤ 체인의 장력이 적절한지 여부
⑥ 핸들 유격이 너무 크지 않은지 여부
⑦ 타이어의 손상 및 공기압이 적절한지 여부
⑧ 포크가 화물의 운반에 적당한지 여부
⑨ 연결 부위가 잘 고정되어 있는지 여부
⑩ 포크 부분에 손상된 부분이 있는지 여부
⑪ 지게차의 램프의 상태가 적절한지 여부
⑫ 지게차의 전후, 회전이동이 정상적으로 작동하는지 여부
⑬ 포크를 들거나 내림, 기울임 등이 정상적으로 작동하는지 여부

(2) 지게차의 외관 점검항목

① 타이어
② 제동장치
③ 그리스 주입 점검
④ 핑거보드 상태 점검
⑤ 윤활유 및 냉각수 점검
⑥ 휠 볼트, 너트 상태 점검
⑦ 포크의 휨, 균열, 마모상태
⑧ 백레스트의 균열 및 변형상태
⑨ 오버헤드 가드의 균열 및 변형상태
⑩ 각부 장치의 휨이나 변형, 균열, 손상 여부

(3) 지게차 유지보수를 할 때 유의사항

포크를 높이 들고 작업할 때 포크가 내려오지 않도록 안전블록 등 지지대로 안전조치를 한 후 작업한다.

(4) 타이어식 건설기계에서 전후 주행이 되지 않을 때 점검하여야 할 곳

① 변속장치를 점검한다.

② 유니버설 조인트를 점검한다.

③ 주차브레이크 잠김 여부를 점검한다.

(5) 작동유를 보충하는 방법

① 작동유 탱크의 오일 게이지 수준면 표시가 'L' 이하이면 'L'~'H' 표시 사이까지 보충한다.

② 작동유 탱크의 오일 게이지 수준면 표시가 'H' 이상이면 드레인콕을 풀어서 'L'~'H' 사이까지 배출한다.

(6) 엔진 지게차의 오일류 점검항목

① 엔진오일 체크 : 엔진 주변의 엔진오일 게이지의 "F ↔ L" 사이 체크

② 에어클리너 체크 : 먼지나 흙이 많은 곳은 일주일에 한 번 에어로 청소, 심한 오염 시 교체

③ 유압오일 체크 : 유압오일 게이지 "F ↔ L" 사이 체크

④ 냉각수 체크 : 냉각수 보조탱크 "F ↔ L" 사이 체크

⑤ 미션오일 체크 : 미션오일 게이지의 "MAX ↔ MIN" 사이 체크, MAXIMUM에 가깝게 보충

⑥ 엑슬오일 체크 : 앞바퀴 쪽 엑슬오일 게이지 체크, "상한선 ↔ 하한선" 사이 체크

10년간 자주 출제된 문제

타이어식 건설기계에서 전후 주행이 되지 않을 때 점검하여야 할 곳으로 틀린 것은?

① 타이로드 엔드를 점검한다.

② 변속장치를 점검한다.

③ 유니버설 조인트를 점검한다.

④ 주차브레이크 잠김 여부를 점검한다.

|해설|

타이로드 엔드는 조향계통과 관련 있는 기계부품이다.

정답 ①

핵심이론 03 | 타이어 점검하기

(1) 타이어의 주요 점검항목

① 최대 하중

② 하중 지수

③ 사용 공기압

④ 타이어 마모 한계선

⑤ 림의 변형 여부 확인

⑥ 타이어의 편마모 확인

⑦ 트레드 고무의 갈라짐 상태

⑧ 트레드의 과도한 마모 상태

⑨ 숄더 한쪽의 과도한 마모 상태

⑩ 타이어 공기압이 적정한지 확인

⑪ 휠의 볼트나 너트가 풀렸는지 확인

(2) 타이어 적정 공기압 점검방법

① 타이어 공기 주입구 밸브에 공기압 측정기를 연결한다.

② 공기압 측정기와 지게차에 부착된 제원표의 공기압을 비교한다.

③ 제원표의 공기압보다 높은 경우 주입구 밸브와 연결된 측정기의 공기빼기 버튼을 눌러 공기압을 맞춘다.

④ 제원표의 공기압보다 낮은 경우 주입구 밸브와 연결된 측정기에 공기펌프를 연결하여 공기압을 맞춘다.

(3) 사용압력에 따른 타이어의 분류

① 고압타이어

② 저압타이어

③ 초저압타이어

(4) 타이어 앞바퀴를 정렬하는 이유

① 진행 방향의 안정성을 준다.

② 타이어 마모를 최소로 한다.

③ 조향핸들의 조작을 작은 힘으로 쉽게 할 수 있다.

(5) 공기식 타이어 점검항목

① 림의 변형 상태

② 타이어 손상 여부

③ 타이어 공기압 상태

④ 타이어의 편마모 상태

⑤ 타이어 접지면에 이물질 상태

⑥ 너트나 휠 볼트가 풀렸는지 여부

(6) 타이어식 장비에서 핸들 유격이 클 경우

① 아이들 암 부시의 마모

② 타이로드의 볼 조인트 마모

③ 스티어링 기어박스 장착부위 풀림

(7) 작업 전 타이어 손상 점검

① 타이어의 마모한계

  ㉠ 소형차 : 1.6mm

  ㉡ 중형차 : 2.4mm

  ㉢ 대형차 : 3.2mm

② 타이어의 마모 한계선을 초과하여 사용할 때 발생 현상

  ㉠ 제동력 저하로 제동거리가 길어진다.

  ㉡ 우천 시 배수가 잘되지 않아 수막현상이 발생한다.

  ㉢ 도로 주행 시 작은 이물질에도 타이어 트레드에 상처가 발생한다.

(8) 타이어 트레드의 특징

① 트레드가 마모되면 열 발산이 불량하게 된다.

② 트레드가 마모되면 구동력과 선회능력이 저하된다.

③ 타이어의 공기압이 높을 때, 트레드의 양단부보다 중앙부의 마모가 커진다.

3-1. 사용압력에 따른 타이어의 분류에 속하지 않는 것은?

① 고압 타이어

② 초고압 타이어

③ 저압 타이어

④ 초저압 타이어

3-2. 타이어의 트레드에 대한 설명으로 틀린 것은?

① 트레드가 마모되면 구동력과 선회능력이 저하된다.

② 트레드가 마모되면 지면과의 접촉면적이 크게 됨으로써 마찰력이 증대되어 제동성능은 좋아진다.

③ 타이어의 공기압이 높으면 트레드의 양단부보다 중앙부의 마모가 크다.

④ 트레드가 마모되면 열 발산이 불량하게 된다.

3-3. 타이어에서 트레드 패턴과 관련 없는 것은?

① 제동력

② 구동력 및 견인력

③ 편평률

④ 타이어의 배수효과

|해설|

3-1

타이어는 초저압, 저압, 고압으로 분류한다.

3-2

타이어의 트레드가 마모되면 마찰력이 감소되면서 제동성능이 떨어진다.

3-3

타이어의 외면인 트레드 패턴은 제동력과 구동력, 배수효과와 관련이 있다. 그러므로 트레드 패턴은 타이어가 편평한(납작한) 정도를 나타내는 편평률과는 관련이 없다.

정답 3-1 ② 3-2 ② 3-3 ③

핵심이론 04 | 제동장치 점검하기

(1) 브레이크 제동이 불량한 원인

① 드럼의 편마모가 클 때

② 라이닝의 편마모가 클 때

③ 드럼과 라이닝의 간극이 너무 클 때

④ 라이닝에 기름, 물 등 이물질이 묻었을 때

⑤ 브레이크 회로 내부에 오일이 누설될 때

⑥ 브레이크 회로 내부에 공기가 혼입될 때

⑦ 브레이크페달의 자유간극이 너무 클 때

(2) 브레이크 오일의 구비조건

① 윤활성이 있을 것

② 화학적으로 안정적일 것

③ 침전물의 발생이 없을 것

④ 빙점은 낮고, 비등점은 높을 것

⑤ 점도가 적당하고, 점도지수가 클 것

⑥ 금속이나 고무 등 접촉 부품을 부식시키지 않을 것

(3) 브레이크페달의 자유 유격

브레이크페달을 밟으면 마스터 실린더의 유압이 브레이크의 라이닝을 이동시켜 드럼에 닿기 시작하는 점까지의 거리

(4) 브레이크 라이닝과 드럼과의 관계

① 브레이크 라이닝과 드럼과의 간극이 클 때

　㉠ 브레이크의 작동이 늦다.

　㉡ 브레이크페달의 행정이 길어진다.

　㉢ 브레이크페달이 발판에 닿아 제동 작용이 불량해진다.

② 브레이크 라이닝과 드럼과의 간극이 작을 때

　㉠ 베이퍼 로크의 원인이 된다.

　㉡ 라이닝과 드럼의 마모가 촉진된다.

(5) 브레이크페달의 자유간극

① 대형 : 15~30mm

② 중형 : 10~15mm

③ 소형 : 5~10mm

10년간 자주 출제된 문제

4-1. 유압식 제동장치에서 제동 시 제동력 상태가 불량할 경우 고장 원인으로 거리가 먼 것은?

① 브레이크액의 누설

② 브레이크슈 라이닝의 과대 마모

③ 브레이크액 부족 또는 공기 유입

④ 비등점이 높은 브레이크액 사용

4-2. 브레이크 계통을 정비한 후 공기빼기 작업을 하지 않아도 되는 경우는?

① 브레이크 파이프나 호스를 떼어낸 경우

② 브레이크 마스터 실린더에 오일을 보충한 경우

③ 베이퍼 로크 현상이 생긴 경우

④ 휠 실린더를 분해 수리한 경우

4-3. 브레이크 라이닝의 표면이 과열되어 마찰계수가 저하되고 브레이크 효과가 나빠지는 현상은?

① 브레이크 페이드 현상

② 언더스티어링 현상

③ 하이드로 플레이닝 현상

④ 캐비테이션 현상

|해설|

4-1
비등점이 높으면 고열에도 견디는 장점이 있을 뿐, 제동력의 불량 원인으로 판단되는 요소는 아니다.

4-2
마스터 실린더나 실린더를 분해하였을 때 공기빼기 작업을 한다. 따라서, 오일을 보충하면 공기빼기는 안 해도 된다.

4-3
브레이크 페이드 현상은 브레이크 라이닝의 과열로 마찰계수가 저하되어 브레이크 성능이 나빠지는 것이다.

정답 4-1 ④　4-2 ②　4-3 ①

핵심이론 **05** 조향장치 점검하기

(1) 조향핸들의 유격이 커지는 원인

① 피트먼 암의 헐거움

② 앞바퀴 베어링 과대 마모

③ 조향기어, 조향링키지 조정 불량

(2) 조향 및 작업장치의 그리스 주입개소 및 주입방법

① 주입개소

    ㉠ 킹 핀의 주입개소 : 4개소

    ㉡ 마스트 서포트의 주입개소 : 2개소

    ㉢ 틸트 실린더 핀의 주입개소 : 4개소

    ㉣ 조향 실린더 링크의 주입개소 : 4개소

② 그리스 주입방법

    ㉠ 마스트 가이드 레일 롤러의 작동 부위 주변 : 그리스 주입

    ㉡ 리프트 체 : SAE 30~40 정도의 오일로 세척한 후 그리스를 바른다.

    ㉢ 내·외측 마스트 사이의 미끄럼 부분 : 그리스를 전체적으로 고르게 펴서 바른다.

    ㉣ 슬라이드 가이드 및 슬라이드 레일 : 그리스를 전체적으로 고르게 펴서 바른다.

(3) 파워스티어링 핸들이 무거워 조작하기 힘든 원인

① 오일 누유

② 오일펌프 고장

③ 조향펌프에 오일이 부족

(4) 앞바퀴 정렬 요소 중 캠버의 필요성

① 앞차축의 휨을 작게 한다.

② 토(Toe)와 관련성이 있다.

③ 조향 휠의 조작을 가볍게 한다.

10년간 자주 출제된 문제

5-1. 조향핸들의 유격이 커지는 원인과 관계없는 것은?

① 피트먼 암의 헐거움

② 타이어 공기압 과대

③ 조향기어, 조향링키지 조정 불량

④ 앞바퀴 베어링 과대 마모

5-2. 파워스티어링에서 핸들이 무거워 조향하기 힘든 상태일 때의 원인으로 맞는 것은?

① 바퀴가 습지에 있다.

② 조향펌프에 오일이 부족하다.

③ 볼 조인트의 교환시기가 되었다.

④ 핸들 유격이 크다.

|해설|

5-1

조향핸들의 유격과 타이어 공기압의 크기와는 관련이 없다.

5-2

파워스티어링에서 핸들이 무거워진 이유는 조향펌프의 오일이 부족해서 작동압력이 낮기 때문이다.

정답 5-1 ② 5-2 ②

2. 지게차 작업 전 점검사항

| 핵심이론 01 | 누유 및 누수 확인하기

(1) 지게차의 누유 점검 항목

① 연료 누유 상태

② 엔진오일 누유 상태

③ 유압오일 누유 상태

④ 제동계통 누유 상태 : 브레이크 오일

⑤ 조향계통 누유 상태

⑥ 변속장치 누유 상태

⑦ 유압실린더 및 유압호스 누유 상태

⑧ 냉각계통 누수 상태 : 냉각수(물, 부동액)

(2) 엔진오일의 누유확인 및 보충

① 누유 확인방법

　㉠ 육안으로 확인

　㉡ 주기된 지게차의 하단부 지면 확인

② 엔진오일의 양 점검 순서 및 보충방법

```
엔진오일 유면표시기를 빼내서 유면표시기에 묻은
오일을 깨끗이 닦는다.
```
↓
```
엔진오일 유면표시기를 다시 꽂았다가 뺀다.
```
↓
```
유면표시기의 상한선과 하한선의 중간에 오일의 흔적이
있으면 정상이다.
```
↓
```
부족 시 유면표시기의 상한선과 하한선의 중간까지
보충한다.
```

(3) 부동액 잔량확인 및 보충 방법

① 리저브 탱크의 뚜껑을 열고 냉각수 양을 확인한다.

② 부동액 농도 측정기로 어는점(빙점)을 측정하여 어는점이 −30℃ 이하인지 확인한다. 만일 어는점이 −30℃ 이상이면 부동액을 추가로 혼합한다.

③ 부동액과 물을 1 : 1의 비율로 맞춘다.

④ 리저브 탱크에 냉각수 양이 Full과 Low 사이에 올 때까지 부동액을 보충한다.

⑤ 부동액 측정기로 부동액의 어는점(빙점)을 확인한다.

⑥ 리저브 탱크의 뚜껑을 닫는다.

(4) 조향장치 누유 점검

조향계통 파이프 연결부위 누유 점검

(5) 제동장치 누유 점검방법

① 마스터 실린더의 연결부위 누유 점검

② 제동계통 파이프의 연결부위 누유 점검

(6) 방향제어 밸브에서 내부 누유에 영향을 미치는 요소

① 유압유의 점도

② 밸브 간극의 크기

③ 밸브 양단의 압력 차

10년간 자주 출제된 문제

1-1. 유압 작동부에서 오일이 누유가 되고 있을 때 가장 먼저 점검하여야 할 곳은?

① 실(Seal)　　　　② 피스톤

③ 기 어　　　　　④ 펌 프

1-2. 방향제어 밸브에서 내부 누유에 영향을 미치는 요소가 아닌 것은?

① 관로의 유량

② 밸브 간극의 크기

③ 밸브 양단의 압력 차

④ 유압유의 점도

|해설|

1-1

유압 작동부에서 오일이 누유가 되고 있다면 고무 등으로 만들어져 연결부위에 끼우는 실(Seal)을 점검해야 한다.

1-2

방향제어 밸브 자체에서 내부의 누유는 관로의 유량과는 관련이 없다.

정답 1-1 ①　1-2 ①

핵심이론 02 | 마스트 및 체인 점검하기

(1) 포크와 리프트 체인의 연결부위 균열 상태 점검

① 포크와 핑거보드와의 연결상태 점검
② 포크의 휨이나 마모 정도, 균열상태 점검
③ 포크와 리프트 체인의 연결부위 균열이 있는지 점검

(2) 마스트 상하 높이 작동상태 점검방법

① 마스트 조작 레버를 위아래로 움직이면 리프트 실린더에 유압이 가해지거나 빠지면서 마스트가 상하로 움직인다.
② 마스트의 상하 움직임 상태를 육안으로 이상 여부를 파악한다.
③ 마스트를 조작하면서 이상마모, 휨, 변형을 확인한다.
④ 대형 지게차의 마스트를 기울일 경우 갑자기 시동이 정지될 때의 해결책은 틸트록 밸브를 작동시키면 된다.

(3) 리프트 체인 및 마스트 베어링 상태 점검방법

① 마스트 롤러 베어링의 작동상태가 정상인지 점검한다.
② 리프트 레버를 조작하여 리프트 체인의 고정 핀의 마모, 헐거움을 점검한다.

(4) 좌우 리프트 체인의 유격 상태 점검방법

① 리프트 체인의 좌우 길이가 같은지 점검한다.
② 리프트 체인의 양쪽 중간 부분을 손으로 동시에 눌러봐서 처짐량을 점검한다.
③ 리프트 체인의 양쪽 처짐량이 다르면 처진 쪽의 마스트 상단에 있는 조정너트를 조여서 맞춘다.

(5) 지게차의 체인장력 조정방법

① 조정 후 로크너트를 고정(Lock)시킨다.
② 좌우 체인이 동시에 평행한가를 확인한다.
③ 포크를 지상에서 10~15cm 올린 후 조정한다.
④ 손으로 체인을 눌러 보아 양쪽이 다르면 조정너트로 조정한다.

(6) 마스트, 사이드 롤러 작동부의 윤활상태 점검방법

① 지게차를 평평한 장소에 주차한 후 포크를 지면으로 내린다.
② 마스트를 지면에서 위쪽 끝까지 2~3회 동작시켜 이상 소음이 발생하는지 점검한다.
③ 이상 소음이 들리면 마스트 롤러부나 사이드 롤러에 그리스를 주입한다.

(7) 지게차의 리프트 체인에 주유하는 가장 적합한 오일 : 엔진오일

(8) 틸트록 밸브 : 지게차의 엔진(시동)이 정지될 때 마스트가 갑자기 기울어지는 틸트 현상을 방지해 주는 밸브이다.

10년간 자주 출제된 문제

2-1. 대형 지게차의 마스트를 기울일 때 갑자기 시동이 정지되면 어떤 밸브가 작동하여 그 상태를 유지하는가?

① 틸트록 밸브
② 스로틀 밸브
③ 리프트 밸브
④ 틸트 밸브

2-2. 지게차의 체인장력 조정법이 아닌 것은?

① 조정 후 로크너트를 고정(Lock)시키지 않는다.
② 좌우 체인이 동시에 평행한가를 확인한다.
③ 포크를 지상에서 10~15cm 올린 후 조정한다.
④ 손으로 체인을 눌러 보아 양쪽이 다르면 조정 너트로 조정한다.

2-3. 지게차의 리프트 체인에 주유하는 가장 적합한 오일은?

① 자동변속기 오일
② 작동유
③ 엔진오일
④ 그리스

|해설|

2-1
틸트록 밸브는 엔진 정지 시 마스트가 갑자기 기우는 것을 방지하는 밸브이다.

2-2
체인의 장력 조정 후 로크너트는 반드시 고정시켜 풀림을 방지해야 한다.

2-3
지게차의 리프트 체인에는 엔진오일을 주유한다.

정답 2-1 ① 2-2 ① 2-3 ③

88 ■ PART 01 핵심이론

핵심이론 03 | 엔진 시동상태 점검하기

(1) 엔진 시동상태 점검항목

① 연료계통 작동상태 점검

② 축전지의 충전상태 점검

③ 시동전동기 작동상태 점검

④ 축전지 단자 및 결선상태 점검

⑤ 예열플러그 작동상태 및 예열시간 등 예열장치 점검

⑥ 축전지 단자의 파손상태 점검

⑦ 축전지 배선의 결선상태 점검

⑧ 축전지 단자 보호를 위해 고무커버 덮기

⑨ 축전지 점검 : 점검창으로 축전지의 충전상태를 확인하고, 방전 시 충전한다.

(2) 시동이 안 걸릴 때 시동전동기의 작동상태 점검항목

① 마그넷 스위치 점검

② 기동전동기의 고장 여부 점검

③ 축전지의 (+)선 접촉상태 점검

(3) 엔진 공회전 시 이상 소음이 발생할 때의 점검항목

① 배기계통 점검

② 발전기 구동벨트 점검

③ 엔진 내·외부의 각종 베어링 점검

④ 물 펌프(워터펌프) 구동벨트 점검

⑤ 흡·배기밸브 간극 및 밸브 기구 점검

(4) 엔진 시동 전에 해야 할 가장 중요한 점검항목

① 엔진오일량

② 냉각수량

(1) 디젤엔진의 부조 발생, 고속회전이 원활하지 못할 때 원인
① 연료의 압송 불량
② 분사시기 조정 불량
③ 거버너(조속기) 작동 불량

(2) 디젤엔진의 연료탱크에서 분사노즐까지 연료 순환 순서
연료탱크 → 연료공급 펌프 → 연료필터 → 분사펌프 → 분사노즐

(3) 디젤엔진의 진동 발생원인
① 실린더별 분사간격의 불균형
② 각 피스톤별 중량 차의 불균형
③ 실린더별 연료 분사량의 불균형
④ 실린더별 연료 분사압력의 불균형
⑤ 실린더별 연료 분사시기의 불균형

(4) 디젤엔진을 정지시키는 방법
연료공급 차단

(5) 디젤엔진의 연료장치에서 공기 빼는 순서
공급펌프 → 연료여과기 → 분사펌프

(6) 디젤엔진의 시동이 잘 걸리지 않는 이유
① 연료계통에 공기가 들어차 있을 때
② 연료가 실린더 내로 정상 공급되지 않을 때

(7) 디젤엔진에서 압축압력이 저하되는 원인
피스톤링의 마모(피스톤링은 압축링 2개, 오일링 1개로 구성)

(8) 디젤 분사펌프에서 프라이밍펌프 사용 목적
① 연료 계통에서 공기를 배출시킬 때
② 엔진을 최초로 기동시킬 때
③ 연료 공급 라인의 장착 및 탈착 시 연료탱크에서 분사펌프까지 연결된 연료 라인에 연료를 공급할 때

(9) 작업 중 엔진 온도가 급상승할 때 점검할 사항
① 냉각수량(가장 먼저 점검할 사항)
② 팬벨트

(10) 엔진에서 오일의 온도가 상승하는 원인
① 오일 냉각기의 불량
② 과부하 상태에서 연속작업
③ 오일의 점도가 부적당할 때

(11) 엔진정비 작업 시
엔진블록의 찌든 기름때를 깨끗이 세척하고자 할 때 솔벤트를 사용하는 것이 좋다.

(12) 엔진의 회전수 단위
rpm(Revolution Per Minute) : 1분당 엔진 회전수

(13) 디젤엔진에서 에어클리너가 막히면 일어나는 현상
① 배기색이 검다.
② 출력이 저하된다.

10년간 자주 출제된 문제

4-1. 디젤엔진에서 압축압력이 저하되는 큰 원인은?

① 냉각수 부족
② 엔진오일 과다
③ 기어오일의 열화
④ 피스톤링의 마모

4-2. 디젤엔진에서 발생하는 진동의 원인이 아닌 것은?

① 프로펠러 샤프트의 불균형
② 분사시기의 불균형
③ 분사량의 불균형
④ 분사압력의 불균형

4-3. 디젤엔진 연료장치의 분사펌프에서 프라이밍펌프는 어느 때 사용하는가?

① 출력을 증가시키고자 할 때
② 연료 계통에 공기를 배출할 때
③ 연료의 양을 가감할 때
④ 연료의 분사압력을 측정할 때

|해설|

4-1
피스톤에 장착되는 피스톤링이 마모되면 실린더와의 간극이 발생되어 압축압력이 저하된다.

4-2
프로펠러 샤프트의 불균형은 차량의 구동상태와 관련이 있고 디젤엔진의 진동과는 관련이 없다. 프로펠러 샤프트(추진축)는 엔진과 연결된 변속기의 동력을 종감속기어에 전달하여 최종적으로 후륜 축에 동력을 전달하는 기계장치이다.

4-3
프라이밍펌프는 엔진 시동이나 정지 시 연료 계통에 있는 공기를 배출할 때 사용한다.

정답 4-1 ④ 4-2 ① 4-3 ②

핵심이론 05 | 엔진오일, 유압 작동유, 필터 점검

(1) 엔진오일 점검

① 엔진오일이 많이 소비되는 원인
  ㉠ 실린더 마모가 심할 때
  ㉡ 피스톤링 마모가 심할 때
  ㉢ 밸브가이드 마모가 심할 때
② 엔진오일량 점검방법 : 오일 게이지의 상한선(Full)과 하한선(Low) 표시 사이를 유지하도록 한다.

(2) 유압 작동유(유압오일) 점검

① 유압 작동유의 점도가 너무 높을 때 발생하는 현상 : 동력 손실이 증가한다.
② 유압 작동유의 점도가 너무 낮을 때 발생하는 현상
  ㉠ 오일이 누설된다.
  ㉡ 펌프 효율이 저하된다.
  ㉢ 계통 내의 압력이 저하된다.
③ 오일펌프에서 펌프량이 적거나 유압이 낮을 때의 원인
  ㉠ 오일탱크에 오일이 부족할 때
  ㉡ 펌프 흡입라인(여과망)이 막혔을 때
  ㉢ 기어와 펌프 내벽 사이의 간격이 클 때
  ㉣ 유압조절 밸브 스프링 장력이 약하거나 스프링이 파손됐을 때

(3) 필터의 교환주기

① 엔진오일 필터의 교환주기 : 최초 200시간 후 3개월 또는 600시간마다
② 연료필터의 교환주기 : 6개월 또는 1,200시간마다
③ 공기필터(에어클리너)의 교환주기 : 3개월 또는 600시간마다

10년간 자주 출제된 문제

5-1. 오일의 여과방식이 아닌 것은?

① 자력식
② 분류식
③ 전류식
④ 션트식

5-2. 사용 중인 엔진의 오일을 점검하였더니 오일량이 처음 양보다 증가하였다. 원인에 해당될 수 있는 것은?

① 냉각수 혼입
② 산화물 혼입
③ 오일필터 막힘
④ 배기가스 유입

|해설|

5-1
오일의 여과방식 중 자력식은 없다.

5-2
오일량이 처음보다 증가했다면 냉각수가 혼입된 것으로 볼 수 있다.

정답 5-1 ① 5-2 ①

핵심이론 06 | 작업계획서 및 작업요청서 작성

(1) 작업계획서에 포함되어야 할 사항

① 화물의 종류 및 형상
② 작업장소의 넓이 및 지형
③ 하역운반기계 등의 종류 및 능력
④ 하역운반기계의 운행경로 및 작업방법

(2) 작업계획서의 작성 시기

① 수시작업은 매 작업 개시 전
② 일상작업은 최초 작업 개시 전
③ 하역운반기계의 운전자가 변경되었을 때
④ 작업장소나 화물의 상태가 변경되었을 때
⑤ 작업장 내 구조, 설비 및 작업방법이 변경되었을 때

(3) 작업계획의 근로자 주지 시점

① 작업계획을 작성했을 때는 반드시 근로자에게 교육을 통해 주지시켜야 한다.
② 작업 개시 전 "작업계획 확인표"를 이용하여 작업계획의 준수 여부를 확인한다.

(4) 작업요청서

① 정의 : 지게차로 화물의 운반, 적재, 하역이 필요한 당사자가 지게차 작업자나 회사에 작업을 의뢰하는 요청서
② 작업요청서의 최소 기재사항
　㉠ 작업내용
　㉡ 작업장 환경
　㉢ 예상 작업시간
　㉣ 요청자의 인적사항
　㉤ 출발지와 도착지
　㉥ 보험가입 여부
　㉦ 필요한 장비의 제원
　㉧ 작업 시 준수사항

ⓩ 이동거리 및 이동경로

ⓒ 이동할 도로 상의 도로사정

ⓚ 화물의 종류 및 중량, 규격

ⓣ 안전장비 보유 및 필요 여부

10년간 자주 출제된 문제

작업계획서에 반드시 포함되어야 할 사항으로 알맞지 않은 것은?

① 화물의 종류
② 하역운반기계 등의 종류
③ 하역운반기계의 운행경로
④ 하역운반기계의 감가상각비

|해설|

하역운반기계의 감가상각비를 작업계획서에 넣을 필요는 없다.

정답 ④

---

3. 지게차 작업 후 점검사항

| **핵심이론 01** | 지게차 안전주차

(1) 주기장의 정의

지게차나 굴착기, 덤프트럭, 불도저와 같은 건설기계를 주차해 놓는 장소로, 건설기계관리법 시행규칙에 따라 주기장을 선정한다.

(2) 지게차의 안전주차 방법

```
포크를 지면에 완전히 내린다.
        ↓
핸드브레이크를 완전히 걸어 놓는다.
        ↓
주기장에 주차한 후 주차제동장치를 체결한다.
        ↓
포크 선단이 지면에 닿도록 마스트를 전방으로 경사시킨다.
        ↓
주차 후 잠시 자리를 비울 때는 운전자가 키를 가지고
다녀야 한다.
```

(3) 주차 시 안전조치

① 주차브레이크를 체결한다.
② 경사지에 임시 주차 시 바퀴를 고임대로 지지한다.
③ 보행자의 안전을 위해 포크는 지면까지 내린 후 마스트를 앞쪽으로 기울인다.

10년간 자주 출제된 문제

지게차를 안전하게 주차하는 방법으로 바르지 못한 것은?

① 포크를 지면에 완전히 내린다.
② 핸드브레이크를 완전히 걸어 놓는다.
③ 포크 선단이 지면에 닿도록 마스트를 전방으로 경사시킨다.
④ 잠시 자리를 비울 때는 키를 그대로 둔다.

|해설|

지게차에서 잠시 자리를 비우더라도 키는 뽑아서 작업자가 소지한다.

정답 ④

---

(1) 연료상태 점검방법

① 연료게이지를 수시로 확인한다.

② 연료를 완전히 소진시키지 않는다.

③ 비정상적으로 소모되었다면 누유 여부를 점검한다.

(2) 연료 주입 시 주의사항

① 실내보다 실외에서 주입한다.

② 연료 레벨이 너무 낮게 내려가지 않도록 한다.

③ 연료를 주입하는 동안 엔진을 정지하고 지게차에서 하차한다.

④ 연료탱크 내 침전물이나 불순물이 들어가지 않도록 주의해서 주입한다.

(3) 연료 주입 방법

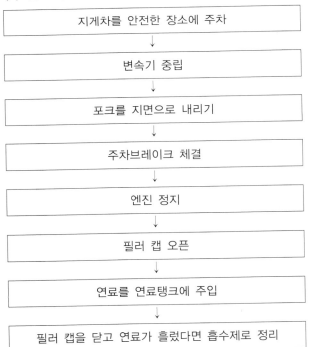

지게차를 안전한 장소에 주차

↓

변속기 중립

↓

포크를 지면으로 내리기

↓

주차브레이크 체결

↓

엔진 정지

↓

필러 캡 오픈

↓

연료를 연료탱크에 주입

↓

필러 캡을 닫고 연료가 흘렀다면 흡수제로 정리

(4) 동절기 연료계통의 결로현상

① 동절기 온도차에 의해 발생한 결로에 의한 피해

ㄱ 응축된 수분이 동결되어 시동이 어려워진다.

ㄴ 동절기에는 수분이 응축되므로 연료계통에 녹을 발생시킬 수 있다.

② 동절기 온도차에 따른 결로현상을 방지하기 위한 방법

ㄱ 작업 완료 후 연료를 적절하게 채운다.

ㄴ 수시로 축전지의 충전상태를 확인한다.

ㄷ 매일 운전이 끝난 후에는 연료를 보충하고 습기를 함유한 공기를 탱크에서 제거하여 응축이 안 되게 한다.

(5) 충전식 지게차의 전해액 비중 측정

① 전체 셀의 전해액 온도를 측정한다.

② 20℃로 환산한 비중이 전체 셀의 비중과 거의 같으면 양호하다.

③ 셀의 평균치보다 0.05 이상 낮은 셀이 있다면 이상이 있으므로 제조사에 문의해야 한다.

(6) 충전식 지게차의 전해액 점검 순서

① 지게차에서 충전지를 Open시킨다.

② 전해액의 보충 점검 시 먼저 플라스틱 플로트를 육안으로 확인한다.

③ 플로트가 아래로 내려가 있으면 즉시 전해액을 보충한다.

④ 전해액의 보충 시 커버를 완전히 열고, 플로트가 완전히 상승될 때까지 전해액을 보충한다.

⑤ 보충이 끝나면 뚜껑을 완전히 닫는다.

(7) 축전지 점검창을 통한 충전상태를 확인

① 창이 초록색이면 정상이다.

② 창에 초록색이 안 보이면 충전한다.

③ 충전해도 창에 초록색이 안 보이면 교체한다.

(8) 축전지 급속 충전 시 주의사항

① 통풍이 잘되는 곳에서 한다.

② 전해액 온도가 45℃를 넘지 않도록 한다.

③ 충전 중인 축전지에 충격을 가하지 않는다.

④ 충전시간은 짧게 하며, 가급적 급속 충전을 자주 하지 않는다.

(9) 축전지 방전 시 보조 축전지를 사용한 시동방법

① 지게차의 시동장치 및 전기장치들을 OFF시킨다.

② 방전된 배터리의 (+)단자를 보조 축전지의 (+)단자와 연결한다.

③ 보조 축전지의 (−)단자는 방전된 지게차의 차체에 연결한다.

④ 지게차의 차체에는 (−)전원이 흐르기 때문에 (−)전원을 먼저 접지하며 (+)전원을 연결할 때 잘못해서 차체에 닿을 경우 스파크가 튀고 배터리에도 무리를 준다.

⑤ 따라서 ④의 이유로 전원 연결은 반드시 (+)단자를 먼저 연결한다.

(10) 축전지의 이상 현상

이상 현상	원 인
축전지가 충전되지 않을 때	레귤레이터의 고장
납산축전지에 증류수를 자주 보충시켜야 할 때	잦은 과충전
납산축전지를 오랫동안 방전상태로 두어 사용할 수 없을 때	극판이 영구 황산납이 되기 때문에

핵심이론 03 | 작업일지 및 관리일지 작성하기

(1) 작업 및 관리일지 작성 시 유의사항

① 운전 중 발생하는 특이사항을 관찰하여 작업일지에 기록한다.

② 연료 게이지를 확인하여 연료를 주입하고 작업일지에 기록한다.

③ 장비의 안전관리를 위해 정비개소 및 사용부품 등을 장비관리일지에 기록한다.

④ 장비의 효율적 관리를 위해 사용자 성명과 작업의 종류, 가동시간 등을 작업일지에 기록한다.

(2) 지게차 작업일지 양식

지게차 작업일지

결 재	담 당	검 토	승 인

작업일시 :		년	월	일	
작업자	소 속		지게차 정보	차량번호	
	성 명			최대하중	톤
작업 시간	시작시간		작업할 물건		
	종료시간				
작업장소					
작업지형	• 경사 정도 : • 단차 정도 :				
작업내용					

구 분	점검사항	양 호	불 량
작업 전			
작업 후			
안전 및 보완사항			

(3) 지게차 장비 관리일지 양식

지게차 장비 관리일지

지게차 번호 :

제조사		구입일		구입단가	
관리항목				관리자 서명	
				관리자	확인자

정비이력		
정비일자	정비내용	비 고

(4) 지게차 운전작업 점검표 양식

지게차 운전작업 점검표

| 점검시기 | 작업 전 점검 | 점검자 | | 점검일자 | |

구분	번호	점검 내용	점검 결과	조치 사항
전용통로 확보여부	1	전용통로 확보 및 운행 여부 (지게차 운행 통로에 근로자 출입통제 여부)		
	2	사각지대 반사경 설치상태		
안전장치 설치 및 사용상태	3	안전벨트 설치 및 착용 상태		
	4	전조등 및 후미등 점등상태		
	5	헤드가드 및 백레스트 설치상태		
운전목적외 사용금지	6	고소작업 시 사용금지 (추락 등의 위험을 방지하기 위한 조치를 한 경우 예외)		
화물적재 및 운행의 안전성	7	운전자의 시야 확보 (화물 과다적재 후 시야를 확보하기 위해 포크를 과다 상승 시킨 상태로 운행 금지)		
	8	포크에 화물을 매단 상태에서 운행(급선회) 금지		
	9	핸들 노브(knob) 제거		
	10	화물 과다적재 및 편하중 적재 금지		
안전운행을 위한 준수사항	11	무자격자 운전 금지		
	12	사업장내 제한속도 준수		
	13	포크, 팔레트 등 승차석 외 탑승금지		
	14	운전 중 휴대폰 사용금지		
	15	후진 시 협착위험 예방대책을 포함한 작업계획서 작성		

지게차 안전벨트 착용!! 당신의 생명을 지킵니다!

[출처 : 고용노동부, 한국산업안전보건공단]

06 안전관리

핵심이론 01 | 안전보호구 및 안전장치

(1) 안전보호구의 정의

작업자가 산업재해 예방을 위해 작업 전 반드시 착용해야 하는 기구나 장치로, 산업 현장에서 발생하는 어떤 위험 요인으로부터 작업자의 안전을 보호하는 안전용품이다.

(2) 안전보호구의 구비조건

① 품질이 좋아야 한다.
② 마감 처리가 좋으며, 외관도 보기 편해야 한다.
③ 위험으로부터 작업자를 충분히 보호할 성능을 가져야 한다.
④ 착용이 간단하고, 착용 후 작업하는 데 불편함을 주지 않아야 한다.

(3) 안전보호구의 종류

① 안전모
② 안전화
③ 안전띠
④ 안전조끼(동절기/하절기)
⑤ 무릎보호대
⑥ 안전보호복
⑦ 방한덮개
⑧ 신발 덮개용 각반
⑨ 격리형 방호장치
   ※ 격리형 방호장치는 V벨트나 평면벨트 등에 직접 사람이 접촉하여 말려들거나 마찰의 위험이 있는 작업장에 설치한다.

(4) 안전장치의 정의

산업현장에서 작업자를 보호하고 기계의 손상을 방지하기 위해 만들거나 설치하는 장치나 구조물로 방호장치라고도 한다.

(5) 지게차의 주요 안전장치(방호장치)

① 헤드가드(오버헤드가드) : 운전자의 윗부분에서 떨어지는 낙하물을 막거나, 지게차의 전도・전복사고 시 작업자를 보호하는 프레임의 일종
② 주행연동 안전띠(안전벨트) : 타이어식 지게차의 좌석 안전띠는 속도가 30km/h 이상일 때 설치한다.
③ 포크 급강하 방지장치
④ OPSS(Operator Presence Sensing System, 운전자 안전 센싱 시스템) : 시트에서 작업자 하차 시 모든 기능을 정지시키는 장치
⑤ 포크 받침대 : 정비 시 급강하를 막는다.
   ㉠ 포크위치표시장치
   ㉡ 레이저위치표시기(블루라이트)
⑥ 전방 및 후방 경보장치 : 전・후진 시 물체와 충돌을 방지하기 위한 장치
   ㉠ 대형 후사경 : 후진 작업 시 지게차 후면의 시야확보
   ㉡ 형광표시장치(형광테이프)
⑦ 지게차 전도방지 안전장치

1-1. 작업장에서 사람이 직접 접촉하여 말려들거나 다칠 위험이 있는 장소를 덮어씌우는 방호장치는?

① 격리형 방호장치
② 위치제한형 방호장치
③ 포집형 방호장치
④ 접근 거부형 방호장치

1-2. 전기 아크용접에서 눈을 보호하기 위한 보안경 선택으로 맞는 것은?

① 도수 안경
② 방진 안경
③ 차광용 안경
④ 실험실용 안경

|해설|

1-1
격리형 방호장치는 위험요소를 격리시켜 작업자의 접촉을 방지한다.

1-2
아크용접 시 발생되는 아크 빛으로부터 눈을 보호하기 위해 차광용 안경을 착용해야 한다.

정답 1-1 ① 1-2 ③

핵심이론 02 │ 산업안전표지(산업안전보건법)

(1) 안전표지의 정의

작업장에서 작업자의 행동의 실수 혹은 판단이 잘못되기 쉬운 곳, 중대 재해를 일으킬 우려가 있는 장소의 안전을 위해 표시하는 안전표지

(2) 안전표지의 종류

① 금지표지
② 경고표지
③ 지시표지
④ 안내표지

(3) 안전보건표지의 종류와 형태(규칙 [별표 6])

① 금지표시

출입금지	보행금지	차량통행금지
사용금지	탑승금지	금 연
화기금지	물체이동금지	

② 경고표지

인화성물질 경고	산화성물질 경고	폭발성물질 경고
급성독성물질 경고	부식성물질 경고	발암성 · 변이원성 · 생식독성 · 전신독성 · 호흡기 과민성 물질 경고
방사성물질 경고	고압전기 경고	매달린 물체 경고
낙하물 경고	고온 경고	저온 경고
몸균형 상실 경고	레이저광선 경고	위험장소 경고

③ 지시표지

보안경 착용	방독마스크 착용	방진마스크 착용
보안면 착용	안전모 착용	귀마개 착용
안전화 착용	안전장갑 착용	안전복 착용

④ 안내표지

녹십자표지	응급구호표지	들 것
세안장치	비상용기구	비상구
좌측비상구		우측비상구

(4) 안전보건표지의 색채 및 용도(규칙 [별표 8])

색 채	용 도	사 례
빨간색 (7.5R 4/14)	금 지	정지신호, 소화설비 및 그 장소, 유해행위의 금지
	경 고	화학물질 취급 장소에서의 유해·위험경고
노란색 (5Y 8.5/12)	경 고	화학물질 취급 장소에서의 유해·위험경고 이외의 위험경고, 주의표지 또는 기계방호물
파란색 (2.5PB 4/10)	지 시	특정 행위의 지시 및 사실의 고지
녹색 (2.5G 4/10)	안 내	비상구 및 피난소, 사람 또는 차량의 통행표지
흰색(N9.5)		파란색이나 녹색에 대한 보조색
검은색(N0.5)		문자 및 빨간색 또는 노란색에 대한 보조색

2-1. 산업안전보건에서 안전표지의 종류가 아닌 것은?

① 경고표지   ② 지시표지

③ 금지표지   ④ 위험표지

2-2. 산업안전보건법령상 안전보건표지에서 색채와 용도가 다르게 짝지어진 것은?

① 파란색 - 지시

② 녹색 - 안내

③ 노란색 - 위험

④ 빨간색 - 금지, 경고

2-3. 산업안전보건법령상 안전보건표지의 종류 중 다음 그림에 해당하는 것은?

① 산화성물질 경고

② 인화성물질 경고

③ 폭발성물질 경고

④ 급성독성물질 경고

2-4. 다음 그림과 같은 안전표지판이 나타내는 것은?

① 비상구   ② 출입금지

③ 인화성물질경고   ④ 보안경착용

|해설|

2-1

위험표지는 안전표지의 종류에 속하지 않는다.

2-2

노란색은 경고표지에 사용된다.

2-3

그림은 경고표지로 인화성물질 경고를 나타낸다.

정답 2-1 ④   2-2 ③   2-3 ②   2-4 ②

(1) 작업장의 안전수칙

① 작업복과 안전장구는 반드시 착용한다.

② 엔진을 불필요하게 공회전을 시키지 않는다.

③ 지게차의 식별을 위해 형광 테이프를 부착한다.

④ 기계의 청소나 손질은 운전을 정지시킨 후 실시한다.

(2) 산업재해의 분류

분류	종류	내용
통계적 분류	사망	업무로 인해서 목숨을 잃게 되는 경우
	중경상	부상으로 인하여 2주 이상의 노동 상실을 가져온 상해 정도
	경상해	부상으로 1일 이상 7일 이하의 노동 상실을 가져온 상해 정도
	무상해 사고	응급처치 이하의 상처로 작업에 종사하면서 치료를 받는 상해 정도
ILO의 상해 정도별 분류	사망, 영구 전부 노동불능	장해등급 제1급~제3급
	영구 일부 노동불능	장해등급 제4급~제14급
	일시적 노동불능	장해판정을 받지 않은 자로서 휴업 및 비휴업 손실이 발생된 자

※ 국제노동기구(ILO ; International Labour Organization)의 노동불능은 근로불능과 같다.

[출처 : KOSHA GUIDE]

(3) 추락 위험이 있는 장소에서 작업할 때의 준수사항

① 로프를 사용한다.

② 안전띠를 사용한다.

(4) 화재의 종류에 따른 사용 소화기

분류	A급화재	B급화재	C급화재	D급화재
명칭	일반(보통) 화재	유류 및 가스화재	전기화재	금속화재
가연 물질	나무, 종이, 섬유 등의 고체 물질	기름, 윤활유, 페인트 등의 액체 물질	전기설비, 기계, 전선 등의 물질	가연성 금속 (Al분말, Mg분말)
소화 효과	냉각효과	질식효과	질식 및 냉각효과	질식효과

분류	A급화재	B급화재	C급화재	D급화재
표현 색상	백색	황색	청색	–
소화기	물, 분말소화기, 포(포말)소화기, 이산화탄소 소화기, 강화액소화기, 산, 알카리 소화기	분말소화기, 포(포말)소화기, 이산화탄소 소화기	분말소화기, 유기성소화기, 이산화탄소 소화기, 무상강화액 소화기, 할로겐화합물 소화기	건조된 모래 (건조사)
사용 불가능 소화기			포(포말)소화기	물(금속가루는 물과 반응하여 폭발의 위험성이 있음)

(5) 기계설비의 위험점의 종류

① 협착점 : 왕복운동하는 요소와 움직임이 없는 고정부 사이의 물림점

   ※ 프레스, 전단기, 절곡기 등

② 끼임점 : 고정부와 회전하는 요소 사이의 물림점

   ※ 연삭숫돌과 숫돌덮개, 하우징과 선풍기 날개

③ 물림점 : 회전하는 요소와 회전하는 요소 사이의 물림점

   ※ 기어, 마찰차

④ 절단점 : 회전 또는 왕복운동을 하는 절삭날 등 돌출부의 위험점

⑤ 접선물림점 : 회전부의 접선 방향으로 물려 들어갈 위험이 있는 곳

⑥ 회전말림점 : 회전하는 요소에 작업복, 장갑 등이 말려 들어가는 곳

10년간 자주 출제된 문제

화재의 분류에서 유류화재에 해당되는 것은?

① A급화재 ② B급화재

③ C급화재 ④ D급화재

|해설|

유류(기름)에 의한 화재는 B급으로 분류된다.

정답 ②

(1) 운전자에 의한 위험요소

① 운전자 시야 불량
② 운전자의 운전미숙
③ 과속에 의한 충돌
④ 과속에 의한 전복
⑤ 경사면에서의 전도

(2) 위험요소에 따른 발생사고

① 충 돌
② 추 락
③ 낙 하
④ 차량 전도
⑤ 고소작업 시 포크에서 떨어짐

(3) 작업자가 확인해야 할 위험요소

① 지게차는 운전자만 탑승해야 한다.
② 작업장에서 차량의 위치를 주변에 알려 위험을 경고한다.
③ 작업장치와 주행장치의 정상작동 여부를 사전에 확인해야 한다.
④ 장비사용설명서에 따라 운전자가 정위치에 있을 때만 작업장치를 작동할 수 있다.
⑤ 지게차가 주변 사람들에게 잘 인식되도록 형광, 야광색의 안전부착물을 부착해야 한다.
⑥ 작업장치의 오작동 방지를 위해 운전자의 복장, 손, 안전화, 운전석 바닥 오염 여부를 확인하고 청결히 한다.

(4) 위험요인에 대한 안전대책

① 지게차 작업 시 안전통로 확보
② 지게차 안전장치 설치
③ 지게차 전용 작업구간에 보행자의 출입금지
④ 작업구역 내 장애물 제거
⑤ 안전표지판을 설치하고, 안전표지 부착
⑥ 사각지역에 반사경 설치
⑦ 지게차 운전자의 시야확보
⑧ 유자격자만 지게차 운전

(5) 정리정돈 작업방법

① 청소/청결을 유지한다.
② 필요 없는 화물은 치운다.
③ 안전하게 화물을 적재한다.
④ 정해진 장소에 화물을 보관한다.
⑤ 적재물이 흐트러지지 않도록 보관한다.
⑥ 무너지기 쉬운 화물에는 고임대를 받친다.
⑦ 자주 사용하는 화물은 편리한 곳에 보관한다.
⑧ 수량, 품명 등을 알도록 정확하게 정리 정돈한다.

(6) 유류화재 시 소화방법

① 모래를 뿌린다.
② ABC소화기를 사용한다.
③ B급화재 소화기를 사용한다.

(7) 소화 작업의 기본요소

① 산소를 차단
② 점화원을 제거
③ 가연물질을 제거

(8) 벨트에 대한 안전사항

① 벨트의 이음쇠는 돌기가 없는 구조로 한다.
② 벨트를 걸 때나 벗길 때에는 기계를 정지한 상태에서 실시한다.
③ 벨트가 풀리에 감겨 돌아가는 부분은 커버나 덮개를 설치한다.
④ 바닥면에서 2m 이내에 있는 벨트는 작업자에게 위험을 주는 높이이므로 반드시 덮개를 설치해야 한다.

4-1. 벨트 전동장치에 내재된 위험적 요소로 의미가 다른 것은?

① 트랩(Trap)
② 충격(Impact)
③ 접촉(Contact)
④ 말림(Entanglement)

4-2. 산업재해 방지 대책을 수립하기 위하여 위험요인을 발견하는 방법으로 가장 적합한 것은?

① 안전 점검
② 재해 사후조치
③ 경영층 참여와 안전조직 진단
④ 안전대책회의

4-3. 유류화재 시 소화방법으로 부적절한 것은?

① 모래를 뿌린다.
② 다량의 물을 부어 끈다.
③ ABC소화기를 사용한다.
④ B급화재 소화기를 사용한다.

4-4. 벨트에 대한 안전사항으로 틀린 것은?

① 벨트의 이음쇠는 돌기가 없는 구조로 한다.
② 벨트를 걸 때나 벗길 때에는 기계를 정지한 상태에서 실시한다.
③ 벨트가 풀리에 감겨 돌아가는 부분은 커버나 덮개를 설치한다.
④ 바닥면으로부터 2m 이내에 있는 벨트는 덮개를 제거한다.

|해설|

4-1
충격은 외부의 위험적 요인에 속한다.

4-2
위험요인을 발견하기 위해 안전 점검을 통해 실제 현장을 살펴보는 것이 가장 적절한 방법이다.

4-3
유류(기름)에 의한 화재에 물을 사용하면 더 확산될 수 있어서 산소와의 접촉을 차단하는 것이 더 효과적이다.

4-4
벨트가 바닥면에서 2m 이내에 있으면 작업자에게 위험을 주므로 반드시 덮개를 설치해야 한다.

정답 4-1 ② **4-2** ① **4-3** ② **4-4** ④

핵심이론 05 | 안전운반 작업하기

(1) 작업 형태에 따른 안전사항

작업 형태	안전사항
화물을 들어 올려 이동할 때	• 화물에 천천히 접근하여 포크를 팰릿의 넓이에 맞춰 포크는 완전히 직각이 되게 한다. • 포크의 길이는 화물의 $\frac{2}{3}$ 이상으로 한다.
화물을 높게 쌓을 때	화물의 낙하 방지를 위해 마스트를 뒤로 충분히 기울여 서서히 접근하여 쌓는다.
중량물을 들어 올릴 때	체인블록을 이용하여 들어 올린다.

(2) 안전 작업 절차

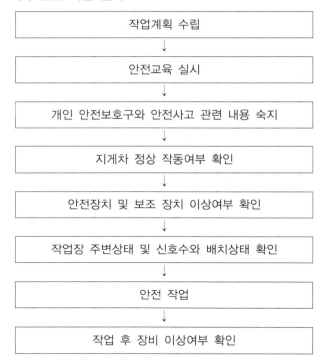

작업계획 수립
↓
안전교육 실시
↓
개인 안전보호구와 안전사고 관련 내용 숙지
↓
지게차 정상 작동여부 확인
↓
안전장치 및 보조 장치 이상여부 확인
↓
작업장 주변상태 및 신호수와 배치상태 확인
↓
안전 작업
↓
작업 후 장비 이상여부 확인

(3) 적재물 상차 후 안전운반할 때 유의사항

① 적재물의 낙하방지를 위하여 포크 간격을 조절한 후 균형을 유지하면서 서행 운전할 수 있다.
② 안전운반작업을 위하여 상부 장애물 접촉에 주의해야 하며, 리프트 실린더를 조작하여 마스트의 상하 높이를 조절할 수 있다.

(4) 지게차의 작업 경사안정도

① 주행 시 전후안정도 : 18%

② 주행 시 좌우안정도 : 15 + (1.1 × 주행속도)

③ 하역 작업 시 전후안정도 : 4%(단, 5ton 이상의 지게차
는 3.5%)

④ 하역 작업 시 좌우안정도 : 6%

(5) 주행 시 작업안전

① 사업주는 주행 제한속도를 설정한다.

② 급출발, 급정지, 급선회를 하지 않는다.

③ 좌식 지게차는 반드시 안전벨트를 착용한다.

④ 도로 주행 시 포크의 선단에 표식을 부착한다.

⑤ 운전자는 제한속도를 초과하여 운행하지 않는다.

⑥ 실내 등 어두운 곳에서는 전조등을 켜고 주행한다.

⑦ 운전자 외에는 사람을 지게차에 탑승시키지 않는다.

⑧ 적재화물이 운전자의 시야를 방해할 경우 유도자를 배
치하거나 후진한다.

⑨ 마스트를 충분히 뒤로 기울이고, 포크는 지면에서 10~
30cm 띄우고 주행한다.

(6) 작업 안전 대책

① 안전운행

② 반사경 설치

③ 안전장치 설치

④ 안전벨트 착용

⑤ 고소작업 금지

⑥ 제한속도 표지판 설치

⑦ 화물적재의 안전성 확보

⑧ 전담 지게차 관리자 지정

⑨ 시야를 확보한 후 지게차 이동

⑩ 지게차 전용도로와 보행자 통로 구분

⑪ 지게차를 이용한 고소작업 시 안전난간이 설치된 전담
운반구 사용

⑫ 경사로 작업 시 전·후진의 작업방법을 판단하여 포크
를 수평으로 유지하고, 지면과의 안전높이로 조절한다.

10년간 자주 출제된 문제

5-1. 지게차 주행 시 주의해야 할 사항으로 틀린 것은?

① 짐을 싣고 주행할 때는 절대로 속도를 내서는 안 된다.

② 노면의 상태에 충분한 주의를 하여야 한다.

③ 적하장치에 사람을 태워서는 안 된다.

④ 포크의 끝을 밖으로 경사지게 한다.

**5-2. 화물을 적재하고 주행할 때 포크와 지면과의 간격으로 가
장 적합한 것은?**

① 지면에 밀착

② 20~30cm

③ 50~55cm

④ 80~85cm

**5-3. 지게차로 화물을 싣고 경사지에서 주행할 때 안전상 올바
른 운전방법은?**

① 포크를 높이 들고 주행한다.

② 내려갈 때에는 저속 후진한다.

③ 내려갈 때에는 변속 레버를 중립에 놓고 주행한다.

④ 내려갈 때에는 시동을 끄고 타력으로 주행한다.

|해설|

5-1

지게차 주행 시 마스트를 충분히 안쪽으로 기울이고 주행한다.

5-2

화물적재 후, 주행 시에는 지면과의 간격을 10~30cm 띄워야
한다.

5-3

지게차로 화물을 싣고 경사지에서 주행하여 내려갈 때에는 저속
으로 후진해야 한다.

정답 5-1 ④ 5-2 ② 5-3 ②

핵심이론 06 | 장비 안전관리 및 안전교육

(1) 지게차 안전점검 항목

점검 항목	점검 방법
전·후진 작동상태	작업 전·후진 레버를 조작하여 레버가 부드럽게 작동하는지 점검
제동장치 작동상태	브레이크페달을 밟아 페달유격이 정상인지 점검
주차브레이크 작동상태	주차브레이크가 원활하게 해제되고 확실히 제동되는지 점검
리프트 실린더의 작동상태	• 리프트 실린더 작동 레버를 조작하여 리프트 실린더의 누유 여부, 실린더 로드의 손상 여부를 점검 • 리프트 실린더 내벽의 마모 정도를 점검. 마모가 심하면 실린더로드의 내부 섭동으로 포크가 자연적으로 하강한다.
핸들의 작동상태	• 조향핸들 조작 시 핸들에 이상 진동이 느껴지는지 점검 • 조향핸들의 유격상태를 점검
연료 누유 및 각종 오일의 누유상태	• 유압호스 및 파이프 연결부위의 누유상태 점검 • 작업 전 주기된 지게차의 지면을 확인하여 연료 및 각종 오일의 누유 흔적 점검

(2) 지게차 안전사고의 유형별 발생원인

사고 유형	발생 원인
지게차 바퀴에 작업자 협착	운전자 전방 주시 미확보
크레인 레일을 지날 때 크레인과 충돌 (지게차 전도의 경우)	• 운전자 전방 주시 미확보 • 작업 지휘자 및 유도자 미배치
지게차 포크로 상차한 팰릿 위로 작업자와 둥근 배관 이동 중 작업자와 물체 낙하	무게중심 이동

(3) 사업장에서의 안전교육 주기

① 정기교육
② 특별교육
③ 채용 시 교육
④ 작업 내용 변경 시 교육

(4) 전담 직원의 안전관련 교육사항

① 안전관리자 교육
② 보건관리자 교육
③ 안전보건 관리책임자 교육

(5) 지게차 작업 중 주요 위험 요인

① 전 도
② 충 돌
③ 낙 하
④ 추 락

(6) 안전관리 담당자의 가장 중요한 업무

사고발생 가능성의 제거

(7) 위험성평가

사업장의 유해위험요인을 파악한 후 해당 요인에 의한 부상, 질병의 발생 가능성과 중대성을 추정하여 결정하고, 그에 대한 감소대책을 수립하는 일련의 과정을 지속적으로 실행하여 사고를 미연에 방지하기 위한 체계

(8) 안전점검의 종류

① 수시점검
② 정기점검
③ 특별점검
④ 정밀안전점검
⑤ 정밀안전진단
⑥ 긴급안전점검

(9) 하인리히의 도미노 이론

• 1단계 : 선천적 결함
• 2단계 : 개인적 결함
• 3단계 : 불안전한 행동 및 불안전한 상태
• 4단계 : 사고발생
• 5단계 : 재해

(10) 하인리히의 사고예방 기본원리 5단계

- 1단계 : 조직
- 2단계 : 사실의 발견
- 3단계 : 평가분석
- 4단계 : 시정책의 선정
- 5단계 : 시정책의 적용

10년간 자주 출제된 문제

6-1. 안전점검을 실시할 때 유의사항으로 틀린 것은?

① 안전점검을 한 내용은 상호 이해하고 공유할 것
② 안전점검 시 과거에 안전사고가 발생하지 않았던 부분은 점검을 생략할 것
③ 과거에 재해가 발생한 곳에는 그 요인이 없어졌는지 확인할 것
④ 안전점검이 끝나면 강평을 실시하여 안전사항을 숙지할 것

6-2. 안전점검의 종류에 해당되지 않는 것은?

① 수시점검
② 정기점검
③ 특별점검
④ 구조점검

6-3. 안전관리의 가장 중요한 업무는?

① 사고책임자의 직무조사
② 사고원인 제공자 파악
③ 사고발생 가능성의 제거
④ 물품손상의 손해사정

|해설|

6-1
안전점검 시 과거에 사고가 발생하지 않았던 부분까지도 점검해야 한다.

6-2
구조점검은 일반적인 안전점검의 영역으로 보지 않는다.

6-3
안전관리는 사고발생 가능성을 제거하기 위해 실시한다.

정답 6-1 ② 6-2 ④ 6-3 ③

핵심이론 07 | 기계, 기구 및 공구에 관한 안전관리 사항

(1) 공구를 안전하게 취급하는 방법

① 공구는 사용 후 공구함에 보관한다.
② 공구는 기계나 재료 위에 올려놓지 않는다.
③ 모든 공구는 작업에 적합한 공구를 사용한다.
④ 불량 공구는 반납하고, 함부로 수리해서 사용하지 않는다.

(2) 해머작업의 안전수칙

① 자기 체중에 비례해서 선택한다.
② 공동으로 해머작업 시 호흡을 맞춘다.
③ 해머를 사용할 때 자루 부분의 상태를 확인한다.
④ 열처리된 재료는 해머로 때리지 않도록 주의한다.
⑤ 장갑이나 기름이 묻은 손으로 자루를 잡지 않는다.
⑥ 녹이 있는 재료를 작업할 때는 보호안경을 착용한다.
⑦ 자루가 불안정한 것(쐐기가 없는 것 등)은 사용하지 않는다.
⑧ 해머의 타격면이 넓어진 것은 변형된 것이므로 사용하지 않는다.

(3) 스패너작업 시 안전수칙

① 스패너의 자루에 파이프를 이어서 사용해서는 안 된다.
② 스패너의 입이 너트의 치수에 맞는 것을 사용해야 한다.
③ 스패너와 너트는 직접 접촉시켜 유격이 없도록 작업한다.
④ 스패너와 너트 사이에서 쐐기 등을 넣고 사용하지 않는다.
⑤ 너트에 스패너를 깊이 물리도록 하여 조금씩 앞으로 당기는 식으로 풀고 조인다.

(4) 드라이버 사용 시 안전수칙

① (-)드라이버 날 끝은 평평한 것이어야 한다.
② 이가 빠지거나 둥글게 된 것은 사용하지 않는다.
③ 크기가 작은 공작물은 바이스로 고정 후 사용한다.
④ 드라이버 날 끝이 홈의 폭과 길이가 같은 것을 사용한다.
⑤ 드라이버 날 끝이 나사 홈의 너비와 길이에 맞는 것을 사용한다.

⑥ 드라이버 날 끝이 수평이어야 하며, 둥글거나 빠진 것을 사용하지 않는다.

⑦ 전기 작업 시 금속 부분이 자루 밖으로 나와 있지 않은 절연된 자루를 사용한다.

(5) 선반작업 시 안전수칙
① 선반을 점검할 때는 장갑을 끼지 않는다.
② 기계 위에 공구나 재료를 올려놓지 않는다.
③ 가동 전에 주유 부분에 반드시 주유를 한다.
④ 절삭공구의 장착은 가능한 짧게 고정시킨다.
⑤ 선반이 가동될 때에는 자리를 이탈하지 않는다.
⑥ 자동 이송을 할 때는 기계를 정지시키지 않는다.
⑦ 가공물 측정이나 속도변환은 기계를 정지시키고 한다.
⑧ 연속적으로 생성되는 칩은 칩 제거용 기구(쇠솔)를 사용하여 제거한다.

(6) 밀링작업 시 안전수칙
① 칩 커버를 반드시 설치한다.
② 기계 가동 중에는 자리를 이탈하지 않는다.
③ 가공물을 바른 자세에서 단단하게 고정한다.
④ 밀링으로 절삭한 칩은 날카로우므로 주의하여 청소한다.
⑤ 주축 속도를 변속할 때는 주축을 정지한 후 변환시킨다.
⑥ 절삭공구나 가공물을 설치할 때는 반드시 전원을 끄고 한다.
⑦ 가동 전에 각종 레버, 자동이송, 급속이송장치를 반드시 점검한다.
⑧ 정면커터로 절삭 시 시선은 커터 날 끝 45°의 대각선 방향에서 떨어져서 한다.

(7) 연삭작업 시 안전수칙
① 숫돌 덮개를 설치한다.
② 숫돌을 정확히 고정한다.
③ 보안경을 반드시 착용한다.
④ 가공 중 정면에 서지 않는다.
⑤ 사용 전 3분 이상 공회전한다.

⑥ 연삭숫돌 측면에 연삭하지 않는다.
⑦ 양쪽 숫돌의 입도는 다른 것을 설치해도 된다.
⑧ 숫돌을 나무 해머로 가볍게 두들겨 음향검사를 한다.
⑨ 받침대와 숫돌의 간격은 3mm 이내로 적절하게 유지한다.
⑩ 숫돌바퀴는 제조 후 사용할 원주 속도의 1.5~2배 정도로 안전검사를 한다.

(8) 드릴작업 시 안전수칙
① 장갑을 끼고 작업하지 않는다.
② 가공물을 손으로 잡고 드릴링하지 않는다.
③ 드릴은 흔들리지 않게 정확하게 고정한다.
④ 얇은 판의 구멍 뚫기에는 나무 보조판을 사용한다.
⑤ 드릴작업은 시작할 때보다 끝날 때 이송속도를 느리게 한다.
⑥ 지름이 큰 드릴을 사용할 때는 바이스를 테이블에 고정시킨다.
⑦ 드릴은 사용 전에 점검하고, 마모나 균열이 있는 것은 사용하지 않는다.
⑧ 드릴은 Chip 배출이 어려워서 드릴의 지름이 커질수록 속도는 느리게 해야 한다.
⑨ 드릴이나 드릴 소켓을 뽑을 때는 드릴 뽑기와 같은 전용 공구를 사용하고, 해머 등으로 두드리지 않는다.

(9) 토크렌치 작업 시 안전수칙
① 핸들을 잡고 몸 안쪽으로 잡아당긴다.
② 손잡이나 파이프를 끼우고 돌리지 않는다.
③ 오른손은 렌치 끝을 잡고 돌리며, 왼손은 지지점을 누르고 게이지 눈금을 확인한다.

(10) 작업용 공구의 관리방법
① 공구는 항상 적정 수량을 보유할 것
② 공구별로 장소를 지정하여 보관할 것
③ 사용한 공구는 항상 깨끗이 한 후 보관할 것
④ 공구 사용 후나 점검 시 파손된 공구는 교환할 것

(11) 무거운 짐을 이동할 때 주의사항

① 지렛대를 이용한다.

② 사람이 들기 힘거우면 기계를 이용한다.

③ 2인 이상이 작업할 때는 힘센 사람과 약한 사람과의 균형을 잡는다.

(12) 물품을 운반할 때 주의사항

① 화물은 규정에 맞게 적재한다.

② 안전사고 예방에 가장 유의한다.

③ 정밀한 물품을 쌓을 때는 상자에 넣도록 한다.

④ 약하고 가벼운 것을 위에, 무거운 것을 밑에 쌓는다.

⑤ 인력으로 운반 시 무리한 자세로 장시간 취급하지 않도록 한다.

(13) 가연성가스 저장실에서의 안전사항

① 휴대용 전등을 사용한다.

② 불 등 점화 요소를 두지 않는다.

③ 기름이 묻은 걸레 등을 사용하지 않는다.

(14) 일반 수공구 사용 시 주의사항

① 용도 이외에는 사용하지 않는다.

② 사용 후에는 정해진 장소에 보관한다.

③ 수공구는 손에 잘 잡고 떨어지지 않게 작업한다.

(15) 벨트 취급에 대한 안전사항

① 벨트는 적당한 장력이 유지되도록 한다.

② 벨트에 적당한 유격이 유지되도록 한다.

③ 고무벨트에는 기름이 묻지 않도록 한다.

④ 벨트의 이음쇠는 돌기가 없는 구조로 한다.

⑤ 벨트 교환 시 회전이 완전히 멈춘 상태에서 한다.

⑥ 벨트가 풀리에 감겨 돌아가는 부분은 커버나 덮개를 설치한다.

⑦ 벨트를 걸 때나 벗길 때에는 기계를 정지한 상태에서 실시한다.

(16) 로프의 구비조건

① 충격에 강해야 한다.

② 내열성이 높아야 한다.

③ 내마모성이 높아야 한다.

④ 인장강도가 높아야 한다.

(17) 작업장의 사다리식 통로의 설치방법

① 견고한 구조로 설치한다.

② 발판의 간격은 일정하게 한다.

③ 사다리가 넘어지거나 미끄러지지 않도록 조치한다.

(18) 탁상용 연삭기 사용 시 안전수칙

① 받침대는 숫돌차의 중심보다 낮지 않게 한다.

② 숫돌차의 주면과 받침대는 일정 간격으로 유지한다.

③ 숫돌차를 나무 해머로 가볍게 두드려 보아 맑은 음이 나는지 확인한다.

(19) 기계공장 근무 시 안전수칙

① 기계운전 중에는 자리를 지킨다.

② 기계운전 중 정지 시 즉시 주 스위치를 끈다.

③ 기계공장에서는 반드시 작업복과 안전화를 착용한다.

(20) 귀마개가 갖추어야 할 조건

① 내습·내유성을 가져야 한다.

② 적당한 세척 및 소독에 견딜 수 있어야 한다.

③ 가벼운 귓병이 있어도 착용할 수 있어야 한다.

④ 안경이나 안전모와 함께 착용할 수 있어야 한다.

(21) 차체에 용접 시 주의사항

① 용접부위에 인화될 물질이 없는지 확인한 후 용접한다.

② 전기용접 시 필히 차체의 배터리 접지선을 제거한다.

③ 유리 등에 불똥이 튀어 흔적이 생기지 않도록 보호막을 씌운다.

(22) 가스용접 작업 시 안전수칙

① 산소용기는 화기로부터 지정된 거리에 둔다.
② 40℃ 이하의 온도에서 산소용기를 보관한다.
③ 가스용접 시 사용되는 산소용 호스는 녹색이다.
④ 산소용기 운반 시 충격을 주지 않도록 주의한다.

(23) 작업장에서 전기가 예고 없이 정전되었을 때 기계의 조치방법

① 즉시 스위치를 끈다.
② 퓨즈의 단선 유무를 검사한다.
③ 안전을 위해 작업장을 정리해 놓는다.

(24) 전기용접 아크광선에 대한 유의사항

① 전기용접 아크에는 다량의 자외선이 포함되어 있다.
② 전기용접 아크를 볼 때에는 헬멧이나 실드를 사용한다.
③ 전기용접 아크 빛이 직접 눈으로 들어오면 전광성 안염 등의 눈병이 발생한다.

(25) 조정렌치(Monkey Wrench, 몽키렌치, 멍키렌치) 사용 시 안전수칙

① 잡아당기며 작업한다.
② 볼트 머리나 너트에 꼭 끼워서 작업한다.
③ 나사부인 조정 조에는 잡아당기는 힘이 가해져서는 안 된다.
④ 조정렌치 자루에 파이프와 같은 별도의 물체를 끼워서 작업하면 안 된다.

(26) 드릴작업 시 안전수칙

받침재료로 적당한 나무판 등을 사용한다.

(27) 체인블록으로 무거운 물체를 이동시키는 방법

체인이 느슨한 상태에서 급격히 잡아당기면 재해가 발생할 수 있으므로 시간적 여유를 가지고 작업한다.

(28) 유해광선이 있는 작업장의 보호구

보안경, 차광헬멧

(29) 오픈렌치

디젤엔진을 예방정비 시 고압 파이프 연결부에서 연료가 샐(누유) 때의 조임 공구

10년간 자주 출제된 문제

7-1. 스패너작업 시 유의할 사항으로 틀린 것은?

① 스패너의 입이 너트의 치수에 맞는 것을 사용해야 한다.
② 스패너의 자루에 파이프를 이어서 사용해서는 안 된다.
③ 스패너와 너트 사이에서 쐐기를 넣고 사용하는 것이 편리하다.
④ 너트에 스패너를 깊이 물리도록 하여 조금씩 앞으로 당기는 식으로 풀고 조인다.

7-2. 연삭작업 시 반드시 착용해야 하는 보호구는?

① 방독면
② 장 갑
③ 보안경
④ 마스크

7-3. 수공구 중 드라이버를 사용할 때 안전하지 않은 것은?

① 날 끝이 수평이어야 한다.
② 전기작업 시 절연된 자루를 사용한다.
③ 날 끝이 홈의 폭과 길이가 같은 것을 사용한다.
④ 전기작업 시 금속 부분이 자루 밖으로 나와 있어야 한다.

|해설|

7-1
스패너와 너트 사이에는 치수가 서로 맞아서 유격이 거의 없는 것을 사용해야 한다. 쐐기 등을 사용하면 사고가 발생할 수 있다.

7-2
연삭작업 시 발생되는 미세한 칩 가루로부터 작업자의 눈 보호를 위하여 보안경을 반드시 착용해야 한다.

7-3
드라이버 사용 시 금속 부분은 자루 안으로 넣어 작업자의 손에 닿지 않도록 해야 한다.

정답 7-1 ③ 7-2 ③ 7-3 ④

교육은 우리 자신의 무지를 점차 발견해 가는 과정이다.

– 윌 듀란트 –

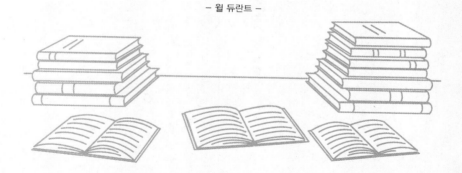

실전모의고사

#기출유형 확인   #상세한 해설   #실전 대비

01 기관 방열기에 연결된 보조탱크의 역할을 설명한 것으로 가장 적합하지 않은 것은?

① 냉각수의 체적팽창을 흡수한다.
② 장기간 냉각수 보충이 필요 없다.
③ 오버플로(Overflow)되어도 증기만 방출된다.
④ 냉각수 온도를 적절하게 조절한다.

해설
④ 냉각수 온도를 적절히 조절하는 것은 수온 조절기이다.

02 디젤기관에서 노크 방지방법으로 틀린 것은?

① 착화성이 좋은 연료를 사용한다.
② 연소실벽 온도를 높게 유지한다.
③ 압축비를 낮춘다.
④ 착화기간 중의 분사량을 적게 한다.

해설
디젤기관의 노킹을 방지하려면 압축비를 높여 연소실에서 완전연소가 일어나도록 해야 한다.

03 기관 과열의 주요 원인이 아닌 것은?

① 라디에이터 코어의 막힘
② 냉각장치 내부의 물때 과다
③ 냉각수의 부족
④ 엔진오일량 과다

해설
엔진오일량이 부족하면 실린더 내부의 냉각작용이 잘 이루어지지 않기 때문에 기관 과열의 원인이 된다.

04 디젤기관의 장점이 아닌 것은?

① 가속성이 좋고 운전이 정숙하다.
② 열효율이 높다.
③ 화재의 위험이 적다.
④ 연료 소비율이 낮다.

해설
디젤기관은 가솔린엔진에 비해 토크(힘)는 좋으나, 가속성이 떨어지고 소음과 진동도 더 커서 정숙하지 못하다.

05 지게차를 수리하거나 점검할 때 포크의 갑작스러운 하강 방지를 위해 설치하는 것은?

① 포 크
② 헤드가드
③ 포크 받침대
④ 캐리지

해설
포크 받침대로 포크를 하단부에서 지지하고 수리해야 포크 급하강에 의한 사고를 예방할 수 있다.

06 지게차가 경사로에서 브레이크를 밟지 않고도 약 5초간 자동 정지로 안전주행을 확보할 수 있는 장치는?

① 후측방 경보장치
② 주행경고음 발생장치
③ 포크 급강하 방지장치
④ 경사로 밀림 방지장치

해설

경사로 밀림 방지장치는 비탈길에서 재시동을 걸거나, 정지했다가 다시 출발하고자 할 때 차량이 뒤로 밀리는 것을 막아주는 장치이다.

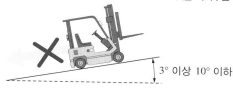

3° 이상 10° 이하

07 차량이 정지 또는 시동이 OFF 되어 있을 때 자동으로 주차 상태가 되도록 하여 운전자의 안전성을 확보한 장치는?

① 미끄럼 방지 발판
② 전자식 파킹 브레이크
③ 마스크 하강 방지 시스템
④ 최고속도 제한기능

해설

전자식 파킹 브레이크는 지게차가 정지 또는 시동이 꺼져 있을 때 자동으로 주차 상태가 되도록 한다.

08 지게차 전후진 레버의 접점과 안전벨트를 연결하여 안전벨트 착용 시에만 전진이나 후진할 수 있도록 인터로크 회로 시스템을 구축한 장치는?

① 대형 후사경
② 주행연동 안전벨트
③ 힌지드 버킷
④ 사이드 클램프

해설

주행연동 안전벨트 장치는 최신 지게차에 적용되고 있는 사양으로, 주행 시 안전벨트가 작동할 때만 이동이 가능하다.

09 지게차 계기판에 다음 그림이 표시되었다면, 어떤 상태를 나타내고 있는 것인가?

① 예열장치가 작동 중이다.
② 주차브레이크가 작동 중이다.
③ 전조등이 켜져 있다.
④ 전방 작업등이 켜져 있다.

해설

디젤기관은 점화장치가 따로 없어 압축열에 의한 디젤의 점화를 통해 동력을 발생시킨다. 따라서 겨울철에는 압축열 발생을 위해 연소실 내부에 예열플러그를 설치하여 연소에 적합한 온도로 높여준다.

인젝터   점화플러그

10 인칭페달이 장착되지 않는 지게차는?

① 전동형 지게차
② 디젤엔진형 지게차
③ LPG엔진형 지게차
④ 가솔린엔진형 지게차

해설
인칭페달은 엔진형 지게차에만 장착되어 있다.

11 포크로 든 짐을 상단에 설치된 압착판(덮개)으로 눌러서 화물을 고정시킬 수 있는 작업장치는?

① 회전 포크
② 힌지드 버킷
③ 푸시 풀 장치
④ 로드 스태빌라이저

해설
로드 스태빌라이저 : 포크로 든 짐을 상단에 설치된 압착판(덮개)으로 눌러서 고르지 못한 도로를 다닐 때 화물의 쏟아짐을 방지하기 위한 작업장치

12 넓은 크기의 날개로 화물을 양옆에서 클램핑하여 운반할 수 있는 작업장치는?

① 인칭페달
② 사이드 시프트
③ 주차브레이크
④ 카톤 클램프

해설
카톤 클램프 : 좌우로 벌어지는 넓은 크기의 날개로 작업물을 클램핑하여 운반하는 작업장치

13 생산활동 중 발생한 신체장애와 유해물질에 의한 중독 등으로 직업성 질환에 걸려 나타나는 장애를 무엇이라 하는가?

① 산업안전   ② 안전관리
③ 산업재해   ④ 안전사고

해설
산업재해는 생산활동 중 발생한 신체장애나 유해물질에 의한 중독으로 인한 장애 등의 재해이다.

14 철길건널목 통과방법에 대한 설명으로 옳지 않은 것은?

① 철길건널목에서는 앞지르기를 하여서는 안 된다.

② 철길건널목 부근에서는 주정차를 하여서는 안 된다.

③ 철길건널목에 일시정지 표지가 없을 때에는 서행하면서 통과한다.

④ 철길건널목에서는 반드시 일시정지하여 안전한지를 확인한 후에 통과한다.

해설
철길건널목에서는 반드시 일시정지한 후 좌우를 살피고 안전한 상황이라고 판단되었을 때 통과해야 한다. 특히 지게차는 자동차에 비해 순발력이 낮기 때문에 더욱 일시정지한 후 출발해야 한다.

15 산업안전보건법령상 안전보건표지의 종류 중 다음 그림에 해당하는 것은?

① 산화성물질경고
② 인화성물질경고
③ 폭발성물질경고
④ 급성독성물질경고

해설
그림은 폭발성물질경고를 나타낸다.

16 V벨트나 평면벨트 등에 직접 사람이 접촉하여 말려들거나 마찰 위험이 있는 작업장에서의 방호장치로 맞는 것은?

① 격리형 방호장치
② 덮개형 방호장치
③ 위치제한형 방호장치
④ 접근반응형 방호장치

해설
격리형 방호장치(고정형 가드)는 위험포인트를 완전히 막아 위험요소와 작업자의 접촉을 차단시키는 안전장치이다.

17 지게차의 리프트 체인에 주유하는 가장 적합한 오일은?

① 자동변속기 오일
② 작동유
③ 엔진오일
④ 그리스

해설
리프트 체인에는 엔진오일과 같은 기계유를 주유하여 이동부의 윤활작용을 돕는다.

18 볼트나 너트를 죄거나 푸는 데 사용하는 각종 렌치에 대한 설명으로 틀린 것은?

① 조정렌치 – 멍키렌치라고도 하며 제한된 범위 내에서 어떠한 규격의 볼트나 너트에도 사용할 수 있다.

② 엘(L)렌치 – 6각형 봉을 L자 모양으로 구부려서 만든 렌치이다.

③ 복스렌치 – 연료파이프 피팅작업에 사용한다.

④ 소켓렌치 – 다양한 크기의 소켓을 바꾸어가며 작업할 수 있도록 만든 렌치이다.

해설
③ 연료파이프 피팅작업에는 육각렌치가 주로 사용된다.

연료파이프

19 소화방식의 종류 중 주된 작용이 질식소화에 해당하는 것은?

① 강화액
② 호스방수
③ 에어–폼
④ 스프링클러

해설
에어–폼(Air–foam)은 공기를 차단시키는 질식작용의 소화방식이다.

20 전자제어 엔진에서 냉간 시 점화시기 및 연료분사량 제어를 하는 센서는?

① 대기압센서
② 흡기온센서
③ 수온센서
④ 공기량센서

해설
수온센서는 엔진의 냉간 시 냉각수 온도센서를 통해 엔진의 온도를 예측함으로써 점화시기와 연료분사량을 제어한다.

21 타이어의 스탠딩웨이브 현상에 대한 내용으로 옳은 것은?

① 스탠딩웨이브를 줄이기 위해 고속주행 시 공기압을 10% 정도 줄인다.

② 스탠딩웨이브가 심하면 타이어 박리현상이 발생할 수 있다.

③ 스탠딩웨이브는 바이어스 타이어보다 레이디얼 타이어에서 많이 발생한다.

④ 스탠딩웨이브 현상은 하중과 무관하다.

해설
② 스탠딩웨이브 현상이 심할 경우 타이어의 파열 및 박리(떨어져 나감)현상이 발생한다.
① 스탠딩웨이브를 줄이기 위해 공기압을 10% 높여준다.
③ 스탠딩웨이브 현상은 바이어스 타이어에서 더 많이 발생한다.
④ 스탠딩웨이브는 하중과 관련이 크다.

바이어스 타이어와 레이디얼 타이어

바이어스 타이어	레이디얼 타이어
• 타이어를 구성하는 내부 카커스의 배열 각도가 트레드 중심선에 대해 약 30~40°의 각을 이루는 것으로 접지부 움직임이 빨라서 마모도 빠르다. • 사이드월이 레이디얼 타이어보다 강하다.	• 타이어를 구성하는 내부 카커스의 배열 각도가 트레드 중심선에 대해 약 90°의 각을 이룬다. • 승차감이 좋으나 사이드월이 취약하다.

22 엔진 윤활유를 사용함에 있어 가장 알맞은 것은?

① 여름철 - SAE 20
② 겨울철 - SAE 40
③ 여름철 - SAE 40
④ 겨울철 - SAE 30

해설
SAE(Society of Automotive Engineers, 미국 자동차기술자협회) 뒤의 숫자는 점도지수로, 수치가 낮으면 겨울, 높을수록 여름용이다. 따라서 여름철에는 SAE 40을 사용한다.

23 흡 · 배기 밸브의 구비조건이 아닌 것은?

① 열전도성이 좋을 것
② 열에 대한 팽창률이 작을 것
③ 열에 대한 저항력이 작을 것
④ 가스에 견디고 고온에 잘 견딜 것

해설
흡기 및 배기 밸브는 열에 대한 저항력이 커야 변형도 방지할 수 있다.

24 주행 중 브레이크 작동 시 조향 핸들이 한쪽으로 쏠리는 원인으로 거리가 가장 먼 것은?

① 휠 얼라인먼트 조정이 불량하다.
② 좌우 타이어의 공기압이 다르다.
③ 브레이크 라이닝의 좌우 간극이 불량하다.
④ 마스터 실린더의 체크밸브 작동이 불량하다.

해설
브레이크 패드를 라이닝에 압착시킬 때 사용되는 마스터 실린더의 체크밸브가 불량한 것은 핸들 쏠림과 관련이 없다.

25 작업 중 엔진 온도가 급상승하였을 때 먼저 점검하여야 할 것은?

① 윤활유 점도지수 점검
② 고부하 작업
③ 장기간 작업
④ 냉각수의 양 점검

해설
작업 중 엔진의 온도가 상승했다면 가장 먼저 냉각수 양을 점검해야 한다.

26 지게차의 운행사항으로 틀린 것은?

① 틸트는 적재물이 백레스트에 완전히 닿도록 한 후 운행한다.
② 주행 중 노면상태에 주의하고 노면이 고르지 않은 곳에서는 천천히 운행한다.
③ 내리막길에서는 급회전을 삼간다.
④ 지게차의 중량제한은 필요에 따라 무시해도 된다.

해설
지게차를 운행할 때는 안전을 위해 중량제한을 준수해야 한다. 미준수 시 지게차가 전도될 수 있다.

27 지게차에 적용되는 동력전달장치에 속하지 않는 것은?

① 구동 액슬
② 트랜스미션
③ 토크컨버터
④ 카운터웨이트

해설
카운터웨이트는 지게차에 장착된 무게추로, 무거운 물건을 들 수 있도록 하는 역할을 한다.

28 크랭크축의 비틀림 진동에 대한 설명 중 틀린 것은?

① 각 실린더의 회전력 변동이 클수록 커진다.
② 크랭크축이 길수록 커진다.
③ 강성이 클수록 커진다.
④ 회전부분의 질량이 클수록 커진다.

해설
크랭크축의 비틀림 진동은 재료의 강성이 클수록 작아진다.

29 플라이휠과 압력판 사이에 설치되어 있으며, 변속기 입력축을 통해 변속기에 동력을 전달하는 것은?

① 벨트 텐셔너
② 클러치 디스크
③ 릴리스 레버
④ 릴리스 포크

해설
클러치 디스크는 플라이휠과 압력판 사이에 설치되어 동력을 전달하는 기계장치이다.

30 동력전달장치에 사용되는 차동기어장치에 대한 설명으로 틀린 것은?

① 선회할 때 좌우 구동바퀴의 회전속도를 다르게 한다.
② 선회할 때 바깥쪽 바퀴의 회전속도를 증대시킨다.
③ 보통 차동기어장치는 노면의 저항을 작게 받는 구동바퀴의 회전속도가 빠르게 될 수 있다.
④ 기관의 회전력을 크게 하여 구동바퀴에 전달한다.

해설
차동기어장치는 선회 시 좌우 바퀴의 회전수와 관련이 있을 뿐, 기관의 회전력과는 관련이 없다.

31 클러치의 필요성으로 틀린 것은?

① 전·후진을 위해
② 관성운동을 하기 위해
③ 기어 변속 시 기관의 동력을 차단하기 위해
④ 기관 시공 시 기관을 무부하 상태로 하기 위해

해설
클러치는 엔진의 동력을 변속기로 전달하는 동력전달장치로, 클러치가 없다고 해서 지게차의 전진과 후진을 할 수 없는 것은 아니다.

32 긴 내리막길을 내려갈 때 베이퍼 로크를 방지하는 좋은 운전방법은?

① 변속 레버를 중립으로 놓고 브레이크페달을 밟고 내려간다.

② 시동을 끄고 브레이크페달을 밟고 내려간다.

③ 엔진 브레이크를 사용한다.

④ 클러치를 끊고 브레이크페달을 계속 밟으며 속도를 조정하며 내려간다.

해설
긴 내리막길을 내려갈 때 베이퍼 로크 방지를 위해서는 페달 브레이크를 사용하지 않고 엔진 브레이크를 사용해야 한다.

33 지게차 주행 시 주의하여야 할 사항 중 틀린 것은?

① 짐을 싣고 주행할 때는 절대로 속도를 내서는 안 된다.

② 노면의 상태에 충분히 주의하여야 한다.

③ 포크의 끝을 밖으로 경사지게 한다.

④ 적하장치에 사람을 태워서는 안 된다.

해설
지게차 주행 시 포크는 수평을 유지하거나 안쪽으로 기울여야 한다.

34 최고 주행속도가 시간당 15km 미만인 건설기계가 갖추지 않아도 되는 조명은?

① 전조등　　　　② 제동등

③ 번호등　　　　④ 후부반사판

해설
최고 주행속도가 15km/h 미만인 건설기계의 조명장치(건설기계 안전기준에 관한 규칙 제155조제1항제1호)
• 전조등
• 제동등(유량제어로 속도를 감속하거나 가속하는 건설기계는 제외)
• 후부반사기
• 후부반사판 또는 후부반사지

35 도로교통법상 야간 도로에서 자동차를 주정차할 때 필수 등화로 옳은 것은?

① 후부반사기

② 실내조명등 및 미등

③ 미등 및 차폭등

④ 차폭등 및 번호등

해설
차와 노면전차의 등화(도로교통법 제37조제1항제1호)
밤(해가 진 후부터 해가 뜨기 전까지를 말함)에 도로에서 차 또는 노면전차를 운행하거나 고장이나 그 밖의 부득이한 사유로 도로에서 차 또는 노면전차를 정차 또는 주차하는 경우 전조등, 차폭등, 미등과 그 밖의 등화를 켜야 한다.

36 축전지 충전방법 중 틀린 것은?

① 정전류 충전법

② 정전압 충전법

③ 단별전류 충전법

④ 정저항 충전법

해설
정저항 충전법은 충전방식으로 사용되지 않는다.

37 엔진을 정지하고 계기판 전류계의 지시침을 살펴보니 정상에서 (−) 방향을 지시하고 있다. 그 원인이 아닌 것은?

① 전조등 스위치가 점등위치에서 방전하고 있다.
② 배선에서 누전되고 있다.
③ 시동 시 엔진의 예열장치를 동작시키고 있다.
④ 발전기에서 축전지로 충전되고 있다.

해설
전류계 지침이 (−)를 가리키는 것은 충전이 되고 있지 않은 것이다.

38 기동전동기의 전기자코일을 시험하는 데 사용되는 시험기는?

① 전류계 시험기
② 전압계 시험기
③ 그롤러 시험기
④ 저항 시험기

해설
그롤러 시험기는 기동전동기의 전기자코일에서 단선 및 통전, 단락, 접지 등을 시험 및 점검한다.

39 축전지 케이스와 커버를 청소할 때 사용되는 용액은?

① 비누와 물
② 소금과 물
③ 소다와 물
④ 오일 가솔린

해설
축전지 케이스와 커버는 소다와 물로 청소한다.

40 다음 설명에 해당하는 것은?

> 도로교통법상 모든 차의 운전자는 같은 방향으로 가고 있는 앞차의 뒤를 따를 때에는 앞차가 갑자기 정지하게 되는 경우에 그 앞차와의 충돌을 피할 수 있는 필요한 거리를 확보하도록 되어 있다.

① 급제동 금지거리
② 안전거리
③ 제동거리
④ 진로양보거리

해설
안전거리는 앞차와의 충돌을 피할 수 있는 필요한 거리를 확보한 거리이다.

41 자동차전용 편도 4차로 도로에서 지게차의 주행차로는?

① 1차로   ② 2차로
③ 왼쪽 차로   ④ 오른쪽 차로

해설
자동차전용 편도 3차로 이상의 도로에서 지게차는 오른쪽 차로를 이용해야 한다(도로교통법 시행규칙 [별표 9]).

42 교차로 통행방법으로 틀린 것은?

① 교차로에서는 정차하지 못한다.

② 교차로에서는 다른 차를 앞지르지 못한다.

③ 좌우 회전 시에는 방향지시기 등으로 신호를 하여야 한다.

④ 교차로에서는 반드시 경음기를 울려야 한다.

해설
교차로에서 반드시 경음기를 울릴 필요는 없으며, 신속히 빠져나가야 한다.

43 고속도로를 운행 중일 때 안전운전상 준수사항으로 가장 적합한 것은?

① 정기점검 실시 후 운행하여야 한다.

② 연료량을 점검하여야 한다.

③ 월간 정비점검을 하여야 한다.

④ 모든 승차자는 좌석 안전띠를 매야 한다.

해설
고속도로 운행 중 모든 승차자는 안전벨트를 매야 한다.

44 건설기계관리법령상 국토교통부령으로 정하는 바에 따라 등록번호표를 부착 및 봉인하지 않은 건설기계를 운행하여서는 아니 된다. 이를 1차 위반했을 경우 과태료는?(단, 임시번호표를 부착한 경우는 제외한다)

① 5만원

② 10만원

③ 50만원

④ 100만원

해설
등록번호표를 부착하지 아니하거나 봉인하지 아니한 건설기계를 운행한 자에게는 300만원 이하의 과태료를 부과하며, 1차 위반 시에는 100만원의 과태료를 부과한다(건설기계관리법 제44조, 건설기계관리법 시행령 [별표 3]).

45 건설기계의 출장검사가 허용되는 경우가 아닌 것은?

① 도서지역에 있는 건설기계

② 너비가 2.0m를 초과하는 건설기계

③ 최고속도가 35km/h 미만인 건설기계

④ 자체중량이 40ton을 초과하거나 축하중이 10ton을 초과하는 건설기계

해설
검사장소(건설기계관리법 시행규칙 제32조제2항)
건설기계가 다음의 어느 하나에 해당하는 경우에는 해당 건설기계가 위치한 장소에서 검사를 할 수 있다.
• 도서지역에 있는 경우
• 자체중량이 40ton을 초과하거나 축하중이 10ton을 초과하는 경우
• 너비가 2.5m를 초과하는 경우
• 최고속도가 35km/h 미만인 경우

정답 42 ④ 43 ④ 44 ④ 45 ②

46 건설기계관리법령상 다음 설명에 해당하는 건설기계사업은?

> 건설기계를 분해·조립 또는 수리하고 그 부분품을 가공제작·교체하는 등 건설기계를 원활하게 사용하기 위한 모든 행위를 업으로 하는 것

① 건설기계정비업
② 건설기계제작업
③ 건설기계매매업
④ 건설기계폐기업

해설
건설기계정비업이란 건설기계를 분해·조립 또는 수리하고 그 부분품을 가공제작·교체하는 등 건설기계를 원활하게 사용하기 위한 모든 행위(경미한 정비행위 등 국토교통부령으로 정하는 것은 제외)를 업으로 하는 것을 말한다(건설기계관리법 제2조).

47 건설기계등록번호표의 표시내용이 아닌 것은?

① 기 종
② 등록번호
③ 용 도
④ 장비 연식

해설
건설기계등록번호표의 표시내용(건설기계관리법 시행규칙 제13조)
• 기 종
• 용 도
• 등록번호

48 정기검사에 불합격한 건설기계의 정비명령 기간으로 옳은 것은?

① 1개월 이내
② 4개월 이내
③ 5개월 이내
④ 6개월 이내

해설
시·도지사는 검사에 불합격된 건설기계에 대해서는 31일 이내의 기간을 정하여 해당 건설기계의 소유자에게 검사를 완료한 날(검사를 대행하게 한 경우에는 검사결과를 보고받은 날)부터 10일 이내에 정비명령을 해야 한다. 다만, 건설기계소유자의 주소 등을 통상적인 방법으로 확인할 수 없거나 통지가 불가능한 경우에는 해당 시·도의 공보 및 인터넷 홈페이지에 공고해야 한다(건설기계관리법 시행규칙 제31조제1항).

49 건설기계관리법령에서 건설기계의 주요 구조 변경 및 개조의 범위에 해당하지 않는 것은?

① 기종 변경
② 원동기의 형식 변경
③ 유압장치의 형식 변경
④ 동력전달장치의 형식 변경

해설
① 기종 변경은 새로 구입하는 형태이므로, 지게차의 구조 변경이나 개조는 아니다.
구조변경범위 등(건설기계관리법 시행규칙 제42조)
• 원동기 및 전동기의 형식 변경
• 동력전달장치의 형식 변경
• 제동장치의 형식 변경
• 주행장치의 형식 변경
• 유압장치의 형식 변경
• 조종장치의 형식 변경
• 조향장치의 형식 변경
• 작업장치의 형식 변경(가공작업을 수반하지 아니하고 작업장치를 선택부착하는 경우에는 작업장치의 형식 변경으로 보지 아니함)
• 건설기계의 길이, 너비, 높이 등의 변경
• 수상작업용 건설기계의 선체의 형식 변경
• 타워크레인 설치기초 및 전기장치의 형식 변경

50 가변용량형 유압펌프의 기호는?

①
②
③
④

해설
① 필터
② 정용량형 유압펌프
④ 유량제어밸브

51 피스톤 펌프에 대한 설명으로 알맞지 않은 것은?

① 흡입 능력이 작은 편이다.
② 비용적형 펌프이다.
③ 고압에 적합하다.
④ 펌프 효율이 크다.

해설
② 피스톤 펌프는 용적형 펌프이다.
• 용적형 펌프 : 케이싱(하우징)과 그 내부에서 움직이는 기계요소와의 상호작용으로 만들어지는 밀폐 공간의 이동 또는 변화로 에너지를 공급하여 오일을 흡입부에서 송출부로 밀어내는 방식의 펌프이다.
• 비용적형 펌프(터보형 펌프) : 케이스(하우징) 내에서 임펠러를 회전시켜 발생하는 원심력으로 유체에 에너지를 공급하여 오일을 흡입부에서 송출부로 밀어내는 방식의 펌프이다.

52 다음 그림의 유압기호는 무엇을 표시하는가?

① 공기유압변환기
② 체크밸브
③ 유량계
④ 어큐뮬레이터

해설

체크밸브	유량계	어큐뮬레이터

53 기관에 작동 중인 엔진오일에 가장 많이 포함되는 이물질은?

① 유입먼지
② 금속분말
③ 산화물
④ 카본(Carbon)

해설
연소실에서 연소되고 남은 찌꺼기에 존재하는 탄소성분이 다시 오일탱크로 회수되기 때문에, 엔진오일에는 탄소성분이 가장 많이 존재한다.

54 유압펌프 점검에서 작동유 유출 여부 점검사항이 아닌 것은?

① 정상 작동 온도로 난기 운전을 실시하여 점검하는 것이 좋다.
② 고정 볼트가 풀린 경우에는 추가 조임을 한다.
③ 작동유 유출 점검은 운전자가 관심을 가지고 점검하여여 한다.
④ 하우징에 균열이 발생되면 패킹을 교환한다.

해설
하우징에 균열이 발생하면, 하우징 전체를 교체해야만 작동유의 유출을 막을 수 있다.

55 베인펌프에 대한 설명으로 틀린 것은?

① 날개로 펌핑 동작을 한다.
② 토크(Torque)가 안정되어 소음이 적다.
③ 싱글형과 더블형이 있다.
④ 베인펌프는 1단 고정으로 설계된다.

해설
베인펌프는 1단 고정이 아닌 다단으로 설계해야 한다.

56 유압 작동유의 점도가 지나치게 낮을 때 나타날 수 있는 현상은?

① 출력이 증가한다.
② 압력이 상승한다.
③ 유동저항이 증가한다.
④ 유압실린더의 속도가 늦어진다.

해설
작동유의 점도가 너무 낮을 경우에는 분자 간 응집력이 떨어지면서, 실린더의 반응 속도도 늦어진다.

57 유압장치의 오일탱크에서 펌프 흡입구의 설치에 대한 설명으로 틀린 것은?

① 펌프 흡입구는 반드시 탱크 가장 밑면에 설치한다.
② 펌프 흡입구는 스트레이너(오일 여과기)를 설치한다.
③ 펌프 흡입구와 탱크로의 귀환구(복귀구) 사이에는 격리판(Baffle Plate)을 설치한다.
④ 펌프 흡입구는 탱크로의 귀환구(복귀구)로부터 될 수 있는 한 멀리 떨어진 위치에 설치한다.

해설
펌프 흡입구는 탱크 밑면이 아닌, 바닥면에서 조금 윗부분에 설치하여 찌꺼기가 순환하지 않도록 한다.

58 유압 컨트롤 밸브 내에 스풀형식의 밸브 기능은?

① 오일의 흐름 방향을 바꾸기 위해
② 계통 내의 압력을 상승시키기 위해
③ 축압기의 압력을 바꾸기 위해
④ 펌프의 회전 방향을 바꾸기 위해

해설
스풀형식의 밸브는 유체의 흐름 방향을 전환시키는 역할을 한다.

59 액추에이터의 운동속도를 조정하기 위하여 사용되는 밸브는?

① 압력제어 밸브
② 온도제어 밸브
③ 유량제어 밸브
④ 방향제어 밸브

해설
유량제어 밸브는 관로 내를 흐르는 유체의 흐름 양으로 액추에이터의 이송 속도를 제어할 수 있다.

60 펌프가 오일을 토출하지 않을 때의 원인으로 틀린 것은?

① 오일탱크의 유면이 낮다.
② 흡입관으로 공기가 유입된다.
③ 토출 측 배관 체결볼트가 이완되었다.
④ 오일이 부족하다.

해설
펌프가 오일을 토출하지 않는다면 토출 측이 아니라 흡입 측 배관 체결볼트가 이완된 것이다.

01 디젤기관에서 노킹의 원인과 가장 거리가 먼 것은?

① 연료의 세테인값이 높다.

② 연료의 분사압력이 낮다.

③ 연소실의 온도가 낮다.

④ 착화 지연시간이 길다.

해설

세테인값이 높은 연료를 사용하는 것은 노킹의 방지대책이다.

03 열에너지를 기계적 에너지로 변환시켜 주는 장치는?

① 펌 프   ② 모 터

③ 엔 진   ④ 밸 브

해설

실린더의 폭발행정에서 발생된 열에너지는 크랭크축의 회전운동을 통해서 기계적 에너지로 변환된다.

02 디젤기관 연료 중에 공기가 흡입될 경우 나타나는 현상은?

① 분사압력이 높아진다.

② 노크가 일어난다.

③ 시동이 잘된다.

④ 기관 회전이 불량하다.

해설

연료나 연료계통에 공기가 연료와 함께 혼입되어 연소실 안으로 공급될 경우, 정상적인 폭발이 불가능하기 때문에 부조현상이 발생되므로 기관의 회전도 불량하게 된다.

04 엔진오일량 점검 중 오일게이지에 상한선(Full)과 하한선(Low) 표시가 되어 있을 때 가장 적합한 것은?

① Low 표시에 있어야 한다.

② Low와 Full 표시 사이에서 Low에 가까이 있으면 좋다.

③ Low와 Full 표시 사이에서 Full에 가까이 있으면 좋다.

④ Full 표시 이상이 되어야 한다.

해설

엔진오일량은 오일게이지의 Low와 Full 표시 사이에서 Full에 가까이 있을수록 좋다.

05 화물을 포크로 들고 360° 회전시킬 수 있는 작업장치로, 주로 절삭 후 버려지는 칩을 담은 칩통을 비울 때 사용하는 작업장치는?

① 회전 포크
② 드럼 클램프
③ 푸시 풀 장치
④ 사이드 시프트

해설
회전 포크(Rotating Fork, 로테이팅 포크)
화물을 포크로 들고 360° 회전시킬 수 있는 작업장치로, 주로 절삭 후 버려지는 칩을 담은 칩통을 비울 때 사용한다.

06 원통으로 만들어진 드럼통을 좌우에서 압축하여 운반하는 작업장치는?

① 힌지드 버킷(Hinged Bucket)
② 드럼 클램프(Drum Clamp)
③ 아이스 클램프(Ice Clamp)
④ 팰릿 인버터(Pallet Inverter)

해설
드럼 클램프 : 원통으로 만들어진 드럼통을 좌우에서 압축하여 운반하는 작업장치

07 카톤 클램프와 형식은 유사하나 다양한 크기의 날개를 부착하여 포크 없이도 화물의 양옆에서 클램핑하는 작업장치는?

① 힌지드 포크
② 베일 클램프
③ 드럼 클램프
④ 사이드 시프트

해설
베일 클램프 : 카톤 클램프와 형식은 유사하나 다양한 크기의 날개를 부착하여 포크 없이도 화물의 양옆에서 클램핑하는 작업장치

08 지게차의 리프트 체인에 오일을 주입할 때 가장 적합한 것은?

① 경 유
② 그리스
③ 휘발유
④ 엔진오일

해설
지게차의 리프트 체인과 같은 동력전달부의 기계요소에는 엔진오일과 같은 기계유를 주입한다.

09 지게차용 체인의 구성요소로 알맞지 않은 것은?

① 외부판
② 내부판
③ 롤 러
④ 볼베어링

해설
체인의 구조 : 내부판, 외부판, 베어링 핀, 롤러

11 지게차에서 포크가 장착되는 부분으로 캐리지에 장착되는 부품의 명칭은?

① 백레스트
② 핑거보드
③ 리프트 체인
④ 틸트 실린더

해설
핑거보드 : 포크가 장착되는 부분으로 캐리지에 장착된다.

10 지게차가 들 수 있는 최대 하중에 영향을 미치는 요소는?

① 포 크
② 백레스트
③ 오버헤드 가드
④ 카운터웨이트

해설
평형추(무게중심추, 카운터웨이트, Counterweight) : 지게차의 앞부분에 장착된 포크로 화물을 들어 올릴 때 무게중심이 앞으로 쏠리지 않도록 균형 유지를 위해 지게차의 뒷부분에 장착한 쇳덩이다.

12 지게차의 틸트 실린더와 리프트 실린더를 작동시키는 동력의 발생원은?

① 전 기
② 공 압
③ 유 압
④ 스프링

해설
지게차가 화물을 들어 올릴 때 사용되는 틸트 및 리프트 실린더의 작동 힘은 큰 하중에 버텨야 하므로 유압을 사용한다.

13 작업장에서 휘발유 화재가 일어났을 경우 가장 적합한 소화방법은?

① 물 호스의 사용
② 불의 확대를 막는 덮개의 사용
③ 소다 소화기의 사용
④ 탄산가스 소화기의 사용

해설
휘발유와 같은 유류의 화재는 공기보다 무거운 탄산가스 소화기를 주로 사용한다.

15 작업현장에서 사용되는 안전표지 색으로 잘못 짝지어진 것은?

① 빨간색 – 방화 표시
② 노란색 – 충돌·추락주의 표시
③ 녹색 – 비상구 표시
④ 보라색 – 안전지도 표시

해설
현장에서 사용되는 안전표지에서 보라색은 사용되지 않는다.

14 연삭작업 시 안전수칙으로 알맞지 않은 것은?

① 칩 커버를 반드시 설치한다.
② 기계 가공 중 자리를 이탈하지 않는다.
③ 주축 속도를 변속할 때는 주축을 정지하지 않고 변환시킨다.
④ 절삭공구나 가공물을 설치할 때는 반드시 전원을 끈다.

해설
주축 속도를 변속할 때는 주축을 반드시 정지한 후 변환시킨다.

16 스패너 작업방법으로 옳은 것은?

① 몸 쪽으로 당길 때 힘이 걸리도록 한다.
② 볼트 머리보다 큰 스패너를 사용하도록 한다.
③ 스패너 자루에 조합렌치를 연결해서 사용하여도 된다.
④ 스패너 자루에 파이프를 끼워서 사용한다.

해설
스패너 작업 시 안전수칙
• 스패너를 작업할 때는 몸 쪽으로 당기면서 힘이 걸리게 한다.
• 스패너의 자루에 파이프를 이어서 사용해서는 안 된다.
• 스패너의 입이 너트의 치수에 맞는 것을 사용해야 한다.
• 스패너와 너트는 직접 접촉시켜 유격이 없도록 작업한다.
• 스패너와 너트 사이에서 쐐기 등을 넣고 사용하지 않는다.
• 너트에 스패너를 깊이 물리도록 하여 조금씩 앞으로 당기는 식으로 풀고 조인다.

17 다음 중 보호안경을 끼고 작업해야 하는 사항과 가장 거리가 먼 것은?

① 산소용접 작업 시

② 그라인더 작업 시

③ 건설기계장비 일상점검 작업 시

④ 클러치 탈·부착 작업 시

해설
건설기계장비의 일상점검 시에는 보호안경을 반드시 착용할 필요는 없다.

18 화재가 발생하기 위한 3가지 요소는?

① 가연성 물질 – 점화원 – 산소

② 산화 물질 – 소화원 – 산소

③ 산화 물질 – 점화원 – 질소

④ 가연성 물질 – 소화원 – 산소

해설
화재와 폭발의 3요소는 점화원(불꽃 등), 가연성 물질(탈 것), 산소이다.

19 안전보건표지의 종류 중 다음 그림의 안전표지판이 나타내는 것은?

① 비상구

② 세안장치

③ 비상용 기구

④ 응급구호표지

해설
안내표지

녹십자표지	응급구호표지	들 것
세안장치	비상용기구	비상구
	비상용 기구	
좌측비상구	우측비상구	

20 기관이 작동되는 상태에서 점검 가능한 사항이 아닌 것은?

① 냉각수의 온도

② 충전상태

③ 기관오일의 압력

④ 엔진오일량

해설
엔진오일량은 기관이 정지한 상태에서 점검해야 한다.

21 브레이크 장치의 베이퍼 로크 발생 원인이 아닌 것은?

① 긴 내리막길에서 과도한 브레이크 사용
② 엔진 브레이크의 장시간 사용
③ 드럼과 라이닝의 끌림에 의한 가열
④ 오일의 변질에 의한 비등점 저하

해설
베이퍼 로크는 브레이크를 밟았을 때 발생되는 현상인데, 엔진 브레이크는 브레이크 작동 없이 엔진의 회전수를 조절하면서 자연스럽게 브레이킹하는 것이므로 베이퍼 로크는 발생하지 않는다.

22 오일의 여과방식이 아닌 것은?

① 자력식
② 분류식
③ 전류식
④ 션트식

해설
오일의 여과방식 : 전류식(전부 여과), 분류식(일부 여과), 션트식 (전류식 + 분류식)

23 사용압력에 따른 타이어의 분류에 속하지 않는 것은?

① 고압 타이어
② 초고압 타이어
③ 저압 타이어
④ 초저압 타이어

해설
타이어는 허용압력(psi)에 따라 고압, 저압, 초저압 타이어로 분류된다.
※ 초고압으로 타이어를 사용할 경우, 터짐으로 인한 사고 발생의 우려가 있다.

24 지게차의 유압식 조향장치에서 조향실린더의 직선운동을 축의 회전운동으로 바꾸어 줌과 동시에 타이로드에 직선운동을 시켜 주는 것은?

① 핑거보드
② 드래그링크
③ 벨 크랭크
④ 스태빌라이저

해설
벨 크랭크(Bell Crank)는 조향장치에서 조향실린더의 직선운동을 축의 회전운동으로 바꾸어 줌과 동시에 타이로드에 직선운동을 시켜 주는 기계요소이다.

25 추진축의 각도 변화를 가능하게 하는 이음은?

① 자재 이음
② 슬립 이음
③ 플랜지 이음
④ 등속 이음

해설
유니버설 조인트(자재 이음)는 두 축 간 각도가 약 30° 이내인 경우에도 동력 전달이 가능하다.

26 작업장치를 갖춘 건설기계의 작업 전 점검사항으로 틀린 것은?

① 제동장치 및 조종장치 기능의 이상 유무
② 하역장치 및 유압장치 기능의 이상 유무
③ 유압장치의 과열 이상 유무
④ 전조등, 후미등, 방향지시등 및 경보장치의 이상 유무

해설
유압장치의 과열 여부는 작업 직후 점검할 사항이다.

27 엔진과 직결되어 같은 회전수로 회전하는 토크 컨버터의 구성품은?

① 터 빈   ② 펌 프
③ 스테이터   ④ 변속기 출력축

해설
토크 컨버터에서 엔진과 직결되어 동일 회전수로 회전하는 구성품은 임펠러 펌프이다.

28 하부 추진체가 휠로 되어 있는 건설기계장비로 커브를 돌 때 선회를 원활하게 해 주는 장치는?

① 변속기
② 차동장치
③ 최종 구동장치
④ 트랜스퍼케이스

해설
커브길을 돌 때(선회) 양 바퀴의 회전수는 달라질 수밖에 없는데, 차동기어장치(차동장치)는 바깥쪽 바퀴를 더 회전시켜 주어 선회를 원활하게 해 준다.

29 타이어식 건설기계장비에서 동력전달장치에 속하지 않는 것은?

① 클러치   ② 종감속장치
③ 과급기   ④ 크랭크축

해설
과급기는 터보차저의 다른 말로 공기를 압축하여 엔진으로 보내는 기계장치로서, 동력전달장치에 속하지 않는다.

30 지게차를 운전하여 화물을 운반할 때의 주의사항으로 적합하지 않은 것은?

① 노면이 좋지 않을 때는 저속으로 운행한다.
② 경사지 운전 시 화물을 위쪽으로 한다.
③ 화물 운반 거리는 5m 이내로 한다.
④ 노면에서 약 20~30cm 상승 후 이동한다.

해설
지게차를 운전할 때 화물의 운반 거리는 제약이 없다.

31 드라이브 라인에 슬립 이음을 사용하는 이유는?

① 회전력을 직각으로 전달하기 위해
② 출발을 원활하게 하기 위해
③ 추진축의 길이 방향에 변화를 주기 위해
④ 진동을 흡수하게 하기 위해

해설
드라이브 라인에 슬립 이음을 사용하는 이유는 미끄러짐 현상을 이용하여 추진축의 길이 변화에 대응하기 위함이다.

32 지게차에 관한 설명으로 틀린 것은?

① 짐을 싣기 위해 마스트를 약간 앞쪽으로 경사시키고 포크를 끼워 물건을 싣는다.

② 틸트 레버는 앞으로 밀면 마스트가 앞으로 기울고 따라서 포크가 앞으로 기운다.

③ 포크를 상승시킬 때는 리프트 레버를 뒤쪽으로, 하강시킬 때는 앞쪽으로 민다.

④ 목적지에 도착 후 물건을 내리기 위해 틸트 실린더를 뒤쪽으로 경사시켜 전진한다.

해설
지게차로 물건을 하역할 때는 틸트 실린더를 수평 또는 앞쪽으로 경사시켜 놓고 전진해야 한다. 틸트 실린더를 뒤쪽으로 경사시키면 물건이 떨어질 수 있다.

33 지게차로 화물을 싣고 경사지에서 주행할 때 안전상 올바른 운전방법은?

① 포크를 높이 들고 주행한다.

② 내려갈 때에는 저속 후진한다.

③ 내려갈 때에는 변속 레버를 중립에 놓고 주행한다.

④ 내려갈 때에는 시동을 끄고 타력으로 주행한다.

해설
화물을 실은 지게차로 경사지를 내려갈 때는 저속으로 후진해야 한다.

34 좌우측 전조등 회로의 연결 방법으로 옳은 것은?

① 직렬 연결 ② 단식 배선

③ 병렬 연결 ④ 직·병렬 연결

해설
전조등 회로는 병렬 연결법을 주로 사용한다.

35 다음 도로명판에 대한 설명으로 알맞지 않은 것은?

> **강남대로**
> Gangnam-daero   1→699

① 한 방향용 끝지점을 나타낸다.

② 1은 현 위치의 도로 번호를 나타낸다.

③ 강남대로의 총 길이는 약 6.99km이다.

④ 도로명판상 도로의 총 길이는 총 길이에 10m를 곱하여 구한다.

해설
이 도로명판은 한 방향용의 시작지점을 나타낸다.

36 앞바퀴 정렬 요소 중 캠버의 필요성에 대한 설명으로 틀린 것은?

① 앞차축의 휨을 적게 한다.

② 조향휠의 조작을 가볍게 한다.

③ 조향 시 바퀴의 복원력이 발생한다.

④ 토(Toe)와 관련성이 있다.

해설
조향 시 바퀴의 복원력이 발생하는 것은 캐스터이다. 캐스터는 앞바퀴를 옆에서 보았을 때 킹핀이 수직선과 이루는 각이다.

32 ④ 33 ② 34 ③ 35 ① 36 ③ **정답**

37 기동전동기의 시험 항목으로 맞지 않는 것은?

① 무부하 시험

② 회전력 시험

③ 저항시험

④ 중부하 시험

[해설]
기동전동기는 부하를 가하지 않은 상태의 무부하 시험과 저항 및 회전력(토크, Torque) 시험을 주로 실시한다. 중부하 시험은 실시하지 않는다.

38 교류발전기의 구성품으로 교류를 직류로 변환하는 구성품은 어느 것인가?

① 스테이터   ② 로 터

③ 정류기   ④ 콘덴서

[해설]
정류기는 교류발전기에서 교류를 직류로 변환시킨다.

39 축전지가 충전되지 않는 원인으로 가장 옳은 것은?

① 레귤레이터가 고장일 때

② 발전기의 용량이 클 때

③ 팬벨트의 장력이 셀 때

④ 전해액의 온도가 낮을 때

[해설]
축전지에 충전이 되고 있지 않다면 전압조정장치인 레귤레이터의 고장을 의심해야 한다.

40 도로의 중앙선이 황색 실선과 황색 점선인 복선으로 설치된 때의 설명으로 맞는 것은?

① 어느 쪽에서나 중앙선을 넘어서 앞지르기를 할 수 있다.

② 점선 쪽에서만 중앙선을 넘어서 앞지르기를 할 수 있다.

③ 어느 쪽에서나 중앙선을 넘어서 앞지르기를 할 수 없다.

④ 실선 쪽에서만 중앙선을 넘어서 앞지르기를 할 수 있다.

[해설]
도로에서 실선은 침범이 불가능하며, 점선이라면 황색이더라도 중앙선을 넘어서 앞지르기를 할 수 있다.

41 편도 4차로 일반도로의 경우 교차로 30km 전방에서 우회전을 하려면 몇 차로로 진입 통행해야 하는가?

① 1차로로 통행한다.

② 2차로와 1차로로 통행한다.

③ 4차로로 통행한다.

④ 3차로만 통행 가능하다.

[해설]
편도 4차로 일반도로에서 우회전할 때에는 도로의 우측 가장자리인 4차로로 진입 통행해야 한다.
교차로 통행방법(도로교통법 제25조제1항)
모든 차의 운전자는 교차로에서 우회전을 하려는 경우에는 미리 도로의 우측 가장자리를 서행하면서 우회전하여야 한다. 이 경우 우회전하는 차의 운전자는 신호에 따라 정지하거나 진행하는 보행자 또는 자전거 등에 주의하여야 한다.

42 도로교통법상 반드시 서행하여야 할 장소로 지정된 곳은?

① 안전지대 우측
② 비탈길의 고갯마루 부근
③ 교통정리가 행하여지고 있는 교차로
④ 교통정리가 행하여지고 있는 횡단보도

해설
서행해야 할 장소(도로교통법 제31조제1항)
• 교통정리를 하고 있지 아니하는 교차로
• 도로가 구부러진 부근
• 비탈길의 고갯마루 부근
• 가파른 비탈길의 내리막
• 시·도경찰청장이 도로에서의 위험을 방지하고 교통의 안전과 원활한 소통을 확보하기 위하여 필요하다고 인정하여 안전표지로 지정한 곳

43 건설기계 등록번호표에 표시되지 않는 것은?

① 기 종
② 등록번호
③ 용 도
④ 연 식

해설
건설기계 등록번호표에는 건설기계의 제조년(연식)은 표시되지 않는다.
건설기계 등록번호표의 표시사항(건설기계관리법 시행규칙 [별표 2])

※ "0"은 건설기계, "12"는 기종번호, "가 4568"은 일련번호를 표시하며, 용도는 번호표의 색상과 일련번호(숫자)로 표시한다.

44 도로교통법상 횡단보도에서는 몇 m 이내 주차금지인가?

① 3
② 5
③ 8
④ 10

해설
도로교통법 제32조에 따라 횡단보도에서는 10m 이내에 주차가 금지된다.

45 건설기계에서 지게차의 기종별 기호표시로 알맞은 것은?

① 01
② 02
③ 03
④ 04

해설
④ 04 : 지게차
① 01 : 불도저
② 02 : 굴착기
③ 03 : 로더
※ 건설기계관리법 시행규칙 [별표 2] 참고

46 건설기계 등록 시 전시, 사변 등 국가비상사태에는 며칠 이내 등록하여야 하는가?

① 5일
② 7일
③ 10일
④ 30일

해설
건설기계관리법 시행령 제3조제2항에 따라 국가비상사태 시 건설기계는 5일 이내 등록하여야 한다.

47 건설기계형식에 관한 승인을 얻거나 그 형식을 신고한 자는 당사자 간에 별도의 계약이 없는 경우에 건설기계를 판매한 날로부터 몇 개월 동안 무상으로 건설기계를 정비해 주어야 하는가?

① 3개월　　　　② 6개월
③ 12개월　　　　④ 24개월

해설
건설기계관리법 시행규칙 제55조제1항에 따라 건설기계형식에 관한 승인을 얻거나 그 형식을 신고한 자는 별도 계약이 없을 경우, 12개월 이내에서 무상 점검을 해 주어야 한다.

48 정기검사 대상 건설기계의 정기검사 신청기간으로 가장 적절한 것은?

① 건설기계의 정기검사 유효기간 만료일 전후 45일 이내에 신청한다.
② 건설기계의 정기검사 유효기간 만료일 전 90일 이내에 신청한다.
③ 건설기계의 정기검사 유효기간 만료일 전후 31일 이내에 신청한다.
④ 건설기계의 정기검사 유효기간 만료일 후 60일 이내에 신청한다.

해설
정기검사의 신청 등(건설기계관리법 시행규칙 제23조제1항)
정기검사를 받으려는 자는 검사유효기간의 만료일 전후 각각 31일 이내의 기간[검사유효기간이 연장된 경우로서 타워크레인 또는 천공기(터널보링식 및 실드굴진식으로 한정)가 해체된 경우에는 설치 이후부터 사용 전까지의 기간으로 하고, 검사유효기간이 경과한 건설기계로서 소유권이 이전된 경우에는 이전등록한 날부터 31일 이내의 기간으로 함]에 정기검사신청서를 시·도지사에게 제출해야 한다.

49 건설기계의 구조변경검사를 받으려는 자는 주요 구조를 변경 또는 개조한 날부터 며칠 이내에 그 신청서를 시·도지사에게 제출해야 하는가?

① 10일까지　　　　② 20일 이내
③ 30일 이내　　　　④ 60일 이내

해설
건설기계관리법 시행규칙 제25조에 따라 구조변경신청자는 20일 이내에 건설기계구조변경 검사신청서와 관련 서류를 시·도지사에게 제출해야 한다.

50 유압모터의 회전속도가 규정 속도보다 느릴 경우의 원인에 해당하지 않는 것은?

① 유압펌프의 오일 토출량 과다
② 유압유의 유입량 부족
③ 각 작동부의 마모 또는 파손
④ 오일의 내부 누설

해설
유압모터의 회전속도가 규정보다 느리다면 유압펌프의 오일 토출량이 규정된 양보다 적기 때문이다.

51 유압장치의 일상점검 항목이 아닌 것은?

① 오일의 양 점검
② 변질상태 점검
③ 오일의 누유 여부 점검
④ 탱크 내부 점검

해설
탱크(연료탱크)의 외부는 일상점검이 가능하나, 내부는 일상적으로 점검하기 곤란하므로, 연료계통의 문제 발생 시 점검하는 것이 바람직하다.

52 유압장치에서 유압조정밸브의 조정방법은?

① 압력조절밸브가 열리도록 하면 유압이 높아진다.
② 밸브스프링의 장력이 커지면 유압이 낮아진다.
③ 조정 스크루를 조이면 유압이 높아진다.
④ 조정 스크루를 풀면 유압이 높아진다.

해설
유압조정밸브는 조정 스크루(Screw)를 조여서 유량의 흐름을 많게 함으로써 유압을 높일 수 있다.

53 다음 그림과 같이 안쪽은 내·외측 로터로, 바깥쪽은 하우징으로 구성되어 있는 오일펌프는?

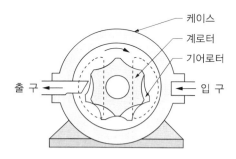

케이스
계로터
기어로터
출 구
입 구

① 기어 펌프
② 베인 펌프
③ 트로코이드 펌프
④ 피스톤 펌프

해설
트로코이드 펌프는 트로코이드 곡선의 형태로 로터가 움직이는 내접식 펌프이다. 안쪽은 내·외측 로터로, 바깥쪽은 하우징으로 구성되어 있다.

54 유압실린더의 작동속도가 느릴 경우 그 원인으로 옳은 것은?

① 엔진오일 교환시기가 경과되었을 때
② 유압회로 내에 유량이 부족할 때
③ 운전실에 있는 가속페달을 작동시켰을 때
④ 릴리프 밸브의 세팅 압력이 높을 때

해설
유압은 유량과 관련이 크므로 유압회로 내에서 유량이 부족하다면 유압실린더의 작동속도는 느리게 된다.

55 다음 유압펌프 중 가장 높은 압력 조건에서 사용할 수 있는 펌프는?

① 기어 펌프
② 로터리 펌프
③ 플런저 펌프
④ 베인 펌프

해설
피스톤 펌프의 형상을 가진 플런저 펌프가 보기 중 가장 높은 압력으로 작동시킬 수 있다.

56 1kW는 몇 PS인가?

① 0.75
② 1.36
③ 75
④ 736

해설
1PS = 735W, 1kW = 1.36PS

57 펌프가 오일을 토출하지 않을 때의 원인으로 틀린 것은?

① 오일탱크의 유면이 낮다.
② 흡입관으로 공기가 유입된다.
③ 토출 측 배관 체결볼트가 이완되었다.
④ 오일이 부족하다.

해설

펌프가 오일을 토출하지 않을 때는 오일탱크에 오일이 부족하거나, 흡입관으로 유체가 아닌 공기가 흡입될 때이다.

59 기관정비 작업 시 엔진블록의 찌든 기름때를 깨끗이 세척하고자 할 때 가장 좋은 용해액은?

① 냉각수   ② 절삭유
③ 솔벤트   ④ 엔진오일

해설

엔진 및 엔진블록의 찌든 기름때는 솔벤트로 세척하면 효과적이다. 솔벤트를 이용한 대표적인 제품으로 매니큐어 제거액, 페인트 시너 등이 있다.

58 다음 공유압 기호가 나타내는 것은?

① 전동기
② 유압펌프
③ 공압모터
④ 오일탱크

해설

유압펌프	공기압 모터	오일탱크
⊕	⊕	⊔

60 파스칼의 원리와 관련된 설명이 아닌 것은?

① 정지 액체에 접하고 있는 면에 가해진 압력은 그 면에 수직으로 작용한다.
② 정지 액체의 한 점에 있어서의 압력의 크기는 전 방향에 대하여 동일하다.
③ 점성이 없는 비압축성 유체에서 압력에너지, 위치에너지, 운동에너지의 합은 같다.
④ 밀폐용기 내의 한 부분에 가해진 압력은 액체 내의 여러 부분에 같은 압력으로 전달된다.

해설

베르누이 법칙 : 점성이 없는 비압축성 유체에서 압력에너지, 위치에너지, 운동에너지의 합은 같다.

01 디젤엔진 연료장치의 분사펌프에서 프라이밍 펌프는 어느 때 사용하는가?

① 출력을 증가시키고자 할 때
② 연료 계통에 공기를 배출할 때
③ 연료의 양을 가감할 때
④ 연료의 분사압력을 측정할 때

해설
프라이밍펌프는 엔진 시동이나 정지 시 연료 계통에 있는 공기를 배출할 때 사용한다.
디젤 분사펌프에서 프라이밍 펌프의 사용 목적
• 엔진을 최초로 기동시킬 때
• 연료 계통에서 공기를 배출시킬 때
• 연료 공급라인의 장착 및 탈착 시 연료탱크에서 분사펌프까지 연결된 연료 라인에 연료를 공급할 때

02 엔진에서 크랭크축의 회전과 관계없이 작동되는 기구는?

① 발전기   ② 캠 샤프트
③ 워터펌프   ④ 스타트 모터

해설
스타트 모터는 기동전동기에 의해서 구동이 된다. 따라서 엔진과 연결된 크랭크축과는 관계가 없다.

03 디젤엔진에서 시동이 되지 않는 원인으로 맞는 것은?

① 연료공급펌프의 연료공급 압력이 높다.
② 가속페달을 밟고 시동하였다.
③ 배터리 방전으로 교체가 필요한 상태이다.
④ 크랭크축 회전속도가 빠르다.

해설
디젤엔진에서 배터리가 방전되었다면 시동 회로에 전원 공급을 할 수 없으므로 시동이 걸리지 않는다. 따라서 배터리를 충전 혹은 교체해야 한다.

04 엔진 과열 시 일어날 수 있는 현상으로 가장 적합한 것은?

① 연료가 응결될 수 있다.
② 실린더헤드의 변형이 발생할 수 있다.
③ 흡・배기밸브의 열림량이 많아진다.
④ 밸브 개폐시기가 빨라진다.

해설
엔진에 과열이 일어나면 실린더헤드가 냉각과정에서 변형될 수 있다.

05 엔진의 맥동적인 회전을 관성력을 이용하여 원활한 회전으로 바꾸어 주는 역할을 하는 것은?

① 크랭크축
② 피스톤
③ 플라이휠
④ 커넥팅로드

해설
플라이휠은 크랭크축의 끝부분에 연결되며, 크랭크의 회전력이 원활히 유지되도록 관성력 부여를 위한 기계요소이다.

1 ② 2 ④ 3 ③ 4 ② 5 ③ **정답**

06 지게차의 일반적인 조향방식은?

① 앞바퀴 조향방식이다.
② 허리꺾기 조향방식이다.
③ 작업조건에 따라 바꿀 수 있다.
④ 뒷바퀴 조향방식이다.

해설
지게차는 일반적으로 뒷바퀴 조향방식이다.

07 작업 중 엔진 온도가 급상승하였을 때 먼저 점검하여야 할 것은?

① 윤활유 점도지수 점검
② 고부하 작업
③ 장기간 작업
④ 냉각수의 양 점검

해설
엔진이 구동 중 온도가 급상승했다면 냉각이 되지 않는 것이므로 냉각수의 양이 부족한지 먼저 점검해야 한다.

08 압력식 라디에이터 캡에 대한 설명으로 옳은 것은?

① 냉각장치 내부압력이 규정보다 낮을 때 공기밸브는 열린다.
② 냉각장치 내부압력이 규정보다 높을 때 진공밸브는 열린다.
③ 냉각장치 내부압력이 부압이 되면 진공밸브는 열린다.
④ 냉각장치 내부압력이 부압이 되면 공기밸브는 열린다.

해설
압력식 라디에이터 캡은 내부압력이 부압이 되면 진공밸브가 열린다.

09 다음 지게차 구조에서 "전장"의 기호는?

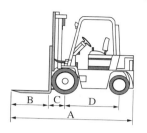

① A
② B
③ C
④ D

해설
① A : 전장
② B : 포크 길이
③ C : 전방 오버행
④ D : 축간거리

10 축전지의 용량을 결정짓는 인자가 아닌 것은?

① 셀당 극판 수
② 극판의 크기
③ 단자의 크기
④ 전해액의 양

해설
축전지의 용량을 결정짓는 인자
• 셀당 극판 수
• 전해액의 양
• 극판의 크기

11 다음 중 엔진오일에 대한 설명으로 가장 알맞은 것은?

① 엔진오일에는 거품이 많이 들어 있는 것이 좋다.
② 엔진오일 순환상태는 오일 레벨 게이지로 확인한다.
③ 겨울보다 여름에는 점도가 높은 오일을 사용한다.
④ 엔진을 시동한 후 유압경고등이 꺼지면 엔진을 멈추고 점검한다.

해설
대기의 온도를 고려해서 엔진오일은 겨울에 점도가 낮고, 여름에 점도가 높은 오일을 사용한다.

12 건설기계의 엔진에서 사용하는 윤활유의 주요 기능이 아닌 것은?

① 기밀작용
② 방청작용
③ 냉각작용
④ 산화작용

해설
엔진용 윤활유는 산화작용을 위해 사용하지 않는다.

13 예열플러그를 빼서 확인해 보았더니 심하게 오염되어 있었다. 그 원인은 무엇인가?

① 불완전연소 또는 노킹
② 엔진과열
③ 플러그의 용량 과다
④ 냉각수 부족

해설
예열플러그 오염 원인으로 불완전연소와 노킹이 있다.

14 기동전동기 솔레노이드 작동시험이 아닌 것은?

① 풀인 시험
② 솔레노이드 복원력 시험
③ 전기자 전류 시험
④ 홀드인 시험

해설
기동전동기의 솔레노이드 작동시험은 풀인, 전기자 전류, 홀드인 시험이 있다.

15 흡 · 배기밸브의 구비조건이 아닌 것은?

① 열전도성이 좋을 것
② 열에 대한 팽창률이 작을 것
③ 열에 대한 저항력이 작을 것
④ 가스에 견디고, 고온에 잘 견딜 것

해설
흡기와 배기밸브는 연소실에서 발생되는 고온의 열에 견디기 위해 열적 저항력이 커야 한다.

16 디젤엔진에서 터보차저를 부착하는 목적으로 맞는 것은?

① 엔진의 유효압력을 낮추기 위해서
② 엔진의 냉각을 위해서
③ 엔진의 출력을 증대시키기 위해서
④ 배기 소음을 줄이기 위해서

해설
디젤엔진에서 흡기다기관으로 흡입되는 공기량을 늘려서 엔진의 출력을 증대시키기 위해 터보차저를 사용한다.

17 축전지 터미널에 부식이 발생하였을 때 나타나는 현상과 거리가 먼 것은?

① 기동전동기의 회전력이 작아진다.
② 엔진 크랭킹이 잘되지 않는다.
③ 전압강하가 발생된다.
④ 시동스위치가 손상된다.

해설
축전지 터미널에 부식이 발생한다고 해도 차량 실내에 위치한 시동스위치가 손상되지는 않는다.

18 공유압 기호 중 그림이 나타내는 것은?

① 유압동력원
② 공기압 동력원
③ 전동기
④ 원동기

해설

유압동력원	공압동력원
▶—	▷—

19 유압모터의 특징과 거리가 먼 것은?

① 소형으로 강력한 힘을 낼 수 있다.
② 과부하에 대해 안전하다.
③ 정·역회전 변화가 불가능하다.
④ 무단변속이 용이하다.

해설
유압모터는 정·역회전이 모두 가능하다.

20 유압유의 점도에 대한 설명으로 틀린 것은?

① 온도가 상승하면 점도는 저하된다.
② 점성의 정도를 나타내는 척도이다.
③ 온도가 내려가면 점도는 높아진다.
④ 점성계수를 밀도로 나눈 값이다.

해설
점성계수(점도)를 밀도로 나눈 값은 "점도"가 아니라 "동점도"이다.

21 지게차의 체인장력 조정법이 아닌 것은?

① 조정 후 로크너트를 로크시키지 않는다.
② 좌우 체인이 동시에 평행한가를 확인한다.
③ 포크를 지상에서 10~15cm 올린 후 조정한다.
④ 손으로 체인을 눌러보아 양쪽이 다르면 조정너트로 조정한다.

해설
체인의 장력 조정 후 로크너트는 반드시 고정(로크)시켜 풀림을 방지해야 한다.

22 토크컨버터 구성품 중 스테이터의 기능으로 옳은 것은?

① 오일의 방향을 바꾸어 회전력을 증대시킨다.
② 토크컨버터의 동력을 전달 또는 차단한다.
③ 오일의 회전속도를 감속하여 견인력을 증대시킨다.
④ 클러치판의 마찰력을 감소시킨다.

해설
스테이터는 오일의 흐름 방향을 반대로 바꿔 줌으로써 회전력을 증대시킨다.

23 타이어에서 고무로 피복된 코드를 여러 겹으로 겹친 층에 해당되며, 타이어 골격을 이루는 부분은?

① 카커스(Carcass)부
② 트레드(Tread)부
③ 숄더(Shoulder)부
④ 비드(Bead)부

해설
카커스(Carcass)는 타이어에서 고무로 피복된 코드를 여러 겹으로 겹친 층으로, 타이어의 골격을 이루어 충격 흡수와 외부 충격에 견디는 기능을 한다.

24 건설기계의 전조등 성능을 유지하기 위하여 가장 좋은 방법은?

① 단선으로 한다.
② 복선식으로 한다.
③ 축전지와 직결시킨다.
④ 굵은선으로 갈아 끼운다.

해설
접지 쪽에 병렬로 연결하는 복선식은 큰 전류가 흐르는 회로에 사용해도 안정성이 좋아서 전조등의 성능을 유지하기가 좋다.

25 전조등 회로의 구성요소에 속하지 않는 것은?

① 퓨 즈
② 디머 스위치
③ 라이트 스위치
④ 토크 컨버터

해설
토크 컨버터는 동력전달장치인 자동변속기에 적용되는 기계장치이다.

26 현가장치가 갖추어야 할 기능이 아닌 것은?

① 승차감의 향상을 위해 상하 움직임에 적당한 유연성이 있어야 한다.
② 원심력이 발생되어야 한다.
③ 주행 안정성이 있어야 한다.
④ 구동력 및 제동력 발생 시 적당한 강성이 있어야 한다.

해설
현가장치는 차체의 안정성을 위해 원심력이 발생되지 않도록 해야 한다.

27 타이어식 건설기계에서 조향 바퀴의 토인을 조정하는 것은?

① 핸 들
② 타이로드
③ 웜기어
④ 드래그링크

해설
조향 바퀴의 토인은 타이로드와 연결된 너트를 조이거나 풀면서 조정한다.

28 조향 핸들의 유격이 커지는 원인과 관계없는 것은?

① 피트먼 암의 헐거움
② 타이어 공기압 과대
③ 조향기어, 조향링키지 조정 불량
④ 앞바퀴 베어링 과대 마모

해설
조향 핸들의 유격과 타이어 공기압의 크기는 서로 관련성이 적다.

29 지게차의 일반적인 조향방식은?

① 앞바퀴 조향방식이다.
② 허리꺾기 조향방식이다.
③ 작업조건에 따라 바꿀 수 있다.
④ 뒷바퀴 조향방식이다.

해설
지게차는 일반적으로 뒷바퀴 조향방식이다.

30 건설기계관리법에 따른 지게차(1ton 이상, 연식 20년 이하)의 정기검사 유효기간은?

① 2년
② 4년
③ 3년
④ 1년

해설
1ton 이상인 지게차의 정기검사는 연식이 20년 이하인 것은 2년, 연식이 20년을 초과한 것은 1년(검사 유효기간)마다 받는다(건설기계관리법 시행규칙 [별표 7]).

31 브레이크 라이닝의 표면이 과열되어 마찰계수가 저하되고 브레이크 효과가 나빠지는 현상은?

① 브레이크 페이드 현상
② 언더스티어링 현상
③ 하이드로플레이닝 현상
④ 캐비테이션 현상

해설
브레이크 페이드 현상은 브레이크 라이닝의 과열로 마찰계수가 저하되어 브레이크 성능이 나빠지는 것이다.

32 지게차로 화물을 싣고 경사지에서 주행할 때 안전상 올바른 운전방법은?

① 포크를 높이 들고 주행한다.
② 내려갈 때에는 저속 후진한다.
③ 내려갈 때에는 변속 레버를 중립에 놓고 주행한다.
④ 내려갈 때에는 시동을 끄고 타력으로 주행한다.

해설
지게차로 화물을 싣고 경사지에서 주행할 때는 저속으로 후진하여 내려가야 한다.

33 다음 중 화물을 적재하거나 하역할 때 가장 먼저 확인할 사항은?

① 화물의 가격
② 화물의 무게중심
③ 화물의 구매자
④ 지게차의 색상

해설
지게차로 화물을 적재하거나 하역할 때 가장 먼저 해야 할 일은 화물의 무게중심을 확인하는 것이다.

34 1년 이하의 징역 또는 1,000만원 이하의 벌금에 해당하지 않는 것은?

① 건설기계를 도로나 타인의 토지에 방치한 자
② 등록되지 아니한 건설기계를 사용하거나 운행한 자
③ 조종사 면허를 받지 아니하고 건설기계를 조종한 자
④ 조종사 면허가 취소된 후에도 건설기계를 계속해서 조종한 자

해설
등록되지 아니한 건설기계를 사용하거나 운행한 자는 2년 이하의 징역 또는 2,000만원 이하의 벌금형에 처한다(건설기계관리법 제40조제1호).

35 국토교통부장관이 실시하는 건설기계 정밀진단을 받아 내구연한을 신청하는 경우 몇 년 단위로 연장할 수 있는가?

① 1년
② 3년
③ 5년
④ 10년

해설
국토교통부장관이 실시하는 건설기계 정밀진단을 받아 안전운행이 인정되는 경우에는 그 내구연한을 3년 단위로 연장할 수 있다(건설기계관리법 제20조의3제2항 단서).

36 다음 중 긴급자동차가 아닌 것은?

① 소방자동차

② 구급자동차

③ 그 밖에 대통령령으로 정하는 자동차

④ 긴급배달 우편물 운송차 뒤를 따라가는 자동차

해설

긴급배달 우편물 운송차 뒤를 따라간다고 해서 긴급자동차는 아니다.

긴급자동차(도로교통법 제2조제22호)

다음의 자동차로서 그 본래의 긴급한 용도로 사용되고 있는 자동차

• 소방차

• 구급차

• 혈액 공급차량

• 그 밖에 대통령령으로 정하는 자동차

37 주정차가 금지되어 있지 않은 장소는?

① 교차로　　　　② 건널목

③ 횡단보도　　　④ 경사로의 정상 부근

해설

경사로의 정상 부근은 횡단보도나 교차로가 아니라면 주차나 정차를 해도 된다.

정차 및 주차 금지 장소(도로교통법 제32조)

• 교차로・횡단보도・건널목이나 보도와 차도가 구분된 도로의 보도(주차장법에 따라 차도와 보도에 걸쳐서 설치된 노상주차장은 제외)

• 교차로의 가장자리나 도로의 모퉁이로부터 5m 이내인 곳

• 안전지대가 설치된 도로에서는 그 안전지대의 사방으로부터 각각 10m 이내인 곳

• 버스여객자동차의 정류지(停留地)임을 표시하는 기둥이나 표지판 또는 선이 설치된 곳으로부터 10m 이내인 곳. 다만, 버스여객자동차의 운전자가 그 버스여객자동차의 운행시간 중에 운행노선에 따르는 정류장에서 승객을 태우거나 내리기 위하여 차를 정차하거나 주차하는 경우에는 그러하지 아니하다.

• 건널목의 가장자리 또는 횡단보도로부터 10m 이내인 곳

• 다음의 곳으로부터 5m 이내인 곳

  − 소방기본법에 따른 소방용수시설 또는 비상소화장치가 설치된 곳

  − 소방시설 설치 및 관리에 관한 법률에 따른 소방시설로서 대통령령으로 정하는 시설이 설치된 곳

• 시・도경찰청장이 도로에서의 위험을 방지하고 교통의 안전과 원활한 소통을 확보하기 위하여 필요하다고 인정하여 지정한 곳

• 시장 등이 법 제12조제1항에 따라 지정한 어린이 보호구역

38 도로교통법에 의한 통고처분의 수령을 거부하거나 범칙금을 기간 안에 납부하지 못한 자는 어떻게 처리되는가?

① 면허의 효력이 정지된다.

② 면허증이 취소된다.

③ 연기신청을 한다.

④ 즉결심판에 회부된다.

해설

통고처분의 수령 거부 및 범칙금을 기간 내에 미납부한 자는 즉결심판에 회부된다(도로교통법 제165조).

39 4차선 고속도로에서 건설기계의 최저속도는?

① 30km/h

② 50km/h

③ 60km/h

④ 80km/h

해설

4차선 고속도로에서 건설기계의 최저속도는 50km/h이다(도로교통법 시행규칙 제19조제1항제3호).

40 기어식 유압펌프에서 회전수가 변하면 가장 크게 변화되는 것은?

① 오일압력

② 회전 경사단의 각도

③ 오일 흐름 용량

④ 오일 흐름 방향

해설

기어식 유압펌프에서 회전수(rpm)가 변하면, 유체의 토출량(오일의 흐름량)도 변화된다.

정답 36 ④　37 ④　38 ④　39 ②　40 ③

41 건설기계조종사면허를 받지 아니하고, 건설기계를 조종한 자에 대한 처벌기준은?

① 1년 이하의 징역 또는 1,000만원 이하의 벌금
② 6개월 이하의 징역 또는 100만원 이하의 벌금
③ 100만원 이하의 벌금
④ 50만원 이하의 과태료

해설
건설기계조종사면허를 받지 아니하고 건설기계를 운전한 자는 1년 이하의 징역이나 1,000만원 이하의 벌금을 내야 한다(건설기계관리법 제41조제14호).

42 전기선로 주변에서 지게차 작업 중 활선에 접촉하여 사고가 발생하였을 경우 조치 요령으로 가장 거리가 먼 것은?

① 사고 당사자가 모든 상황을 처리한 후 상사인 안전담당자 및 작업 관계자에게 통보한다.
② 발생개소, 정돈, 진척 상태를 정확히 파악하여 조치한다.
③ 이상 상태 확대 및 재해 방지를 위한 조치 강구 등의 응급조치를 한다.
④ 재해가 더 이상 확대되지 않도록 응급 상황에 대처한다.

43 건설기계 소유자에게 등록번호표 제작명령을 할 수 있는 기관의 장은?

① 국토교통부장관
② 행정안전부장관
③ 경찰청장
④ 시 · 도지사

해설
시 · 도지사는 건설기계 소유자에게 등록번호표 제작을 명령하여야 한다(건설기계관리법 시행규칙 제17조제1항).

44 엔진이 작동되는 상태에서 점검 가능한 사항이 아닌 것은?

① 냉각수의 온도
② 충전상태
③ 엔진오일의 압력
④ 엔진오일량

해설
엔진오일량은 엔진 작동 전에 점검할 사항이다.

45 타이어식 건설기계에서 전후 주행이 되지 않을 때 점검하여야 할 곳으로 틀린 것은?

① 타이로드 엔드를 점검한다.
② 변속 장치를 점검한다.
③ 유니버설 조인트를 점검한다.
④ 주차브레이크 잠김 여부를 점검한다.

해설
타이로드 엔드는 조향계통과 관련 있는 기계부품으로 주행을 위한 점검사항은 아니다.

46 액추에이터의 운동 속도를 조정하기 위하여 사용되는 밸브는?

① 압력제어 밸브
② 온도제어 밸브
③ 유량제어 밸브
④ 방향제어 밸브

해설
유량제어 밸브는 유체의 흐름량을 제어함으로써 액추에이터(작동체)의 속도를 제어한다. 유량을 많게 하면 운동속도는 빨라진다.

47 진공식 제동 배력 장치의 설명 중에서 옳은 것은?

① 진공 밸브가 새면 브레이크가 전혀 들지 않는다.
② 릴레이 밸브의 다이어프램이 파손되면 브레이크가 들지 않는다.
③ 릴레이 밸브 피스톤 컵이 파손되어도 브레이크는 듣는다.
④ 하이드롤릭 피스톤의 체크 볼이 밀착 불량이면 브레이크가 듣지 않는다.

해설
진공식 제동 배력 장치는 릴레이 밸브 피스톤 컵이 파손되어도 브레이크는 작동된다.

48 파워스티어링에서 핸들이 무거워 조향하기 힘든 상태일 때의 원인으로 맞는 것은?

① 바퀴가 습지에 있다.
② 조향펌프에 오일이 부족하다.
③ 볼 조인트의 교환시기가 되었다.
④ 핸들 유격이 크다.

해설
파워스티어링에서 핸들이 무거워진 이유는 조향펌프의 오일이 부족해서 작동압력이 낮아졌기 때문이다.

49 연 100만 근로시간당 몇 건의 재해가 발생했는가의 재해율 산출을 무엇이라 하는가?

① 연천인율
② 도수율
③ 강도율
④ 천인율

해설
도수율은 연 100만 근로시간당 몇 건의 재해가 발생했는지를 산출한 수치이다(산업재해통계업무처리규정 제3조제1항제4호).

$$도수율(빈도율) = \frac{재해건수}{연근로시간수} \times 1,000,000$$

50 운전 중 갑자기 계기판에 충전 경고등이 점등되었다. 그 의미로 맞는 것은?

① 정상적으로 충전이 되고 있음을 나타낸다.
② 충전이 되지 않고 있음을 나타낸다.
③ 충전계통에 이상이 없음을 나타낸다.
④ 주기적으로 점등되었다가 소등되는 것이다.

해설
계기판에 충전 경고등이 들어왔다면 이는 현재 충전이 되지 않고 있음을 지시하는 것이다.

51 대형 지게차의 마스트를 기울일 때 갑자기 시동이 정지되면 어떤 밸브가 작동하여 그 상태를 유지하는가?

① 틸트록 밸브
② 스로틀 밸브
③ 리프트 밸브
④ 틸트 밸브

해설
틸트록 밸브는 엔진 정지 시 마스트가 갑자기 기우는 것을 방지하는 안전밸브의 일종이다.

52 "방향"을 나타내는 도로명주소 도로명판으로 알맞지 않은 것은?

① 한 방향용 기점

② 한 방향용 종점

③ 앞쪽 방향용

④ 양방향용

해설
③의 표지는 예고용 도로명판이다.

앞쪽 방향용 도로명판   예고용 도로명판

53 산업안전보건법령상 안전보건표지에서 색채와 용도가 다르게 짝지어진 것은?

① 파란색 – 지시
② 녹색 – 안내
③ 노란색 – 위험
④ 빨간색 – 금지, 경고

해설
노란색은 경고를 의미한다(산업안전보건법 시행규칙 [별표 8]).

54 다음 중 연소의 3요소가 아닌 것은?

① 가연성물질
② 질 소
③ 점화원
④ 산 소

해설
연소의 3요소에는 "가연성물질"인 탈 것과 "산소", "점화원"인 불꽃이 필요하나 질소는 필요하지 않다.
연소의 3요소
• 가연성물질
• 산소(공기)
• 점화원

55 안전보건표지의 종류와 형태에서 그림의 안전표지판이 나타내는 것은?

① 보행금지   ② 작업금지
③ 출입금지   ④ 사용금지

해설
그림은 사용을 금지하는 안전표지이다(산업안전보건법 시행규칙 [별표 6]).

56 하인리히의 사고예방원리 5단계를 순서대로 나열한 것은?

① 조직, 사실의 발견, 평가분석, 시정책의 선정, 시정책의 적용

② 시정책의 적용, 조직, 사실의 발견, 평가분석, 시정책의 선정

③ 사실의 발견, 평가분석, 시정책의 선정, 시정책의 적용, 조직

④ 시정책의 선정, 시정책의 적용, 조직, 사실의 발견, 평가분석

해설
하인리히의 사고예방원리 5단계
• 1단계 : 조직
• 2단계 : 사실의 발견
• 3단계 : 평가분석
• 4단계 : 시정책의 선정
• 5단계 : 시정책의 적용

57 벨트에 대한 안전사항으로 틀린 것은?

① 벨트의 이음쇠는 돌기가 없는 구조로 한다.

② 벨트를 걸 때나 벗길 때에는 기계를 정지한 상태에서 실시한다.

③ 벨트가 풀리에 감겨 돌아가는 부분은 커버나 덮개를 설치한다.

④ 바닥면으로부터 2m 이내에 있는 벨트는 덮개를 제거한다.

해설
바닥면에서 2m 이내에 있는 벨트는 작업자에게 위험을 주는 높이이므로 반드시 덮개가 설치되어 있어야 한다.

58 화재 발생으로 부득이하게 화염이 있는 곳을 통과하고자 할 때의 요령으로 틀린 것은?

① 몸을 낮게 엎드려서 통과한다.

② 물수건으로 입을 막고 통과한다.

③ 머리카락, 얼굴, 발, 손 등을 불과 닿지 않게 한다.

④ 뜨거운 김은 입으로 마시면서 통과한다.

해설
화재 발생 시 화염이 있는 곳에서는 유해가스 및 뜨거운 김 등을 들이마시지 않도록 거즈나 옷 등으로 입을 막고 빠르게 대피공간으로 이동해야 한다.

59 다음 중 금속나트륨이나 금속칼륨 화재의 소화제로서 가장 적합한 것은?

① 물

② 건조사

③ 분말소화기

④ 할론소화기

해설
금속나트륨이나 금속칼륨 화재용 소화제로는 산소와의 접촉을 차단시키는 건조사가 가장 적합하다.

60 무거운 짐을 이동할 때 적당하지 않은 것은?

① 힘겨우면 기계를 이용한다.

② 기름이 묻은 장갑을 끼고 한다.

③ 지렛대를 이용한다.

④ 2인 이상이 작업할 때는 힘센 사람과 약한 사람과의 균형을 잡는다.

해설
무거운 짐을 들고 이동시킬 때는 코팅된 장갑을 착용하여 미끄러짐이 없도록 해야 한다. 기름이 묻은 장갑을 끼면 미끄러져서 사고가 발생할 수 있다.

01 디젤엔진에서 조속기가 하는 역할은?

① 분사시기 조정
② 분사량 조정
③ 분사압력 조정
④ 착화성 조정

해설
조속기(거버너)는 분사량을 조절하여 엔진의 회전속도를 제어한다.

02 연료의 세테인값과 가장 밀접한 관련이 있는 것은?

① 열효율   ② 폭발압력
③ 착화성   ④ 인화성

해설
세테인값은 디젤엔진의 앤티노크성을 측정하는 척도로 착화성과 관련 있다.
※ 앤티노크성 : 노킹이 일어나지 않는 성질

03 2행정 디젤엔진의 소기방식에 속하지 않는 것은?

① 루프 소기식   ② 횡단 소기식
③ 복류 소기식   ④ 단류 소기식

해설
소기란 2행정 사이클에서 연소된 가스를 연소실에서 내보내고 다시 새로운 기체로 채우는 작업으로 복류 소기식 방식은 이에 속하지 않는다.
2행정 디젤엔진의 소기방식
• 루프 소기식
• 횡단 소기식
• 단류 소기식

04 디젤엔진과 관련이 없는 것은?

① 착 화
② 점 화
③ 예열플러그
④ 세테인값

해설
디젤엔진은 디젤연료의 자기착화로 연소가 발생되므로 스파크플러그와 같은 불꽃발생장치가 필요 없다.

05 디젤엔진에서 연료 라인에 공기가 혼입되었을 때의 현상으로 가장 적절한 것은?

① 분사압력이 높아진다.
② 디젤노크가 일어난다.
③ 연료 분사량이 많아진다.
④ 엔진 부조현상이 발생된다.

해설
연료 라인에 공기가 혼합되면 완전연소가 일어나지 못하면서 엔진(기관)이 떨리는 부조현상이 발생된다.

1 ② 2 ③ 3 ③ 4 ② 5 ④ **정답**

06 피스톤링에 대한 설명으로 틀린 것은?

① 오일을 제거하고, 피스톤의 냉각에 기여한다.
② 내열성 및 내마모성이 좋아야 한다.
③ 높은 온도에서 탄성을 유지해야 한다.
④ 실린더블록의 재질보다 경도가 높아야 한다.

해설
피스톤링은 실린더블록의 재질보다 경도가 낮아야 한다. 만일 경도가 높으면 마찰 시 실린더블록에 손상을 줄 수 있다.

07 디젤엔진의 연소실에는 연료가 어떤 상태로 공급되는가?

① 기화기와 같은 기구를 사용하여 연료를 공급한다.
② 노즐로 연료를 안개와 같이 분사한다.
③ 가솔린엔진과 동일한 연료 공급펌프로 공급한다.
④ 액체 상태로 공급한다.

해설
디젤엔진의 연소실에 연료는 분사노즐을 통해서 무화(안개)를 일으키며 분사시켜 공급함으로써 모든 연소공간에서 연소가 고르게 이루어지게 한다.

08 라디에이터(Radiator)에 대한 설명으로 틀린 것은?

① 라디에이터의 재료 대부분은 알루미늄합금이 사용된다.
② 단위 면적당 방열량이 커야 한다.
③ 냉각효율을 높이기 위해 방열판이 설치된다.
④ 공기 흐름 저항이 커야 냉각효율이 높다.

해설
라디에이터는 공기가 잘 흘러야 새로운 공기가 들어와 냉각 작용을 하므로 공기의 흐름 저항이 커서는 안 된다. 흐름 저항이 크면 라디에이터에 외력이 작용해서 고장을 발생시킬 수 있다.

09 디젤엔진을 가동시킨 후 충분한 시간이 지났는데도 냉각수 온도가 정상적으로 상승하지 않을 경우 그 고장의 원인이 될 수 있는 것은?

① 냉각팬 벨트의 헐거움
② 수온조절기가 열린 채 고장
③ 물 펌프의 고장
④ 라디에이터 코어의 막힘

해설
디젤엔진 운전 중 냉각수 온도가 상승하지 않는다면 수온조절기의 고장을 살펴봐야 한다.

10 MF(Maintenance Free) 축전지에 대한 설명으로 적합하지 않은 것은?

① 격자의 재질은 납과 칼슘합금이다.
② 무보수용 배터리다.
③ 밀봉 촉매 마개를 사용한다.
④ 증류수는 매 15일마다 보충한다.

해설
MF는 Maintenance(정비) + Free(자유로움)의 약자이며, 유지하기 편하다는 장점이 있다. 또한 MF 축전지는 증류수를 보충할 필요가 없다.

11 4행정 사이클 엔진의 윤활방식 중 피스톤과 피스톤핀까지 윤활유를 압송하여 윤활하는 방식은?

① 압력식
② 압송식
③ 비산식
④ 압송 비산식

해설
압송식(전압송식)은 오일펌프로 윤활유를 흡입한 뒤 압력을 가하여 윤활부로 공급하는 압송급유방식이다.

12 엔진오일의 점도지수가 낮은 경우 온도변화에 따른 점도변화는?

① 온도에 따른 점도변화가 작다.
② 온도에 따른 점도변화가 크다.
③ 점도가 수시로 변화한다.
④ 온도와 점도는 무관하다.

해설
엔진오일의 점도지수가 낮으면 저항력도 낮아지므로 온도에 따른 점도의 변화가 크다.

13 건설기계에서 시동전동기가 회전이 안 될 경우 점검할 사항이 아닌 것은?

① 축전지의 방전 여부
② 배터리 단자의 접촉 여부
③ 팬벨트의 이완 여부
④ 배선의 단선 여부

해설
시동전동기가 구동되지 않는다면 축전지에서 전원 공급이 불안정하다는 것이므로, 축전지의 방전 여부, 단자의 접촉 불량, 배선의 단선 상태를 살펴봐야 한다.

14 건설기계장비가 시동이 되지 않아 시동장치를 점검하고 있다. 적절하지 않은 것은?

① 마그넷 스위치 점검
② 기동전동기의 고장 여부 점검
③ 발전기의 성능 점검
④ 축전지의 (+)선 접촉상태 점검

해설
건설장비가 시동되지 않으면 시동작업과 직접적으로 관련이 있는 축전지의 전선 결선상태, 기동전동기의 고장 여부, 마그넷 스위치를 점검해야 한다. 발전기의 성능은 축전지가 정상 충전되지 않을 경우에 점검하면 된다.

15 디젤엔진 연료여과기에 설치된 오버플로 밸브(Overflow Valve)의 기능이 아닌 것은?

① 여과기의 각 부분 보호
② 연료공급펌프의 소음발생 억제
③ 운전 중 공기 배출 작용
④ 인젝터의 연료분사시기 제어

해설
오버플로 밸브는 인젝터의 연료분사시기를 제어하지 않는다. 인젝터의 연료분사시기는 인젝터 솔레노이드코일의 통전시간에 의해 제어된다.

16 디젤엔진에서 공기유량센서(AFS)의 방식은?

① 맵(MAP)센서 방식
② 베인 방식
③ 열막 방식
④ 칼만와류 방식

해설
디젤엔진은 칼만와류식 센서로 공기유량(AF ; Air Flow)을 측정한다.

17 축전지의 용량만을 크게 하는 방법으로 맞는 것은?

① 직렬연결법
② 병렬연결법
③ 직·병렬연결법
④ 논리회로연결법

해설
축전지의 용량만을 크게 하려면 전기선을 병렬로 연결한다.

18 다음 유압기호가 나타내는 것은?

① 릴리프 밸브   ② 감압 밸브
③ 순차 밸브   ④ 무부하 밸브

해설
무부하 밸브는 그림에서 점선 방향으로 부하가 발생되면 유체가 흘러서 관로를 일치시키면서 유체를 통과시킨다.

19 유압 계통에 사용되는 오일의 점도가 너무 낮을 경우 나타날 수 있는 현상이 아닌 것은?

① 시동 저항 증가
② 펌프 효율 저하
③ 오일 누설 증가
④ 유압회로 내 압력 저하

해설
오일의 점도가 낮으면 유체의 유동에 대한 저항력이 낮아져서 시동 저항도 낮아진다.

20 펌프가 오일을 토출하지 않을 때의 원인으로 틀린 것은?

① 오일탱크의 유면이 낮다.
② 흡입관으로 공기가 유입된다.
③ 토출 측 배관 체결볼트가 이완되었다.
④ 오일이 부족하다.

해설
토출 측 배관의 체결볼트가 이완되면 그 사이로 유체가 누설될 뿐, 토출은 된다고 판단할 수 있다. 펌프가 오일을 토출하지 않을 때는 오일탱크에 오일량이 부족하거나, 흡입관으로 유체가 아닌 공기가 흡입될 때이다.

21 토크컨버터가 유체클러치와 구조상 다른 점은?

① 임펠러
② 터 빈
③ 스테이터
④ 펌 프

해설

토크컨버터에서 유체의 흐름을 바꿔 주는 스테이터가 유체 클러치에는 없다. 토크컨버터는 임펠러, 터빈, 스테이터 등 3가지 요소로 구성된다. 스테이터는 유체의 흐름 방향을 바꾸는데, 반대 방향의 토크를 발생시키면서 동시에 출력 토크는 엔진 토크의 몇 배 이상으로 증가시키는 역할을 한다.

22 추진축의 각도 변화를 가능하게 하는 이음은?

① 자재 이음
② 슬립 이음
③ 플랜지 이음
④ 등속 이음

해설

자재 이음은 유니버설 조인트라고도 불리는 동력전달장치로, 각도가 있는 두 축 사이의 동력전달도 가능하다.

23 야간작업 시 헤드라이트가 한쪽만 점등되었다. 고장 원인으로 가장 거리가 먼 것은?

① 헤드라이트 스위치 불량
② 전구 접지불량
③ 한쪽 회로의 퓨즈 단선
④ 전구 불량

해설

헤드라이트가 한쪽만 점등되었다는 것은 스위치는 정상 작동했다는 것이므로 고장은 아니다.

24 야간에 차가 서로 마주 보고 진행하는 경우의 등화 조작 방법 중 맞는 것은?

① 전조등, 보호등, 실내조명등을 조작한다.
② 전조등을 켜고 보조등을 끈다.
③ 전조등 불빛을 하향으로 한다.
④ 전조등 불빛을 상향으로 한다.

해설

야간주행 시 마주 오는 차량이 있을 때 전조등은 하향으로 하는 등 상대 차량 운전자의 시야를 방해하지 않아야 한다.
차와 노면전차의 등화(도로교통법 제37조제2항)
모든 차 또는 노면전차의 운전자는 밤에 차 또는 노면전차가 서로 마주 보고 진행하거나 앞차의 바로 뒤를 따라가는 경우에는 대통령령으로 정하는 바에 따라 등화의 밝기를 줄이거나 잠시 등화를 끄는 등의 필요한 조작을 하여야 한다.

25 전조등 회로에서 퓨즈의 접촉이 불량할 때 나타나는 현상으로 옳은 것은?

① 전류의 흐름이 나빠지고 퓨즈가 끊어질 수 있다.
② 기동전동기가 파손된다.
③ 전류의 흐름이 일정하게 된다.
④ 전압이 과대하게 흐르게 된다.

해설

전조등 회로에서 퓨즈가 접촉 불량이면 전류의 흐름이 나빠지고 결국 필라멘트가 끊어질 수 있다.

21 ③ 22 ① 23 ① 24 ③ 25 ① **정답**

26 회로의 전압이 12V이고, 저항이 6Ω일 때 전류는 얼마인가?

① 1A   ② 2A
③ 3A   ④ 4A

해설

회로의 I(전류) $= \dfrac{V(전압)}{R(저항)}$ 이므로,

$I = \dfrac{12V}{6\Omega} = 2A$

27 타이어의 트레드에 대한 설명으로 틀린 것은?

① 트레드가 마모되면 구동력과 선회능력이 저하된다.
② 트레드가 마모되면 지면과의 접촉 면적이 크게 됨으로써 마찰력이 증대되어 제동성능은 좋아진다.
③ 타이어의 공기압이 높으면 트레드의 양단부보다 중앙부의 마모가 크다.
④ 트레드가 마모되면 열의 발산이 불량하게 된다.

해설

타이어 트레드가 마모되면 지면과의 접촉 면적이 작아져서 마찰력은 감소된다. 이에 따라 제동성능도 떨어지게 된다.

28 타이어식 건설기계에서 조향바퀴의 토인을 조정하는 것은?

① 핸 들   ② 타이로드
③ 웜기어   ④ 드래그링크

해설

조향바퀴의 토인은 타이로드를 조정하면서 조정할 수 있다.

타이로드 엔드
타이로드

29 유압장치에 부착되어 있는 오일탱크의 부속장치가 아닌 것은?

① 주입구 캡
② 유면계
③ 배 플
④ 피스톤로드

해설

피스톤로드(커넥팅로드)는 엔진(기관)에서 피스톤헤드와 크랭크축을 연결하는 기계요소이다.

[커넥팅로드]

30 자동변속기의 과열 원인이 아닌 것은?

① 메인 압력이 높다.
② 과부하 운전을 계속하였다.
③ 오일 수준이 높다.
④ 변속기 오일 쿨러가 막혔다.

해설

오일 수준이 높으면 오일은 충분해서 변속기는 과열되지 않는다. 반대로 수준이 낮아서 오일이 부족하면 변속기의 방열 능력이 떨어져서 과열의 원인이 된다.

31 전자제어 제동장치(ABS)의 구성요소가 아닌 것은?

① 휠 스피드 센서
② 전자제어유닛
③ 하이드롤릭 컨트롤 유닛
④ 각속도 센서

해설
각속도 센서는 엔진(기관)의 제어용 장치로 전자제어 제동장치용 필수 장치로 사용되지 않는다.

32 코먼레일 디젤엔진의 연료장치 시스템에서 출력요소는?

① 공기 유량 센서
② 인젝터
③ 엔진 ECU
④ 브레이크 스위치

해설
연료장치 시스템에서 출력은 곧 연료의 분사를 의미한다. 코먼레일 디젤엔진의 연료장치에서 연료는 인젝터에서 연소실로 분사된다.

33 지게차의 적재방법으로 틀린 것은?

① 화물을 올릴 때는 포크를 수평으로 한다.
② 화물을 올릴 때는 가속페달을 밟는 동시에 레버를 조작한다.
③ 포크로 물건을 찌르거나 물건을 끌어서 올리지 않는다.
④ 화물이 무거우면 사람이나 중량물로 밸런스 웨이트를 삼는다.

해설
지게차는 화물이 무거울 때 무게중심을 맞추기 위해 평형추(무게중심추, 카운터웨이트)를 지게차의 뒷부분에 장착한다. 사람의 무게나 중량물은 오히려 무게중심을 앞으로 쏠리게 만들어 무게중심을 맞출 수 없다.
평형추(무게중심추, 카운터웨이트) : 지게차의 앞부분에 장착된 포크로 화물을 들어 올릴 때 무게중심이 앞으로 쏠리지 않도록 균형 유지를 위해 지게차의 뒷부분에 장착한 쇳덩이다.

34 4행정 엔진에서 1사이클을 완료할 때 크랭크축은 몇 회전하는가?

① 1회전
② 2회전
③ 3회전
④ 4회전

해설
4행정 엔진은 "흡입 → 압축 → 폭발 → 배기"의 4행정을 1사이클 (Cycle)로 마치면서 동력을 발생시킨다. 이때 크랭크축은 2회전하는데, "흡입 → 압축" = 1회전과 "폭발 → 배기" = 1회전으로 구성된다.

35 지게차 주행 시 주의하여야 할 사항 중 틀린 것은?

① 짐을 싣고 주행할 때는 절대로 속도를 내서는 안 된다.
② 노면의 상태에 충분한 주의를 하여야 한다.
③ 포크의 끝을 밖으로 경사지게 한다.
④ 적하장치에 사람을 태워서는 안 된다.

해설
지게차 주행 시 포크의 끝은 안으로(운전석 쪽) 경사지게 해야 한다.

36 진로를 변경하고자 할 때 운전자가 지켜야 할 사항으로 틀린 것은?

① 신호는 행위가 끝날 때까지 계속하여야 한다.
② 방향지시기로 신호를 한다.
③ 손이나 등화로도 신호를 할 수 있다.
④ 제한속도에 관계없이 최단시간 내에 진로변경을 하여야 한다.

해설
운전자는 제한속도의 범위 내에서 진로변경을 해야 한다.

37 타이어식 건설기계의 좌석안전띠는 속도가 몇 km/h 이상일 때 설치하여야 하는가?

① 10km/h
② 30km/h
③ 40km/h
④ 50km/h

해설
타이어식 건설기계의 최대속도가 30km/h 이상일 때 좌석안전띠를 설치해야 한다(건설기계 안전기준에 관한 규칙 제150조제1항).

38 도로교통법상 폭우·폭설·안개 등으로 가시거리가 100m 이내일 때 최고속도의 감속으로 맞는 것은?

① 20%   ② 50%
③ 60%   ④ 80%

해설
폭우나 폭설 등에 의해 가시거리가 100m 이내일 때는 최고속도의 50%를 감속해서 운전해야 한다(도로교통법 시행규칙 제19조제2항제2호).

39 그림의 교통안전표지는?

① 좌·우회전 표지
② 좌·우회전 금지표지
③ 양측방 일방통행표지
④ 양측방 통행금지표지

해설
표지는 화살표의 방향이 좌우, 양쪽 방향으로 표시되었으므로 좌·우회전이 가능하다는 것을 지시하고 있다(도로교통법 시행규칙 [별표 6]).

40 산업재해 중 중대재해가 아닌 것은?

① 사망자가 1명 이상 발생한 재해
② 부상자 또는 직업성 질병자가 동시에 10명 이상 발생한 재해
③ 3개월 이상의 요양을 요하는 부상자가 동시에 2명 이상 발생한 재해
④ 4일 이상의 요양을 요하는 부상을 입은 자가 5명 발생한 재해

해설
중대재해는 부상자 또는 직업성 질병자가 동시에 10명 이상 발생한 재해로 ④는 기준에 맞지 않다.
중대재해의 기준(산업안전보건법 시행규칙 제3조)
• 사망자가 1명 이상 발생한 재해
• 3개월 이상의 요양이 필요한 부상자가 동시에 2명 이상 발생한 재해
• 부상자 또는 직업성 질병자가 동시에 10명 이상 발생한 재해

41 건설기계를 검사유효기간 만료 후에 계속 운행하고자 할 때는 어느 검사를 받아야 하는가?

① 신규등록검사
② 계속검사
③ 수시검사
④ 정기검사

해설
국토교통부령에 의하면 검사유효기간 만료 후 계속 운행하려면 정기검사를 받아야 한다(건설기계관리법 제13조제1항제2호).

42 건설기계 등록신청은 관련법상 건설기계를 취득한 날로부터 얼마의 기간 이내에 하여야 하는가?

① 5일
② 15일
③ 1월
④ 2월

해설
건설기계는 취득한 날부터 2월 이내에 해야 한다(건설기계관리법 시행령 제3조제2항).

43 지게차의 리프트 실린더(Lift Cylinder) 작동 회로에서 플로 프로텍터(벨로시티 퓨즈)를 사용하는 주된 목적은?

① 컨트롤 밸브와 리프트 실린더 사이에서 배관 파손 시 적재물 급강하를 방지한다.
② 포크의 정상 하강 시 천천히 내려올 수 있게 한다.
③ 짐을 하강할 때 신속하게 내려올 수 있도록 작용한다.
④ 리프트 실린더 회로에서 포크 상승 중 중간 정지 시 내부 누유를 방지한다.

해설
플로 프로텍터는 적재물의 급강하를 방지하는 장치이다.
• 플로(Flow) : 진행방향으로 작동
• 프로텍터(Protector) : 방지장치

44 예열플러그를 빼서 보았더니 심하게 오염되어 있다. 그 원인으로 가장 적합한 것은?

① 불완전연소 또는 노킹
② 엔진 과열
③ 플러그의 용량 과다
④ 냉각수 부족

해설
예열플러그가 심하게 오염되었다면 불완전연소로 인해 노킹이 일어나서 카본이 쌓인 것으로 볼 수 있다.

45 디젤엔진에서 압축압력이 저하되는 큰 원인은?

① 냉각수 부족
② 엔진오일 과다
③ 기어오일의 열화
④ 피스톤링의 마모

해설
피스톤에 장착되는 피스톤링이 마모되면 실린더 벽과의 간극이 발생되어 압축압력이 저하된다.

46 튜브가 없는 지게차용 통고무타이어로 마모가 잘 되지 않으며, 가격이 저렴한 것은?

① 솔리드식
② 공기주입식
③ 질소주입식
④ 튜브리스식

해설
지게차는 하중이 크게 작용되므로 내부가 차 있는 솔리드식 통고무 타이어를 적용한다.

47 진공식 제동 배력 장치의 설명 중에서 옳은 것은?

① 진공 밸브가 새면 브레이크가 전혀 듣지 않는다.
② 릴레이 밸브의 다이어프램이 파손되면 브레이크가 듣지 않는다.
③ 릴레이 밸브 피스톤 컵이 파손되어도 브레이크는 듣는다.
④ 하이드롤릭 피스톤의 체크 볼이 밀착 불량이면 브레이크가 듣지 않는다.

해설
진공식 제동 배력 장치는 릴레이 밸브 피스톤이 파손되어도 체임버의 잔압에 의해 브레이크는 작동한다.

48 타이어식 장비에서 핸들 유격이 클 경우가 아닌 것은?

① 타이로드의 볼 조인트 마모
② 스티어링 기어박스 장착부위 풀림
③ 스태빌라이저 마모
④ 아이들 암 부시의 마모

해설
엔진룸에 장착하여 차체의 롤링을 방지하는 장치인 스태빌라이저와 핸들 유격은 관련이 없다.

49 디젤엔진을 예방정비 시 고압 파이프 연결부에서 연료가 샐(누유) 때 조임공구로 가장 적합한 것은?

① 복스렌치
② 오픈렌치
③ 파이프렌치
④ 옵셋렌치

해설
디젤엔진의 고압 파이프 연결부는 오픈렌치로 조인다.

[오픈렌치]

50 건설기계장비 작업 시 계기판에서 냉각수 경고등이 점등되었을 때 운전자로서 가장 적합한 조치는?

① 오일량을 점검한다.
② 작업이 모두 끝나면 곧바로 냉각수를 보충한다.
③ 작업을 중지하고, 점검 및 정비를 받는다.
④ 라디에이터를 교환한다.

해설
계기판에 냉각수 경고등이 점등되면 작업을 즉시 중단하고, 점검해서 고장 부위를 수리해야 한다.

51 지게차의 유압탱크 유량을 점검하기 전 포크의 적절한 위치는?

① 포크를 지면에 내려놓고 점검한다.
② 최대적재량의 하중으로 포크는 지상에서 떨어진 높이에서 점검한다.
③ 포크를 최대로 높여 점검한다.
④ 포크를 중간 높이에서 점검한다.

해설
유압탱크 유량을 점검하기 전에 포크는 지면에 내려놓아서 유체의 압력 부하를 없애야 한다.

52 엔진 윤활유를 사용함에 있어 가장 알맞은 것은?

① 여름철 – SAE 20
② 겨울철 – SAE 40
③ 여름철 – SAE 40
④ 겨울철 – SAE 30

해설
SAE(Society of Automotive Engineers, 미국 자동차기술자협회) 뒤의 숫자는 점도지수로, 수치가 낮으면 겨울, 높을수록 여름용이다. 따라서 여름철에는 SAE 40을 사용한다.

53 엔진오일의 구비조건으로 틀린 것은?

① 응고점이 높을 것
② 비중과 점도가 적당할 것
③ 인화점과 발화점이 높을 것
④ 기포 발생과 카본 생성에 대한 저항력이 클 것

해설
엔진오일의 응고점이 높으면 상온에서도 오일이 굳을 수 있으므로, 영하의 온도에서도 견딜 수 있도록 엔진오일의 응고점은 낮을수록 좋다.

54 벨트 전동장치에 내재된 위험적 요소로 의미가 다른 것은?

① 트랩(Trap)
② 충격(Impact)
③ 접촉(Contact)
④ 말림(Entanglement)

해설
충격은 외부의 위험 요인에 속한다.

55 산업안전보건법령상 안전보건표지의 종류 중 다음 그림에 해당하는 것은?

① 산화성물질경고
② 인화성물질경고
③ 폭발성물질경고
④ 급성독성물질경고

해설
그림은 경고표지로 인화성물질경고를 나타낸다(산업안전보건법 시행규칙 [별표 6]).

56 현장에서 작업자가 작업 안전상 꼭 알아 두어야 할 사항은?

① 장비의 제원
② 종업원의 작업환경
③ 종업원의 기술 정도
④ 안전규칙 및 수칙

해설
현장작업자는 현장에서의 작업이나 안전과 관련된 안전규칙 및 수칙을 반드시 알아 두어야 안전사고를 예방할 수 있다.

57 기계시설의 안전 유의사항으로 적합하지 않은 것은?

① 회전부분(기어, 벨트, 체인) 등은 위험하므로 반드시 커버를 씌워 둔다.
② 발전기, 용접기, 엔진 등 장비는 한곳에 모아서 배치한다.
③ 작업장의 통로는 근로자가 안전하게 다닐 수 있도록 정리정돈을 한다.
④ 작업장의 바닥은 보행에 지장을 주지 않도록 청결하게 유지한다.

해설
발전기나 용접기, 엔진 등의 장비는 작업자의 이동 동선을 고려해서 분산 배치해야 한다. 많은 장비를 한곳에 배치하면 작업성이 떨어질 뿐만 아니라 화재 발생 시 모든 장비가 소실될 수 있다.

58 화물을 적재하고 주행할 때 포크와 지면과의 간격으로 가장 적합한 것은?

① 지면에 밀착
② 20~30cm
③ 50~55cm
④ 80~85cm

해설
지게차에 화물을 적재하고 주행할 때 포크는 지면과 20~30cm의 간격을 띄우는 것이 적합하다.

59 지게차의 주차방법으로 바르지 못한 것은?

① 포크를 지면에 완전히 내린다.
② 핸드브레이크를 완전히 걸어 놓는다.
③ 포크 선단이 지면에 닿도록 마스트를 전방으로 경사시킨다.
④ 잠시 자리를 비울 때는 키를 그대로 둔다.

해설
지게차 주차 시 잠시 자리를 비울 때는 운전자가 키를 가지고 다녀야 한다.

60 스패너 작업 시 유의할 사항으로 틀린 것은?

① 스패너의 입이 너트의 치수에 맞는 것을 사용해야 한다.
② 스패너의 자루에 파이프를 이어서 사용해서는 안 된다.
③ 스패너와 너트 사이에서 쐐기를 넣고 사용하는 것이 편리하다.
④ 너트에 스패너를 깊이 물리도록 하여 조금씩 앞으로 당기는 식으로 풀고 조인다.

해설
스패너와 너트 사이에는 치수가 서로 맞아서 유격이 거의 없는 것으로 사용해야 한다. 쐐기 등을 사용하면 고정이 힘들어 사고가 발생할 수 있다.

[쐐기의 형상]

01 디젤기관에서 노크 방지방법으로 틀린 것은?

① 착화성이 좋은 연료를 사용한다.
② 연소실벽 온도를 높게 유지한다.
③ 압축비를 낮춘다.
④ 착화기간 중의 분사량을 적게 한다.

해설
디젤 노크를 방지하려면 압축비를 높여야 한다.

02 디젤기관에서 감압장치의 기능으로 가장 적절한 것은?

① 크랭크축을 느리게 회전시킬 수 있다.
② 타이밍 기어를 원활하게 회전시킬 수 있다.
③ 캠축을 원활히 회전시킬 수 있는 장치이다.
④ 밸브를 열어 주어 크랭크를 가볍게 회전시킨다.

해설
감압장치는 압축압력이 큰 디젤기관에서 크랭킹 시 내부의 높은 압력을 낮추기 위해 밸브를 열어 줌으로써 크랭크를 가볍게 회전시키는 역할을 한다.

03 기관정비 작업 시 엔진블록에 찌든 기름때를 깨끗이 세척하고자 할 때 가장 좋은 용해액은?

① 냉각수   ② 절삭유
③ 솔벤트   ④ 엔진오일

해설
엔진블록의 세척액은 엔진블록의 재질과 화학적 반응이 없으면서 잔류물이 남지 않아야 하므로 화학적으로 안정된 솔벤트를 사용하는 것이 가장 좋다.

04 기관의 연소실에서 발생하는 스쿼시(Squish)의 설명으로 옳은 것은?

① 연소가스가 크랭크 케이스로 누출되는 현상
② 흡입 밸브에 의한 와류현상
③ 압축행정 말기에 발생한 와류현상
④ 압축공기가 피스톤 링 사이로 누출되는 현상

해설
스쿼시부는 연소실에서 압축행정의 말기에 강한 와류를 발생시키는 장치이다.

05 대형 지게차의 마스트를 기울일 때 갑자기 시동이 정지되면 어떤 밸브가 작동하여 그 상태를 유지하는가?

① 틸트록 밸브
② 스로틀 밸브
③ 리프트 밸브
④ 틸트 밸브

해설
틸트록 밸브는 엔진 정지 시 마스트가 갑자기 기우는 것을 방지하는 안전밸브의 일종이다.

1 ③ 2 ④ 3 ③ 4 ③ 5 ① **정답**

06 한쪽으로 쏠린 작업물을 들 때 균형을 맞추어 줄 수 있는 장치는?

① 사이드 클램프   ② 로테이팅 포크

③ 힌지드 포크   ④ 사이드 시프트

해설
사이드 시프트는 한쪽으로 쏠린 작업물을 들 때 포크를 좌우로 자동 이동시켜 균형을 맞춰 줌으로써 작업물을 들 수 있도록 해 주는 장치다.

07 지게차에 대한 설명으로 알맞지 않은 것은?

① 윤거는 지게차 앞면에서 양쪽 타이어 폭의 중심 간 거리이다.

② 최저 지상고는 땅바닥에서 차체 바닥까지의 거리이다.

③ 전장은 포크 바깥 끝부분에서 지게차 몸체의 뒤편 끝단까지의 전체 길이이다.

④ 전고는 지면에서 지게차가 가장 높이 들 수 있는 높이까지의 거리이다.

해설
④ 전고 : 지면에서 지게차의 가장 윗부분까지의 전체 길이

08 다음 그림에서 A의 명칭으로 알맞은 것은?

① 틸트 실린더   ② 리프트 실린더
③ 카운터웨이트   ④ 백레스트

해설
A는 포크를 상하로 기울일 수 있는 틸트 실린더이다.

09 지게차에서 높은 rpm이거나 저속에서 미세한 제어를 위한 것으로, 지게차가 화물에 접근한 후 유압을 증가시켜 작업을 신속하게 처리하기 위해 밟아서 작동시키는 것은?

① 가속페달

② 브레이크페달

③ 인칭페달

④ 상하 이송 페달

해설
③ 인칭페달 : 높은 rpm이거나 저속에서 미세한 제어를 위한 것으로, 지게차가 화물에 접근한 후 유압을 증가시켜 작업을 신속하게 처리하기 위해 밟아서 작동시키는 페달

10 지게차에서 포크를 장착하는 부분은?

① 카운터웨이트

② 오버헤드 가드

③ 리프트 실린더

④ 캐리지

해설
캐리지(Carriage)
마스트 레일을 따라 상승하거나 하강하는 장치로 핑거보드(Finger Board)와 포크(Fork)를 장착한다.

11 다음 그림과 같이 자체 팰릿은 뒤로 빼고 풀 장치를 밖으로 내밀면서 하역하는 작업장치는?

① 푸시 풀 장치　　　② 로드 익스텐더
③ 로드 스태빌라이저　④ 힌지드 버킷

> 해설
>
> **푸시 풀 장치(Push Pull)**
>
> 하단부에 장착된 자체 팰릿에 화물을 싣고, 화물을 옮겨 놓을 또 다른 팰릿의 한쪽 가장자리에 내려놓으면서, 자체 팰릿은 뒤로 빼고 풀 장치를 밖으로 내밀면서 하역하는(단, 작업 방식은 작업자에 따라 다를 수 있다) 작업장치이다.

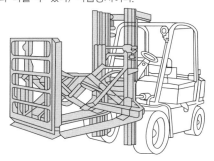

12 포크의 좌우 간격을 유압실린더를 사용하여 자동으로 변경할 수 있는 작업장치는?

① 드럼 클램프　　　② 사이드 시프트
③ 포크 포지셔너　　④ 카톤 클램프

> 해설
>
> 그림의 작업장치는 포크만을 유압으로 이동시키는 포크 포지셔너이다.

13 체인블록을 이용하여 무거운 물체를 이동시키고자 할 때 가장 안전한 방법은?

① 체인이 느슨한 상태에서 급격히 잡아당기면 재해가 발생할 수 있으므로 시간적 여유를 가지고 작업한다.
② 작업의 효율을 위해 가는 체인을 사용한다.
③ 내릴 때는 하중 부담을 줄이기 위해 최대한 빠른 속도로 실시한다.
④ 무조건 최단거리 코스로 빠른 시간 내에 이동시켜야 한다.

> 해설
>
> 체인블록으로 물건을 잡아당길 때는 천천히 잡아당겨야 한다.

14 안전보건표지의 종류 중 안내표지에 속하지 않는 것은?

① 녹십자표지　　　② 응급구호표지
③ 비상구　　　　　④ 출입금지

> 해설
>
> 산업안전보건법상 안전보건표지는 금지, 경고, 지시, 안내표지가 있다. 출입금지는 금지표지에 속한다(산업안전보건법 시행규칙 [별표 6] 참고).

15 작업장의 안전사항 중 틀린 것은?

① 위험한 작업장에는 안전수칙을 부착하여 사고를 예방한다.
② 기름 묻은 걸레는 한쪽으로 쌓아 둔다.
③ 무거운 구조물은 인력으로 무리하게 이동하지 않는 것이 좋다.
④ 작업이 끝나면 사용한 공구는 정위치에 정리·정돈한다.

> 해설
>
> 작업장에서 기름 묻은 걸레는 즉시 버리거나 빨아서 보관해야 한다.

16 연삭작업 시 안전수칙으로 알맞지 않은 것은?

① 칩 커버를 반드시 설치한다.
② 기계 가공 중 자리를 이탈하지 않는다.
③ 주축 속도를 변속할 때는 주축을 정지하지 않고 변환시킨다.
④ 절삭공구나 가공물을 설치할 때는 반드시 전원을 끈다.

해설
연삭작업을 할 때는 주축을 완전히 정지시킨 후 변환시켜야 한다.

17 작업장에서 수공구 재해예방 대책으로 잘못된 사항은?

① 결함이 없는 안전한 공구를 사용한다.
② 공구는 올바르게 사용하고 취급한다.
③ 공구는 항상 오일을 바른 후 보관한다.
④ 작업에 알맞은 공구를 사용한다.

해설
수공구는 오일(기름)을 잘 닦은 후 보관해야 한다.

18 산업재해 방지 대책을 수립하기 위하여 위험요인을 발견하는 방법으로 가장 적합한 것은?

① 안전 점검
② 재해 사후 조치
③ 경영층 참여와 안전조직 진단
④ 안전 대책 회의

해설
위험요인 발견을 위해 안전 점검을 하여 실제 현장을 살펴보는 것이 가장 적절한 방법이다.

19 감전사고 예방을 위한 주의사항으로 틀린 것은?

① 젖은 손으로는 전기기기를 만지지 않는다.
② 코드를 뺄 때는 반드시 플러그의 몸체를 잡고 뺀다.
③ 전력선에 물체를 접촉하지 않는다.
④ 220V는 단상이고, 저압이므로 생명의 위협은 없다.

해설
감전은 인체에 전류가 흘러서 인체의 근육이나 장기에 손상을 주는 것으로 전압이 높을수록 감전의 위험이 커지지만, 전류가 감전에 더 큰 영향을 미치므로 저압이어도 전류가 얼마인가에 따라 인체에 심각한 영향을 미칠 수 있다. 보통 인체에 50mA 이상이 흐르면 감전사의 위험이 있다.

20 디젤기관의 연료장치에서 공기 빼는 순서로 가장 알맞은 것은?

① 연료여과기 → 분사펌프 → 공급펌프
② 연료여과기 → 공급펌프 → 분사펌프
③ 공급펌프 → 연료여과기 → 분사펌프
④ 공급펌프 → 분사펌프 → 연료여과기

해설
디젤기관의 연료장치에서 공기 빼는 순서 : 공급펌프 → 연료여과기 → 분사펌프

정답 16 ③ 17 ③ 18 ① 19 ④ 20 ③

21 타이어에서 트레드 패턴과 관련 없는 것은?

① 제동력

② 구동력 및 견인력

③ 편평률

④ 타이어의 배수효과

해설
타이어 외면의 형상인 트레드 패턴은 제동력과 구동력, 배수효과와 관련 있다.

$$편평률 = \frac{타이어\ 단면높이}{타이어\ 폭}$$

22 여과기를 설치 위치에 따라 분류할 때 관로용 여과기에 포함되지 않는 것은?

① 라인 여과기   ② 리턴 여과기

③ 압력 여과기   ④ 흡입 여과기

해설
관로용 여과기의 종류
• 라인 여과기
• 리턴 여과기
• 압력 여과기

23 건식 공기청정기의 효율 저하를 방지하는 방법으로 가장 적합한 것은?

① 기름으로 닦는다.

② 마른 걸레로 닦는다.

③ 압축공기로 먼지 등을 털어 낸다.

④ 물로 깨끗이 세척한다.

해설
건식 공기청정기는 흡입구 등에 먼지가 쌓여서 입구의 면적이 축소됐을 때 효율이 저하되므로 압축공기로 먼지를 깨끗하게 청소해야 한다. 건식이므로 물로 세척해서는 안 된다.

24 다음 그림에서 브레이크페달의 유격 조정 부위로 적합한 것만을 고른 것은?

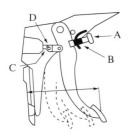

① A와 B   ② C와 D

③ B와 D   ④ B와 C

해설
브레이크페달의 유격은 그림에서 링크 요소인 C와 D로 조정한다.

25 지게차의 작업방법 중 틀린 것은?

① 경사길에서 내려올 때는 후진으로 진행한다.

② 주행 방향을 바꿀 때는 완전 정지 또는 저속에서 한다.

③ 틸트는 적재물이 백레스트에 완전히 닿도록 하고 운행한다.

④ 조향륜이 지면에서 5cm 이하로 떨어졌을 때는 카운터밸런스의 중량을 높인다.

해설
조향륜이 지면에서 5cm 이하로 떨어지면 바닥과 충돌할 우려가 있으므로 무게추(카운터밸런스)의 중량을 낮추어야 한다.

26 지게차에서 화물 취급방법으로 틀린 것은?

① 포크는 화물의 받침대 속에 정확히 들어갈 수 있도록 조작한다.

② 운반물을 적재하여 경사지를 주행할 때는 짐이 언덕 위로 향하도록 한다.

③ 포크를 지면에서 약 80cm 정도 올려 주행해야 한다.

④ 운반 중 마스트를 뒤로 약 6° 정도 경사시킨다.

해설
지게차로 화물을 들어 이동할 때는 마스트를 충분히 뒤로 기울이고, 포크는 지면에서 10~30cm 띄우고 주행한다. 포크 높이가 너무 높으면 화물의 무게중심에 의해 지게차가 전복될 우려가 있다.

27 토크 컨버터의 최대회전력 값을 무엇이라 하는가?

① 회전력   ② 토크 변환비

③ 종감속비   ④ 변속기어비

해설
토크 컨버터의 최대회전력은 토크 변환비이다.

28 동력전달장치에 사용되는 차동기어장치에 대한 설명으로 틀린 것은?

① 선회할 때 좌우 구동바퀴의 회전속도를 다르게 한다.

② 선회할 때 바깥쪽 바퀴의 회전속도를 증대시킨다.

③ 보통 차동기어장치는 노면의 저항을 작게 받는 구동바퀴의 회전속도가 빠르게 될 수 있다.

④ 기관의 회전력을 크게 하여 구동바퀴에 전달한다.

해설
차동기어장치는 동력의 방향을 바꾸어 주고, 양쪽 바퀴의 회전수를 다르게 하여 선회를 원활하게 해 주는 장치이다.

29 플라이휠과 압력판 사이에 설치하며, 변속기 입력축을 통해 변속기에 동력을 전달하는 것은?

① 압력판

② 클러치 디스크

③ 릴리스 레버

④ 릴리스 포크

해설
클러치 디스크는 플라이휠과 압력판 사이에 설치하여 엔진의 동력을 변속기로 전달한다.

30 엔진에서 발생한 회전동력을 바퀴까지 전달할 때 마지막으로 감속작용을 하는 것은?

① 클러치

② 트랜스미션

③ 프로펠러 샤프트

④ 파이널 드라이브 기어

해설
동력전달장치에서 엔진에서 바퀴까지의 전달요소 중 최종 감속작용은 파이널 드라이브 기어가 한다.

31 수동변속기가 장착된 건설기계장비에서 주행 중 기어가 빠지는 원인이 아닌 것은?

① 기어의 물림이 덜 물렸을 때
② 기어의 마모가 심할 때
③ 클러치의 마모가 심할 때
④ 변속기 로크 장치가 불량할 때

해설
수동변속기를 장착한 건설장비는 기어나 변속기 로크(고정) 장치에 이상이 있을 때 기어가 빠진다. 그러나 클러치가 마모되었다고 해서 기어가 빠지지는 않는다.

32 지게차의 운행 및 작업방법으로 틀린 것은?

① 경사길에서 내려올 때는 후진으로 진행한다.
② 주행방향을 바꿀 때는 완전정지 또는 저속에서 행한다.
③ 틸트는 적재물이 백레스트에 완전히 닿도록 하고 운행한다.
④ 조향륜이 지면에서 5cm 이하로 떨어졌을 때는 카운터밸런스 중량을 높인다.

해설
지게차를 운행할 때 조향륜이 지면에서 5cm 이하로 떨어졌을 때는 카운터밸런스 중량을 낮추어야 한다.

33 운전자의 준수사항에 대한 설명 중 틀린 것은?

① 고인 물을 튀게 하여 다른 사람에게 피해를 주어 서는 안 된다.
② 과로, 질병, 약물의 중독 상태에서 운전하여서는 안 된다.
③ 보행자가 안전지대에 있는 때에는 서행하여야 한다.
④ 운전석으로부터 떠날 때는 원동기의 시동을 끄지 말아야 한다.

해설
지게차 운전자는 운전석을 떠날 때 반드시 원동기의 시동을 꺼야 한다.

34 좌·우측 전조등 회로의 연결방법으로 옳은 것은?

① 직렬 연결
② 단식 배선
③ 병렬 연결
④ 직·병렬 연결

해설
전조등 회로는 좌·우측 모두 병렬로 연결하는 것이 안정적이다.

35 전조등 회로의 구성품으로 틀린 것은?

① 전조등 릴레이
② 전조등 스위치
③ 디머 스위치
④ 플래셔 유닛

해설
플래셔 유닛은 방향지시등을 구성하는 회로이다.

36 운전 중 갑자기 계기판에 충전 경고등이 점등되었을 때, 그 의미는?

① 정상적으로 충전되고 있음을 나타낸다.
② 충전되지 않고 있음을 나타낸다.
③ 충전계통에 이상이 없음을 나타낸다.
④ 주기적으로 점등되었다가 소등되는 것이다.

해설
계기판에 충전 경고등이 들어왔다면 현재 충전되지 않고 있음을 지시하는 것이다.

39 전기장치의 퓨즈가 끊어져서 다시 새것으로 교체하였으나 또 끊어졌을 때 가장 알맞은 조치는?

① 계속 교체한다.
② 용량이 큰 것으로 갈아 끼운다.
③ 구리선이나 납선으로 바꾼다.
④ 전기장치의 고장 개소를 찾아 수리한다.

해설
퓨즈를 교체해도 계속 단선이 된다면 과전류가 흐르는 것이므로 전기장치의 고장 부분을 찾아서 수리해야 한다.

37 12V용 납산축전지의 방전종지전압은?

① 12V
② 10.5V
③ 7.5V
④ 1.75V

해설
방전종지전압 1.75V에 셀의 수를 곱하면 1.75×6=10.5V이다.
방전종지전압(Final Discharge Voltage)
방전이 지속되어 단자 전압이 급격히 저하될 때의 전압으로, 전압이 방전종지전압 이하로 내려가면 제 기능을 못함과 동시에 전극판에 산화가 발생되어 회복이 불가능한 상태가 된다.

38 축전지 터미널의 식별방법이 아닌 것은?

① 부호(+, −)로 식별한다.
② 굵기로 분별한다.
③ 문자(P, N)로 분별한다.
④ 요철로 분별한다.

해설
축전지용 터미널은 (+), (−)의 표시, 굵은선과 가는선, 적색과 흑색 등으로 구분한다.

40 도로교통법상 모든 차의 운전자가 서행하여야 하는 장소에 해당하지 않는 것은?

① 도로가 구부러진 부근
② 비탈길의 고갯마루 부근
③ 편도 2차로 이상의 다리 위
④ 가파른 비탈길의 내리막

해설
도로교통법상 편도 차로의 수와 상관없이 다리 위에서 서행할 필요는 없다(도로교통법 제31조).

정답 36 ② 37 ② 38 ④ 39 ④ 40 ③

41 도로교통법상 모든 차의 운전자가 같은 방향으로 가고 있는 앞차의 뒤를 따를 때, 앞차가 갑자기 정지하게 되는 경우에 그 앞차와의 충돌을 피할 수 있도록 확보하게 되어 있는 거리는?

① 급제동 금지거리
② 안전거리
③ 제동거리
④ 진로양보거리

[해설]
도로에서 운전 시 앞차와의 충돌을 피할 수 있는 필요한 거리를 확보하는 것은 "안전거리 확보"이다(도로교통법 제19조).

42 다음 그림의 교통안전표지는 무엇인가?

① 차간거리 최저 50km이다.
② 차간거리 최고 50km이다.
③ 최저속도 제한표지이다.
④ 최고속도 제한표지이다.

[해설]
그림의 표지는 최고속도 제한표지이다. 최저속도 제한표지는 숫자에 밑줄을 그려서 표시한다.

43 다음 그림의 도로교통표지에 대한 설명으로 옳지 않은 것은?

① 3방향 도로명 표지이다.
② 300m 직진하면 관평로에 진입한다.
③ 계속 직진하면 만안구청으로 갈 수 있다.
④ 방위 표시가 있으며 관평로에서 우회전하면 평촌역 방향으로 갈 수 있다.

[해설]
그림의 표지는 "3방향 도로명 예고표지"이다.

44 건설기계관리법령상 건설기계조종사 면허취소 또는 효력정지를 시킬 수 있는 자는?

① 대통령
② 경찰서장
③ 시장·군수·구청장
④ 국토교통부장관

[해설]
건설기계관리법령상 건설기계조종사의 면허취소 또는 효력정지는 시장·군수·구청장이 할 수 있다(건설기계관리법 제28조).

45 건설기계 운전자가 조종 중 고의로 인명피해를 입히는 사고를 일으켰을 때 면허처분 기준은?

① 면허취소
② 면허효력 정지 30일
③ 면허효력 정지 20일
④ 면허효력 정지 10일

[해설]
고의로 경상 1명의 인명피해를 입은 건설기계 조종사도 면허가 취소된다(건설기계관리법 시행규칙 [별표 22]).

46 건설기계 운전 작업 중 온도 게이지가 "H" 위치에 근접되어 있을 때, 운전자가 취해야 할 조치로 가장 알맞은 것은?

① 작업을 계속해도 무방하다.
② 잠시 작업을 중단하고 휴식을 취한 후 다시 작업한다.
③ 윤활유를 즉시 보충하고 계속 작업한다.
④ 작업을 중단하고 냉각수 계통을 점검한다.

해설
온도 게이지가 "H", 즉 "High"에 근접했다면 엔진의 온도가 높아졌다는 것이고, 이는 냉각이 되지 않는다는 것을 의미하기 때문에 작업 중단 후 냉각수 계통을 점검해야 한다.

47 폐기요청을 받은 건설기계를 폐기하지 아니하거나 등록번호표를 폐기하지 아니한 자에 대한 벌칙은?

① 2년 이하의 징역 또는 2,000만원 이하의 벌금
② 1년 이하의 징역 또는 1,000만원 이하의 벌금
③ 100만원 이하의 벌금
④ 100만원 이하의 과태료

해설
폐기요청을 받은 건설기계를 폐기하지 아니하거나 등록번호표를 폐기하지 아니한 자는 1년 이하의 징역 또는 1,000만원 이하의 벌금에 처한다(건설기계관리법 제41조).

48 건설기계관리법령상 자동차 제1종 대형 면허로 조종할 수 없는 건설기계는?

① 5ton 지게차
② 노상안정기
③ 콘크리트펌프
④ 아스팔트살포기

해설
제1종 대형 자동차 운전면허로는 3ton 미만의 지게차만 운전할 수 있다. 3ton 이상의 지게차 운전은 지게차운전기능사 자격을 취득한 자만이 할 수 있다(도로교통법 시행규칙 [별표 18]).

49 건설기계 소유자에게 등록번호표 제작명령을 할 수 있는 기관의 장은?

① 국토교통부장관
② 행정자치부장관
③ 경찰청장
④ 시・도지사

해설
시・도지사는 건설기계 소유자에게 등록번호표 제작을 명령할 수 있다(건설기계관리법 시행규칙 제17조).

50 방향전환 밸브의 조작 방식에서 단동 솔레노이드 기호는?

①   ②

③   ④

해설
② 누름버튼
③ 수동식 레버 변환
④ 페달

51 유압회로에서 작동유의 적정온도는?

① 2~5℃　　　② 45~80℃

③ 95~115℃　　④ 125~250℃

유압회로에서 작동유의 적정온도는 45~80℃이다.

52 유압유의 온도가 과도하게 상승하였을 때 나타날 수 있는 현상과 관계없는 것은?

① 유압유의 산화작용을 촉진한다.

② 작동 불량 현상이 발생한다.

③ 기계적인 마모가 발생할 수 있다.

④ 유압기계의 작동이 원활해진다.

유압유의 온도가 과도하게 상승하면 점도 및 성질 변화에 의해 유압기계의 작동이 원활하지 못하게 된다.

53 '밀폐 용기 속의 유체 일부에 가해진 압력은 유체의 모든 부분에 같은 세기로 전달된다'는 원리는?

① 베르누이의 정의

② 렌츠의 법칙

③ 파스칼(Pascal)의 원리

④ 보일-샤를의 원리

파스칼의 원리
• 정지 액체에 접하고 있는 면에 가해진 압력은 그 면에 수직으로 작용한다.
• 정지 액체의 한 점에 있어서의 압력의 크기는 전 방향에 대하여 동일하다.
• 밀폐 용기 내의 한 부분에 가해진 압력은 액체 내의 여러 부분에 같은 압력으로 전달된다.

54 금속 간의 마찰을 방지하는 방안으로 마찰 계수를 저하시키기 위하여 사용되는 첨가제는?

① 방청제

② 유성 향상제

③ 점도지수 향상제

④ 유동점 강하제

유성은 유동 성질을 부여하는 성질로 금속 간의 마찰을 방지하기 위해 마찰 계수를 저하시키려면 유성 향상제를 첨가한다.

55 유압회로에서 유량제어를 통하여 작업속도를 조절하는 방식이 아닌 것은?

① 미터 인(Meter-in) 방식

② 미터 아웃(Meter-out) 방식

③ 블리드 오프(Bleed-off) 방식

④ 블리드 온(Bleed-on) 방식

유압회로를 구성하는 방식 중 블리드 온 방식은 없다.

56 다음 그림의 유압 기호에서 "A" 부분이 나타내는 것은?

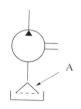

① 오일 냉각기
② 스트레이너
③ 가변용량 유압펌프
④ 가변용량 유압모터

57 유압장치에 사용되는 오일 실(Seal)의 종류 중 O-링이 갖추어야 할 조건은?

① 체결력이 작을 것
② 압축변형이 작을 것
③ 작동 시 마모가 클 것
④ 오일의 출입이 가능할 것

58 유압펌프의 소음 발생 원인으로 틀린 것은?

① 펌프 흡입관 접합부로부터 공기가 혼입된다.
② 흡입 오일 속에 기포가 있다.
③ 펌프의 회전이 너무 빠르다.
④ 펌프 축의 센터와 원동기 축의 센터가 일치한다.

59 유압오일 내에 기포가 형성되는 이유로 가장 적합한 것은?

① 오일에 이물질 혼입
② 오일의 점도가 높음
③ 오일에 공기 혼입
④ 오일의 누설

60 다음 그림과 같은 유압기호는?

① 체크밸브
② 오일탱크
③ 유압밸브
④ 유압실린더

01 기관의 맥동적인 회전을 관성력을 이용하여 원활한 회전으로 바꾸어 주는 역할을 하는 것은?

① 크랭크축
② 실린더헤드
③ 플라이휠
④ 커넥팅로드

해설
플라이휠은 크랭크축의 끝부분에 연결되어 크랭크축이 회전할 때 그 관성력을 유지시킴으로써 원활한 회전력을 만들기 위한 기계요소이다.

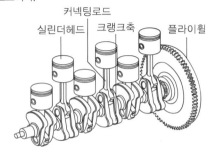

02 디젤기관 연료장치의 분사펌프에서 프라이밍 펌프를 사용하는 경우는?

① 출력을 증가시키고자 할 때
② 연료 계통에 공기를 배출할 때
③ 연료의 양을 가감할 때
④ 연료의 분사압력을 측정할 때

해설
프라이밍 펌프는 엔진 시동이나 정지 시 연료 계통에 있는 공기를 배출할 때 사용한다.
디젤 분사펌프에서 프라이밍 펌프의 사용 목적
• 엔진을 최초로 기동시킬 때
• 연료 계통에서 공기를 배출시킬 때
• 연료 공급 라인의 장착 및 탈착 시 연료탱크에서 분사펌프까지 연결된 연료 라인에 연료를 공급할 때

03 작업 중 엔진 온도가 급상승하였을 때 먼저 점검하여야 할 것은?

① 윤활유 점도지수 점검
② 고부하 작업 점검
③ 장기간 작업 점검
④ 냉각수의 양 점검

해설
엔진이 구동 중 온도가 급상승했다면 냉각되지 않는 것이므로 냉각수의 양이 부족한지 먼저 점검해야 한다.

04 디젤기관에서 조속기의 역할은?

① 분사시기 조정
② 분사량 조정
③ 분사압력 조정
④ 착화성 조정

해설
조속기(거버너)는 분사량을 조절하여 엔진의 회전속도를 제어한다.

05 지게차의 리프트 체인에 주유하는 가장 적합한 오일은?

① 자동변속기 오일
② 작동유
③ 엔진오일
④ 그리스

해설
지게차의 리프트 체인에는 엔진오일을 주유한다.

06 유압으로 마스트를 위나 아래로 움직일 때 사용하는 장치는?

① 틸트 실린더
② 리프트 실린더
③ 사이드 시프트
④ 핑거보드

해설
리프트 실린더 : 유압으로 마스트를 위나 아래로 움직일 때 사용하는 장치

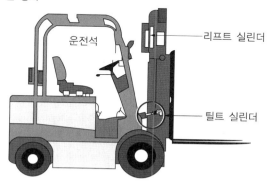

07 지게차의 운전석에 운전자가 없을 때 차량 외부에서 차량을 주행시키거나 마스트를 작동시키는 것을 제한하는 기능의 명칭은?

① 자동 주차브레이크
② 과적 작업 경고 시스템
③ 운전자 위치 감지 시스템
④ 비탈길 밀림 방지 시스템

해설
운전자 위치 감지 시스템은 드라이브록(Lock), 리프트 혹은 틸트록(Lock) 기능 등 지게차의 운전석에 작업자가 없을 때 주행 및 지게차 작업장치의 작동을 제한하는 장치이다.

08 마스트에 대한 설명으로 알맞지 않은 것은?

① 마스트는 지게차 전면부의 메인 기둥 역할을 한다.
② 표준 마스트는 이너마스트와 아웃마스트의 2단 구조로 되어 있다.
③ 마스트에 화물 취급을 위해 리프트 실린더, 틸트 실린더, 캐리지가 부착된다.
④ 4단 자유 인상 마스트는 마스트 3개로 구성되며 최대 인상 높이는 대략 4m이다.

해설
4단 자유 인상 마스트는 4개의 마스트로 구성되며 마스트의 최대 인상 높이는 대략 5m이다.

09 지게차의 전경각과 후경각에 대한 설명으로 알맞지 않은 것은?

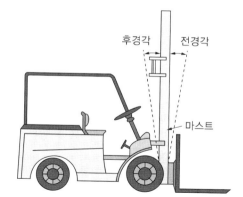

① 전경각은 수직면을 기준으로 마스트가 운전석 바깥쪽으로 기울어진 상태이다.
② 후경각은 수직면을 기준으로 마스트가 운전석 안쪽 방향으로 기울어진 상태이다.
③ 전경각과 후경각은 리프트 실린더에 의해 만들어진다.
④ 대형 지게차의 마스트를 기울일 때 갑자기 시동이 정지되면 틸트록 밸브가 작동하여 그 상태를 유지한다.

해설
전경각과 후경각은 틸트 실린더에 의해 만들어진다.

10 지게차 용어에 대한 설명으로 알맞지 않은 것은?

① 장비중량은 지게차에 연료나 냉각수 등이 포함된 상태의 총중량이다.

② 하중중심은 포크의 수직면에서 포크 위에 놓인 화물의 무게중심까지의 거리이다.

③ 등판능력은 지게차가 경사지를 오를 수 있는 최대각도로 단위는 %(퍼센트)와 °(도)로 표시한다.

④ 적재능력이란 정해진 하중중심 내에서 수직으로 들어 올릴 수 있는 화물의 최소 무게이다.

해설
적재능력이란 정해진 하중중심 내에서 수직으로 들어 올릴 수 있는 화물의 최대 무게이다.

11 좌우 팔(Arm)의 클램핑 및 회전을 통해 단조용 소재인 잉곳(잉고트) 작업을 할 수 있는 지게차 어태치먼트의 명칭은?

① 드럼 핸들러
② 드럼 클램프
③ 잉곳 클램프
④ 인버터 푸시 클램프

해설
잉곳 클램프는 단조 공장에서 단조용 소재인 잉곳을 가열로에서 빼내거나 투입하는 작업을 할 수 있는 어태치먼트(부속장치)이다.

12 지게차로 속이 빈 제품을 운반할 때 사용 가능한 긴 환봉과 같은 어태치먼트의 명칭은?

① 램(Ram)
② 드럼 클램프(Drum Clamp)
③ 로테이팅 포크(Rotating Fork)
④ 힌지드 버킷(Hinged Bucket)

해설
램 장치는 지게차의 캐리지에 포크 대신 장착하는 긴 환봉과 같은 부속장치(어태치먼트)로 속이 빈 중공의 화물(제품)을 취급할 때 사용한다.

13 기계의 회전 부분(기어, 벨트, 체인)에 덮개를 설치하는 이유는?

① 좋은 품질의 제품을 얻기 위하여
② 회전 부분의 속도를 높이기 위하여
③ 제품의 제작과정을 숨기기 위하여
④ 회전 부분과 신체의 접촉을 방지하기 위하여

해설
기계의 회전부에 덮개를 설치하는 이유는 신체가 껴서 다치는 사고를 막기 위함이다.

14 하인리히의 사고예방원리 5단계를 순서대로 나열한 것은?

① 조직, 사실의 발견, 평가분석, 시정책의 선정, 시정책의 적용
② 시정책의 적용, 조직, 사실의 발견, 평가분석, 시정책의 선정
③ 사실의 발견, 평가분석, 시정책의 선정, 시정책의 적용, 조직
④ 시정책의 선정, 시정책의 적용, 조직, 사실의 발견, 평가분석

해설
하인리히의 사고예방원리 5단계
• 1단계 – 조직
• 2단계 – 사실의 발견
• 3단계 – 평가분석
• 4단계 – 시정책의 선정
• 5단계 – 시정책의 적용

15 해머작업의 안전수칙으로 틀린 것은?

① 해머를 사용할 때 자루 부분을 확인할 것
② 장갑을 끼고 해머작업을 하지 말 것
③ 공동으로 해머작업 시는 흐름을 맞출 것
④ 열처리된 장비의 부품은 강하므로 힘껏 때릴 것

해설
열처리된 재료는 강하기 때문에 해머로 강하게 때리면, 그 반발력이 강해서 손을 다치거나 해머가 부러질 수 있다.

16 조명에 관련된 용어의 설명으로 틀린 것은?

① 조도의 단위는 루멘이다.
② 피조면의 밝기는 조도로 나타낸다.
③ 광도의 단위는 cd이다.
④ 빛의 밝기를 광도라 한다.

해설
조도의 단위는 럭스(lx)이다.

17 감전되거나 전기화상을 입을 위험이 있는 작업에서 가장 먼저 작업자가 구비해야 할 것은?

① 완강기   ② 구급차
③ 보호구   ④ 신호기

해설
감전되거나 전기화상을 입을 위험이 있는 작업을 할 때는 반드시 보호구를 착용해야 한다.

18 다음 그림의 안전보건표지가 표시하는 것은?

① 독극물 경고
② 폭발물 경고
③ 고압전기 경고
④ 낙하물 경고

해설
번개 기호를 통해서 "고압전기 경고" 표시임을 유추할 수 있다.

19 무거운 짐을 이동할 때 적당하지 않은 것은?

① 힘겨우면 기계를 이용한다.

② 기름이 묻은 장갑을 끼고 한다.

③ 지렛대를 이용한다.

④ 2인 이상이 작업할 때는 힘센 사람과 약한 사람과의 균형을 잡는다.

해설

무거운 짐을 들고 이동시킬 때는 코팅된 장갑을 착용하여 미끄러짐이 없도록 해야 한다. 기름이 묻은 장갑을 끼면 미끄러져서 사고가 발생할 수 있다.

21 고속 주행 시 타이어가 발열로 인하여 주름이 잡히는 현상은?

① 트램핑 현상

② 로드 홀딩 현상

③ 스탠딩웨이브 현상

④ 하이드로플레이닝

해설

스탠딩웨이브 현상은 고속 주행 시 타이어가 주름이 잡히는 타이어의 이상 현상이다.

22 건설기계용 기관에서 사용되는 여과 장치가 아닌 것은?

① 오일필터

② 공기청정기

③ 인젝션 타이머

④ 오일 스트레이너

해설

인젝션 타이머는 연료분사 장치이다.

20 현가장치가 갖추어야 할 기능이 아닌 것은?

① 승차감의 향상을 위해 상하 움직임에 적당한 유연성이 있어야 한다.

② 원심력이 발생해야 한다.

③ 주행 안정성이 있어야 한다.

④ 구동력 및 제동력 발생 시 적당한 강성이 있어야 한다.

해설

현가장치는 차체의 안정성을 위해 원심력이 발생하지 않도록 해야 한다.

23 운전 중인 기관의 에어클리너가 막혔을 때 나타나는 현상으로 맞는 것은?

① 배출가스 색은 검고, 출력은 저하된다.

② 배출가스 색은 희고, 출력은 정상이다.

③ 배출가스 색은 청백색이고, 출력은 증가된다.

④ 배출가스 색은 무색이고, 출력과는 무관하다.

해설

기관(엔진)으로 공기를 공급해 주는 장치의 일종인 에어클리너가 막히면 연소실로 충분한 공기량이 공급되지 못하기 때문에 연소 불량이 일어나서 배출가스 색은 검고, 출력은 저하된다.

24 파워 스티어링에서 핸들이 매우 무거워 조작하기 힘든 상태일 때의 원인으로 맞는 것은?

① 바퀴가 습지에 있다.
② 조향 펌프에 오일이 부족하다.
③ 볼 조인트의 교환시기가 되었다.
④ 핸들 유격이 크다.

해설
파워 스티어링에서 핸들이 무거운 이유는 조향 펌프에 오일이 부족해서 유압이 충분히 발생하지 않고 있기 때문이다.

25 평탄한 노면에서 지게차를 운전하여 하역작업을 할 때 올바른 방법이 아닌 것은?

① 팰릿에 실은 짐이 안정되고 확실하게 실려 있는 지를 확인한다.
② 포크를 삽입하고자 하는 곳과 평행하게 한다.
③ 화물 앞에서 정지한 후 마스트가 수직이 되도록 기울여야 한다.
④ 불안전한 적재 작업은 빠르게 진행시킨다.

해설
화물을 하역할 때 안전작업 방법
• 운전원은 운반하여야 할 화물을 점검하고 기준중량을 초과하지 않도록 한다.
• 포크의 발은 화물의 크기보다 긴 것을 사용하여 하역작업의 안정성을 높인다.
• 화물을 바로잡기 위하여 포크를 사용하여 밀거나 부딪치지 않는다.
• 화물의 폭에 따라 포크의 간격을 조절하여 무게의 중심을 중앙에 오도록 한다.

26 도로명 주소 및 관련 표지에 대한 설명으로 알맞지 않은 것은?

① 도로명 번호는 서쪽에서 동쪽 방향으로 도로구간을 설정하고 번호 및 이름을 부여한다.
② 도로명 번호는 남쪽에서 북쪽 방향으로 도로구간을 설정하고 번호 및 이름을 부여한다.
③ 시계표지는 "시" 경계와 "도시" 지역 경계가 일치하는 지점에 "시" 지역을 향하여 설치한다.
④ 도로명의 기초번호는 도로 구간을 20m로 나누어 왼쪽에 홀수, 오른쪽에 짝수 번호를 부여한다.

해설
시계표지는 "시" 경계와 "도시" 지역 경계가 일치하는 지점에 "도시" 지역을 향하여 설치한다.

27 클러치식 지게차의 동력전달 순서로 맞는 것은?

① 엔진 → 변속기 → 클러치 → 앞 구동축 → 종감속기어 및 차동장치 → 차륜
② 엔진 → 변속기 → 클러치 → 종감속기어 및 차동장치 → 앞 구동축 → 차륜
③ 엔진 → 클러치 → 종감속기어 및 차동장치 → 변속기 → 앞 구동축 → 차륜
④ 엔진 → 클러치 → 변속기 → 종감속기어 및 차동장치 → 앞 구동축 → 차륜

해설
클러치식 지게차의 동력전달 순서 : 엔진 → 클러치 → 변속기 → 종감속기어 및 차동장치 → 앞 구동축 → 차륜

28 수동변속기가 장착된 건설기계의 동력전달장치에서 클러치판은 어떤 축의 스플라인에 끼워져 있는가?

① 추진축
② 차동기어 장치
③ 크랭크축
④ 변속기 입력축

해설
수동변속기에서 클러치판은 변속기 입력축의 스플라인 키에 끼워진다.

29 엔진과 직결되어 같은 회전수로 회전하는 토크컨버터의 구성품은?

① 터 빈
② 펌 프
③ 스테이터
④ 변속기 출력축

해설
엔진의 회전력은 엔진과 직결된 토크컨버터의 펌프로 전달되며 회전수는 동일하다.

30 수동식 변속기가 장착된 건설기계를 운행 중 급가속시켰더니 엔진의 회전은 상승하는데 차속은 증가하지 않을 때, 그 원인은?

① 클러치 파일럿 베어링의 파손
② 릴리스 포크의 마모
③ 클러치 페달의 유격 과대
④ 클러치 디스크의 과대 마모

해설
건설기계 급가속 시 엔진의 rpm은 상승하나 차속이 증가하지 않는다면 클러치 디스크가 마모되어 동력이 전달되지 않기 때문이다.

31 엔진오일이 전달되지 않는 곳은?

① 피스톤링
② 피스톤
③ 플라이휠
④ 피스톤로드

해설
플라이휠은 크랭크축의 일정한 회전을 위한 기계요소로 엔진오일이 전달되지 않는다.

32 지게차의 운행과 관련된 사항으로 틀린 것은?

① 틸트는 적재물이 백레스트에 완전히 닿도록 한 후 운행한다.
② 주행 중 노면 상태에 주의하고 노면이 고르지 않은 곳에서는 천천히 운행한다.
③ 내리막길에서는 급회전을 삼간다.
④ 지게차의 중량제한은 필요에 따라 무시해도 된다.

해설
지게차 운행 시 차량의 중량제한을 반드시 지켜서 화물을 실어야 무게중심을 잃어 전도되는 사고를 막을 수 있다.

33 지게차의 운전을 종료했을 때의 안전사항이 아닌 것은?

① 각종 레버는 중립에 둔다.
② 연료를 빼낸다.
③ 주차브레이크를 작동시킨다.
④ 전원 스위치를 차단시킨다.

해설
지게차의 운전을 종료했다면 작동했던 레버를 모두 중립 위치로 보내고, 주차브레이크를 작동시킨 후 키를 돌려 전원 스위치를 차단시킨다. 그러나 연료는 빼낼 필요가 없다.

34 방향지시등의 한쪽 등이 빠르게 점멸하고 있을 때, 운전자가 가장 먼저 점검하여야 할 곳은?

① 전구(램프)
② 플래셔 유닛
③ 콤비네이션 스위치
④ 배터리

해설
방향지시등의 한쪽 등이 빠르게 점멸한다면 양쪽 전구 중 한쪽에 이상이 있는 경우가 많으므로 가장 먼저 전구의 손상 여부를 점검해야 한다.

35 야간에 화물자동차를 도로에서 운행할 때의 등화로 옳은 것은?

① 주차등
② 방향지시등 또는 비상등
③ 안개등과 미등
④ 전조등, 차폭등, 미등, 번호등

해설
야간에 화물자동차를 도로에서 운행하는 경우 전조등과 차폭등, 미등, 전면과 후면 번호판등은 반드시 켜야 한다(도로교통법 시행령 제19조).

36 먼지가 많이 발생하는 건설기계 작업장에서 사용하는 마스크로 가장 적합한 것은?

① 산소 마스크
② 가스 마스크
③ 방독 마스크
④ 방진 마스크

해설
먼지가 많은 사업장에서는 공기 중 부유물이나 분진 등을 들이마시지 않도록 방진(防塵) 마스크를 착용해야 한다.

37 납산 축전지의 용량은 어떻게 결정되는가?

① 극판의 크기, 극판의 수, 황산의 양에 따라 결정된다.
② 극판의 크기, 극판의 수, 단자의 수에 따라 결정된다.
③ 극판의 수, 셀의 수, 발전기의 충전능력에 따라 결정된다.
④ 극판의 수와 발전기의 충전능력에 따라 결정된다.

해설
납산 축전지의 용량은 극판의 크기, 극판의 수, 황산의 양으로 결정된다.

38 전기자 철심을 두께 0.35~1.0mm의 얇은 철판을 각각 절연하여 겹쳐 만든 주된 이유는?

① 열 발산을 방지하기 위해
② 코일의 발열 방지를 위해
③ 맴돌이 전류를 감소시키기 위해
④ 자력선의 통과를 차단시키기 위해

해설
전기자의 철심을 절연시키는 이유는 맴돌이 전류를 감소시켜 철심이 발열되는 것을 막기 위해서이다.

정답 34 ① 35 ④ 36 ④ 37 ① 38 ③

39 기동 회로에서 전력공급 선의 전압 강하는 얼마이면 정상인가?

① 0.2V 이하　　② 1.0V 이하
③ 10.5V 이하　　④ 9.5V 이하

[해설]
차량에 사용되는 12V 축전지의 전압 강하는 0.2V 이하이면 정상으로 본다.

40 도로에서 운전 중 보행자 옆을 통과할 때 가장 올바른 방법은?

① 보행자 옆을 속도 감속 없이 빨리 주행한다.
② 경음기를 울리면서 주행한다.
③ 안전거리를 두고 서행한다.
④ 보행자가 멈춰 있을 때는 서행하지 않아도 된다.

[해설]
보도와 차도가 구분되지 아니한 도로 중 중앙선이 없는 도로, 보행자우선도로, 도로 외의 곳에서 보행자 옆을 통과할 때는 안전거리를 두고 서행해야 한다(도로교통법 제27조).

41 고속도로에서 운행 중일 때 안전운전상 준수사항으로 가장 적합한 것은?

① 정기점검을 실시 후 운행하여야 한다.
② 연료량을 점검하여야 한다.
③ 월간 정비점검을 하여야 한다.
④ 모든 승차자는 좌석 안전띠를 매도록 하여야 한다.

[해설]
고속도로 주행 시에는 모든 승차자가 좌석 안전띠를 매야 한다.

42 다음 그림의 교통안전표지의 명칭은?

① 삼거리 표지
② 우회로 표지
③ 회전형 교차로 표지
④ 좌로 계속 굽은 도로표지

[해설]
화살표가 원형을 이루므로 회전형 교차로 표지임을 유추할 수 있다.

43 다음 도로교통표지에 대한 설명으로 옳지 않은 것은?

① 차량이 남쪽에서 북쪽으로 이동하는 경우, 좌회전을 하는 순간 만리재로의 끝부분에 진입한다.
② 차량이 남쪽에서 북쪽으로 이동하는 경우, 좌회전을 하는 순간 중림로의 시작 부분에 진입한다.
③ 차량이 남쪽에서 북쪽으로 이동하는 경우, 계속 직진을 하면 서소문공원으로 갈 수 있다.
④ 도로명주소의 시작과 끝 지점은 표지판의 서쪽에서 동쪽, 남쪽에서 북쪽 방향으로 정한다.

[해설]
차량이 남쪽에서 북쪽으로 이동하는 경우, 좌회전을 하는 순간 중림로의 끝부분에 진입하는 것이다.

44 건설기계의 등록 전에 임시운행 사유에 해당되지 않는 것은?

① 장비 구입 전 이상 유무 확인을 위해 1일간 예비 운행을 하는 경우
② 등록신청을 하기 위하여 건설기계 등록지로 운행 하는 경우
③ 수출을 하기 위하여 건설기계를 선적지로 운행하 는 경우
④ 신개발 건설기계를 시험·연구의 목적으로 운행 하는 경우

해설
장비 구입 전 이상 여부 판단을 위해 운행하는 경우는 임시운행 허가 사유에 해당되지 않는다(건설기계관리법 시행규칙 제6조).

45 건설기계사업을 영위하고자 하는 자는 누구에게 등록하여야 하는가?

① 시장·군수 또는 구청장
② 전문 건설기계 정비업자
③ 국토교통부장관
④ 건설기계 폐기업자

해설
건설기계사업을 하고자 하는 사람은 시장·군수 또는 구청장에게 등록해야 한다(건설기계관리법 제21조).

46 건설기계 검사기준 중 제동장치의 제동력으로 맞 지 않는 것은?

① 모든 축의 제동력의 합은 50% 이상일 것
② 동일 차축 좌우 바퀴 제동력의 편차는 해당 축하 중의 8% 이내일 것
③ 뒤차축 좌우 바퀴 제동력의 편차는 해당 축하중 의 15% 이내일 것
④ 주차제동력의 합은 건설기계 빈 차 중량의 20% 이상일 것

해설
뒤차축(동일 차축) 좌우 바퀴 제동력의 편차는 해당 축하중의 8% 이내이어야 한다(건설기계관리법 시행규칙 [별표 8]).

47 정기검사 신청을 받은 검사대행자는 며칠 이내 검 사일시 및 장소를 통지하여야 하는가?

① 20일
② 15일
③ 5일
④ 3일

해설
정기검사의 신청을 받은 시·도지사 또는 검사대행자는 신청을 받은 날부터 5일 이내에 검사일시와 검사장소를 지정하여 신청인 에게 통지해야 한다(건설기계관리법 시행규칙 제23조).

48 신개발 시험, 연구목적 운행을 제외한 건설기계의 임시운행기간은 며칠 이내인가?

① 5일

② 10일

③ 15일

④ 20일

해설

신개발 시험, 연구목적 운행을 제외한 건설기계의 임시운행기간은 15일 이내이다(건설기계관리법 시행규칙 제6조).

49 도로교통법상 모든 차의 운전자는 같은 방향으로 가고 있는 앞차의 뒤를 따를 때에는 앞차가 갑자기 정지하게 되는 경우에 그 앞차와의 충돌을 피할 수 있는 필요한 거리를 확보하도록 되어 있는 거리는?

① 급제동 금지거리

② 제동거리

③ 안전거리

④ 진로양보거리

해설

도로에서 운전 시 앞차와의 충돌을 피할 수 있는 필요한 거리를 확보하는 것은 "안전거리 확보"이다.
안전거리 확보(도로교통법 제19조제1항)
모든 차의 운전자는 같은 방향으로 가고 있는 앞차의 뒤를 따르는 경우에는 앞차가 갑자기 정지하게 되는 경우 그 앞차와의 충돌을 피할 수 있는 필요한 거리를 확보하여야 한다.

50 다음 중 정용량형 유압펌프의 기호는?

 ① ②

 ③ ④

해설

① 정용량형 유압펌프

② 가변용량형 유압펌프

③ 필터

④ 모터

51 유압회로에서 역류를 방지하고 회로 내의 잔류압력을 유지하는 밸브는?

① 체크 밸브

② 셔틀 밸브

③ 매뉴얼 밸브

④ 스로틀 밸브

해설

체크 밸브는 관로 내 유체가 역방향으로 흐르는 역류 현상을 방지한다.

52 유압장치에서 작동 및 움직임이 있는 곳의 연결관으로 적합한 것은?

① 플렉시블 호스

② 구리 파이프

③ 강 파이프

④ PVC 호스

해설

유압장치를 작동시키는 유체가 흐르는 곳의 연결관은 두 관의 움직임에도 손상이 없는 플렉시블 호스로 하는 것이 적합하다.

53 유압펌프 점검에서 작동유 유출 여부 관련 점검사항이 아닌 것은?

① 정상작동 온도로 난기 운전을 실시하여 점검하는 것이 좋다.
② 고정 볼트가 풀린 경우에는 추가 조임을 한다.
③ 작동유 유출 점검은 운전자가 관심을 가지고 하여야 한다.
④ 하우징에 균열이 발생되면 패킹을 교환한다.

해설
유압펌프의 작동유 유출 여부와 펌프의 본체인 하우징은 별개의 기계요소이므로 별도로 점검해야 한다.

54 유압에너지를 공급받아 회전운동을 하는 기기는?

① 펌 프
② 모 터
③ 밸 브
④ 롤러 리미트

해설
모터는 유체의 힘(유압에너지)으로 회전운동을 하는 장치이다.

55 감압장치에 대한 설명으로 옳은 것은?

① 화염전파 속도를 빠르게 한다.
② 연료 손실을 감소시킨다.
③ 출력을 증가시킨다.
④ 시동을 도와준다.

해설
감압장치는 실린더 내부의 압력을 대기압 이하로 낮춰 줌으로써 시동작업을 원활하게 한다.

56 유압실린더 등의 중력에 의한 자유낙하를 방지하기 위해 배압을 유지하는 압력제어 밸브는?

① 시퀀스 밸브
② 언로드 밸브
③ 카운터밸런스 밸브
④ 감압 밸브

해설
카운터밸런스 밸브는 유압 액추에이터의 중력에 의한 자유낙하를 방지하기 위해 배압을 유지하는 압력제어 밸브이다.

57 기어 펌프에 대한 설명으로 틀린 것은?

① 소형이며, 구조가 간단하다.

② 플런저 펌프에 비해 흡입력이 나쁘다.

③ 플런저 펌프에 비해 효율이 낮다.

④ 초고압에는 사용이 곤란하다.

해설
기어 펌프는 나사의 회전부에서 진공부를 형성하기 때문에 플런저
펌프에 비해 흡입력이 우수하다.

58 유압이 진공에 가까워져 기포가 생기고 이로 인해
국부적인 고압이나 소음이 발생하는 현상은?

① 캐비테이션 현상

② 시효경화 현상

③ 맥동 현상

④ 오리피스 현상

해설
캐비테이션은 유체 내부의 압력이 진공에 가까워져 기포가 생기고
이로 인해 국부적인 고압이나 소음이 발생하는 현상이다.

59 오일펌프에서 펌프량이 적거나 유압이 낮은 원인
이 아닌 것은?

① 오일탱크에 오일이 너무 많을 때

② 펌프 흡입라인(여과망) 막힘이 있을 때

③ 기어와 펌프 내벽 사이 간격이 클 때

④ 기어 옆 부분과 펌프 내벽 사이 간격이 클 때

해설
오일탱크에 오일량이 너무 적으면 펌프되는 유량이 적어지거나
유압이 낮아지는 원인이 된다.

60 유압장치의 오일탱크에서 펌프 흡입구의 설치에
대한 설명으로 틀린 것은?

① 펌프 흡입구는 반드시 탱크 가장 밑면에 설치
한다.

② 펌프 흡입구에는 스트레이너(오일 여과기)를 설
치한다.

③ 펌프 흡입구와 탱크로의 귀환구(복귀구) 사이에
는 격리판(Baffle Plate)을 설치한다.

④ 펌프 흡입구는 탱크로의 귀환구(복귀구)로부터
될 수 있는 한 멀리 떨어진 위치에 설치한다.

해설
펌프의 흡입구는 불순물 혼입 방지를 위해 바닥에서 흡입관 직경의
2~3배 떨어져서 설치해야 한다.

57 ② 58 ① 59 ① 60 ① **정답**

01 디젤엔진에서 발생하는 진동의 원인이 아닌 것은?

① 프로펠러 샤프트의 불균형
② 분사시기의 불균형
③ 분사량의 불균형
④ 분사압력의 불균형

해설
프로펠러 샤프트는 동력전달장치이므로 주행 시 발생하는 진동의 원인이 되지 않는다.

02 디젤엔진에서 연료가 정상적으로 공급되지 않아 시동이 꺼지는 현상이 발생되었다. 그 원인으로 적합하지 않은 것은?

① 연료파이프 손상
② 프라이밍 펌프 고장
③ 연료필터 막힘
④ 연료탱크 내 오물 과다

해설
프라이밍 펌프는 엔진 시동이나 정지 시 연료 계통에 있는 공기를 배출할 때 사용하는 기계장치로, 연료 공급과는 관련이 없다.

03 엔진 과열 시 일어날 수 있는 현상으로 가장 적합한 것은?

① 연료가 응결될 수 있다.
② 실린더헤드의 변형이 발생할 수 있다.
③ 흡・배기밸브의 열림량이 많아진다.
④ 밸브 개폐시기가 빨라진다.

해설
엔진(기관)이 과열되면 실린더 및 실린더헤드부에 과도한 열이 가해져서 변형이 생길 수 있다.

04 엔진의 배기가스 색이 회백색인 경우 고장 예측으로 가장 적절한 것은?

① 소음기의 막힘
② 노즐의 막힘
③ 흡기 필터의 막힘
④ 피스톤링의 마모

해설
연소 후 발생되는 배기가스 색이 회백색이라면 엔진오일이 연소실 내부로 침투해서 연소된 것으로 볼 수 있다. 엔진오일이 연소실로 투입되는 이유는 피스톤링과 실린더 사이에 간격이 생겨 그 틈으로 유입된 것이므로 피스톤링의 마모가 원인이다.

05 지게차의 전면부에 위치한 메인 기둥으로 화물을 더 높은 장소에 적재나 하역하기 위해 표준이나 다단으로 만들어진 장치는?

① 마스트
② 포 크
③ 평형추
④ 캐 빈

해설
마스트는 지게차의 전면부에 위치하여 화물을 들거나 내릴 때 포크를 지지하는 메인 기둥이다.

06 지게차를 동력원에 따라 분류한 것에 속하지 않는 것은?

① 전동형 　　　　② 디젤형

③ LPG형 　　　　④ 스트래들형

> **해설**
> 지게차를 동력원으로 분류하면 전동형, 디젤엔진형, LPG엔진형, 가솔린엔진형이 있다. 스트래들형은 차체 형식에 따른 분류에 속한다.

[스트래들형, straddle]

07 다음 그림은 지게차를 위에서 바라본 평면도이다. A의 명칭은?

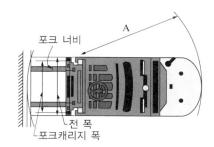

① 최소회전반경 　　② 최대회전반경

③ 축간거리 　　　　④ 최대인상높이

> **해설**
> 최소선회반경(최소회전반경) : 무부하 상태에서 지게차가 최소 각도로 회전할 때, 지게차의 후면 끝단부가 그리는 원의 반지름이다.

08 다음 지게차에 장착된 어태치먼트의 명칭은?

① 힌지드 포크 　　　② 로테이팅 포크

③ 회전 롤 클램프 　　④ 로드 스태빌라이저

> **해설**
> 회전 포크(Rotating Fork, 로테이팅 포크)는 화물을 포크로 들고 360° 회전시키는 작업장치이다.

09 포크가 장착되는 부분으로 캐리지에 장착된 장치는?

① 실린더 　　　　② 보호커버

③ 핑거보드 　　　④ 인칭페달

> **해설**
> ① 실린더
> 　• 틸트 실린더(Tilt Cylinder) : 유압으로 실린더의 길이를 조절하여 마스트를 운전석 쪽이나 바깥쪽으로 기울이면서 전경각과 후경각을 만드는 장치이다.
> 　• 리프트 실린더(Lift Cylinder) : 유압으로 마스트나 포크를 위나 아래로 움직일 때 사용하는 장치이다.
> ② 보호커버(Overhead Guard) : 운전자의 윗부분에서 떨어지는 낙하물을 막거나 지게차의 전도·전복사고 시 작업자를 보호하는 프레임의 일종이다.
> ④ 인칭페달 : 고 rpm이거나 저속에서 미세한 제어를 위한 것으로, 지게차가 화물에 접근한 후 높은 rpm으로 유압을 증가시켜 작업을 신속하게 처리하기 위해 밟아서 작동시킨다.

10 지게차의 마스트에 전경각을 부여하는 장치는?

① 리프트 실린더 　　② 틸트 실린더

③ 조향핸들 　　　　④ 사이드 시프트

11 지게차의 기준부하상태는 정차 시 포크 밑면이 지면으로부터 얼마나 떨어져야 하는가?

① 100mm
② 150mm
③ 200mm
④ 300mm

해설
지게차의 기준부하상태는 정차 시 포크 밑면인 쇠스랑이 지면으로부터 300mm 떨어진 상태이다.

12 드럼통과 같은 원형의 화물을 움켜잡고 이동시키는 데 가장 적합한 어태치먼트는?

① 드럼 클램프
② 베일 클램프
③ 푸시 풀 장치
④ 팰릿 인버터

해설
드럼 클램프는 원형 통을 일컫는 것으로 드럼을 움직이는 데 특화된 어태치먼트이다.

 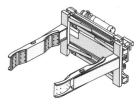

② 베일 클램프 : 카톤 클램프와 형식은 유사하나 날개가 넓은 것으로 고정된 것이 아니라, 다양한 크기의 날개를 부착하여 포크 없이도 화물의 양옆에서 클램핑하는 작업장치이다.
③ 푸시 풀 장치 : 푸시 풀 장치 하단부에 장착된 자체 팰릿(Pallet)에 화물을 싣고, 화물을 옮겨 놓을 또 다른 팰릿의 한쪽 가장자리에 내려놓으면서 자체 팰릿은 뒤로 빼고 풀 장치를 밖으로 내밀며 하역하는 작업장치(단, 작업 방식은 작업자에 따라 다를 수 있음)이다.
④ 팰릿 인버터 : 화물을 적재하고 회전시킬 때 3점식 지지점의 형태로 화물을 감싸 적재 상태를 변형하지 않은 상태로 하역 및 적재작업을 하는 작업장치이다.

13 안전점검 중 일상점검에 포함되어 있지 않은 것은?

① 폭풍 후 기계의 기능이상 유무
② 작업자의 복장 상태
③ 가동 중 이상 소음
④ 전기 스위치

14 보호구를 선택할 때의 유의사항으로 틀린 것은?

① 작업 행동에 방해되지 않을 것
② 사용 목적에 구애받지 않을 것
③ 보호구 성능기준에 적합하고 보호 성능이 보장될 것
④ 착용이 용이하고 크기 등 사용자에게 편리할 것

해설
보호구는 사용 목적에 맞는 것을 선택해야 한다.

15 안전보건표지의 종류 중 다음 그림과 같은 표지는?

① 인화성물질 경고
② 금 연
③ 화기금지
④ 산화성물질 경고

해설
그림 좌측에 불, 우측에 성냥이 보이므로 화기금지표지로 유추할 수 있다(산업안전보건법 시행규칙 [별표 6]).

16 현장에서 작업자가 작업 안전상 꼭 알아 두어야 할 사항은?

① 장비의 제원
② 종업원의 작업환경
③ 종업원의 기술 정도
④ 안전 규칙 및 수칙

해설
현장 작업자는 안전 규칙과 수칙을 모두 알아 두어야 한다.

17 화재의 분류기준에서 휘발유(액상 또는 기체상의 연료성 화재)로 인해 발생한 화재는?

① A급화재
② B급화재
③ C급화재
④ D급화재

해설
② B급화재 : 유류 및 가스화재
① A급화재 : 일반(보통)화재
③ C급화재 : 전기화재
④ D급화재 : 금속화재

18 수공구 중 드라이버의 사용상 안전하지 않은 것은?

① 날 끝이 수평이어야 한다.
② 전기 작업 시 절연된 자루를 사용한다.
③ 날 끝이 홈의 폭과 길이가 같은 것을 사용한다.
④ 전기 작업 시 금속 부분이 자루 밖으로 나와 있어야 한다.

해설
드라이버 사용 시 금속 부분은 자루 안으로 넣어 작업자의 손에 닿지 않도록 해야 한다.

19 자연발화가 일어나기 쉬운 조건으로 틀린 것은?

① 발열량이 클 때
② 주위 온도가 높을 때
③ 착화점이 낮을 때
④ 표면적이 작을 때

해설
자연발화는 연료 스스로 착화되는 현상으로 표면적이 넓을 때 일어나기 쉽다.

20 연료분사의 3요소에 속하지 않는 것은?

① 무 화
② 분 포
③ 관통력
④ 압축성

해설
연료분사의 3요소
• 무화 : 노즐에서 분사되는 연료입자를 미세하게 만들어서 분무시키는 정도
• 분포 : 연료입자가 연소실의 모든 곳에 균일하게 퍼지는 정도
• 관통력 : 연료입자가 연소실의 먼 곳까지 관통해서 도달할 수 있는 힘

21 스탠딩웨이브 현상을 방지할 수 있는 사항이 아닌 것은?

① 저속 운행을 한다.
② 전동저항을 증가시킨다.
③ 강성이 큰 타이어를 사용한다.
④ 타이어의 공기압을 높인다.

해설

스탠딩웨이브 현상
- 타이어 공기압이 낮을 때 자동차가 고속으로 주행하면 일정 속도에서 타이어의 윗부분이 물결처럼 주름 잡히는 현상이다.
- 스탠딩웨이브의 방지 대책
  - 전동저항을 감소시킨다.
  - 타이어의 공기압을 높인다.
  - 강성이 큰 타이어를 사용한다.
  - 고속 운행을 피하며 가급적 저속으로 운행한다.

22 유압장치에서 금속가루 또는 불순물을 제거하기 위해 사용되는 부품으로 짝지어진 것은?

① 여과기와 어큐뮬레이터
② 스크레이퍼와 필터
③ 필터와 스트레이너
④ 어큐뮬레이터와 스트레이너

해설

유압장치의 관로 내부로 불순물이 유입되는 것을 방지하기 위해서 필터와 스트레이너를 사용한다.

23 디젤엔진에서 에어클리너가 막힐 때 나타나는 현상은?

① 배기색은 희고, 출력은 정상이다.
② 배기색은 희고, 출력은 증가한다.
③ 배기색은 검고, 출력은 저하된다.
④ 배기색은 검고, 출력은 증가한다.

해설

에어클리너가 막히면 연소실로 공기가 원활히 공급되지 못하기 때문에 희박 공기 상태가 되어 연소가 잘 안 되므로, 출력은 저하되고 배기색은 검게 된다.

24 앞바퀴 정렬 요소 중 캠버의 필요성에 대한 설명으로 틀린 것은?

① 앞차축의 휨을 적게 한다.
② 조향 휠의 조작을 가볍게 한다.
③ 조향 시 바퀴의 복원력이 발생한다.
④ 토(Toe)와 관련성이 있다.

해설

조향 시 바퀴에 복원력을 주기 위한 것은 캐스터이다.

25 작업장치를 갖춘 건설기계의 작업 전 점검사항으로 틀린 것은?

① 제동장치 및 조종장치 기능의 이상 유무
② 하역장치 및 유압장치 기능의 이상 유무
③ 유압장치의 과열 이상 유무
④ 전조등, 후미등, 방향지시등 및 경보장치의 이상 유무

해설

유압장치의 과열은 작업을 완료한 후 점검해야 한다.

26 지게차로 화물을 싣고 경사지에서 주행할 때 안전상 올바른 운전방법은?

① 포크를 높이 들고 주행한다.
② 내려갈 때는 저속 후진한다.
③ 내려갈 때는 변속 레버를 중립에 놓고 주행한다.
④ 내려갈 때는 시동을 끄고 타력으로 주행한다.

해설
지게차로 화물을 싣고 경사지에서 주행할 때는 저속으로 후진하며 내려가야 한다.

27 터보차저의 특징에 대한 설명으로 옳지 않은 것은?

① 엔진이 고출력일 때 배기가스의 온도를 낮출 수 있다.
② 고지대 작업 시에도 엔진의 출력저하를 방지한다.
③ 구조가 복잡하고, 무게가 무거우며, 설치가 복잡하다.
④ 과급작용의 저하를 막기 위해 터빈실과 과급실에 각각 물재킷을 두고 있다.

해설
터보차저는 소형이면서 경량이므로 설치가 비교적 수월하다.

28 자동변속기의 과열원인이 아닌 것은?

① 메인 압력이 높다.
② 과부하 운전을 계속하였다.
③ 오일이 규정량보다 많다.
④ 변속기 오일쿨러가 막혔다.

해설
자동변속기에 오일이 규정량보다 적을 때 과열이 일어난다.

29 엔진의 크랭크 케이스를 환기하는 목적으로 가장 옳은 것은?

① 크랭크 케이스의 청소를 쉽게 하기 위하여
② 출력의 손실을 막기 위하여
③ 오일의 증발을 막기 위하여
④ 오일의 슬러지 형성을 막기 위하여

해설
엔진의 크랭크 케이스를 환기시키는 목적은 바닥에 엔진오일의 슬러지가 형성되는 것을 막아 엔진오일을 깨끗이 유지하기 위함이다.

30 유성기어장치의 주요 부품으로 맞는 것은?

① 유성기어, 베벨기어, 선기어
② 선기어, 클러치기어, 헬리컬기어
③ 유성기어, 베벨기어, 클러치기어
④ 선기어, 유성기어, 링기어, 유성캐리어

31 수동변속기 클러치페달의 자유간극 조정방법은?

① 클러치 링키지 로드를 조정해서
② 클러치페달 리턴스프링 장력을 조정해서
③ 클러치 베어링을 움직여서
④ 클러치 스프링장력을 조정해서

해설
수동변속기 클러치페달의 자유간극은 클러치 링키지 로드로 조정한다.

32 화물을 적재하고 주행할 때 포크와 지면과의 간격은?

① 지면에 밀착
② 20~30cm
③ 50~55cm
④ 80~85cm

해설
화물을 적재하고 주행할 때 포크와 지면의 간격은 20~30cm 띄워야 한다.

33 긴 내리막길을 내려갈 때 베이퍼록을 방지하는 좋은 운전 방법은?

① 변속 레버를 중립으로 놓고 브레이크페달을 밟고 내려간다.
② 시동을 끄고 브레이크페달을 밟고 내려간다.
③ 엔진 브레이크를 사용한다.
④ 클러치를 끊고 브레이크페달을 계속 밟고 속도를 조정하며 내려간다.

해설
긴 내리막길을 내려갈 때 베이퍼록 방지를 위해 페달 브레이크를 사용하지 않고 엔진 브레이크를 사용해야 한다.

34 실드빔식 전조등에 대한 설명으로 틀린 것은?

① 대기 조건에 따라 반사경이 흐려지지 않는다.
② 내부에 불활성가스가 들어 있다.
③ 사용에 따른 광도의 변화가 적다.
④ 필라멘트를 갈아 끼울 수 있다.

해설
실드빔식 전조등은 필라멘트를 교체할 수 없다.

35 방향지시등의 한쪽 등이 빠르게 점멸할 때, 운전자가 가장 먼저 점검해야 할 곳은?

① 전 구
② 계기판
③ 축전지
④ 연료통

해설
방향지시등 한쪽이 빠르게 점등한다면 전구의 필라멘트가 끊어졌을 수 있으므로 교체해야 한다. 따라서 운전자는 가장 먼저 전구를 점검해야 한다.

36 지게차 계기판의 표시내용으로 적절하지 않은 것은?

① 연료게이지
② 화물의 가격
③ 속도게이지
④ 브레이크 고장등

해설

계기판의 일반적 표시내용
· 연료게이지
· 속도게이지
· 방향지시등
· 작업표시등
· 엔진점검 경고등
· 브레이크 고장등
· 엔진 예열 표시등
· 연료 레벨 경고등
· 미션오일 온도계
· 배터리 충전 경고등
· 엔진 냉각수 온도계
· 주차브레이크 표시등
· 아워미터(Hour Meter) : 지게차 엔진이 가동된 총시간

37 축전지 터미널에 부식이 발생했을 때 나타나는 현상과 가장 거리가 먼 것은?

① 기동전동기의 회전력이 작아진다.
② 엔진 크랭킹이 잘되지 않는다.
③ 전압강하가 발생된다.
④ 시동스위치가 손상된다.

해설

축전지 터미널에 부식이 발생하면 충전이 불량해져서 축전지의 용량은 낮아져 방전될 수 있다. 시동스위치의 손상은 축전지 터미널의 부식과는 거리가 멀다.

38 시동장치에서 스타트 릴레이의 설치 목적과 관계 없는 것은?

① 회로에 충분한 전류가 공급될 수 있도록 하여 크랭킹이 원활하게 한다.
② 키 스위치(시동스위치)를 보호한다.
③ 엔진 시동을 용이하게 한다.
④ 축전지의 충전을 용이하게 한다.

해설

스타트 릴레이는 엔진의 시동과 관련 있을 뿐 축전지 충전과는 관련이 없다.

39 디젤엔진의 시동을 용이하게 하기 위한 사항으로 틀린 것은?

① 압축비를 높인다.
② 시동 시 회전속도를 낮춘다.
③ 흡기온도를 상승시킨다.
④ 예열장치를 사용한다.

해설

디젤엔진은 자기착화에 의해 연소가 이루어지므로 시동을 용이하게 하려면 시동 시 회전속도를 높여야 한다.

40 신호기의 녹색등화 시 차마의 통행방법으로 틀린 것은?

① 차마는 다른 교통에 방해되지 않을 때 천천히 우회전할 수 있다.
② 차마는 직진할 수 있다.
③ 차마는 비보호좌회전표시가 있는 곳에서는 언제든지 좌회전할 수 있다.
④ 차마는 좌회전을 해서는 안 된다.

해설

신호등에서 녹색등화가 표시되면 차마는 비보호좌회전표시가 있어도 지나가는 차량이나 사람을 살펴보고 안전이 확인될 때 좌회전할 수 있다. 또한 긴급자동차가 지나갈 때는 멈춰 서 있어야 한다.

41 도로교통법상에서 교통안전표지의 구분이 맞는 것은?

① 주의표지, 통행표지, 규제표지, 지시표지, 차선표지
② 주의표지, 규제표지, 지시표지, 보조표지, 노면표시
③ 도로표지, 주의표지, 규제표지, 지시표지, 노면표시
④ 주의표지, 규제표지, 지시표지, 차선표지, 도로표지

해설

도로교통법상에서 교통안전표지의 구분(도로교통법 시행규칙 제8조)
- 주의표지   · 규제표지
- 지시표지   · 보조표지
- 노면표시

42 도로교통법상 철길건널목을 통과하는 방법으로 가장 적합한 것은?

① 신호등이 없는 철길건널목을 통과할 때는 서행으로 통과해야 한다.
② 신호등이 있는 철길건널목을 통과할 때는 건널목 앞에서 일시정지하여 안전한지의 여부를 확인한 후에 통과해야 한다.
③ 신호기가 없는 철길건널목을 통과할 때는 건널목 앞에서 일시정지하여 안전한지의 여부를 확인한 후에 통과해야 한다.
④ 신호기와 관련 없이 철길건널목을 통과할 때는 건널목 앞에서 일시정지하여 안전한지의 여부를 확인한 후에 통과해야 한다.

해설

철길건널목의 통과(도로교통법 제24조)
- 모든 차 또는 노면전차의 운전자는 철길건널목(이하 "건널목"이라 한다)을 통과하려는 경우에는 건널목 앞에서 일시정지하여 안전한지 확인한 후에 통과해야 한다. 다만, 신호기 등이 표시하는 신호에 따르는 경우에는 정지하지 않고 통과할 수 있다.
- 모든 차 또는 노면전차의 운전자는 건널목의 차단기가 내려져 있거나 내려지려고 하는 경우 또는 건널목의 경보기가 울리고 있는 동안에는 그 건널목으로 들어가서는 안 된다.
- 모든 차 또는 노면전차의 운전자는 건널목을 통과하다가 고장 등의 사유로 건널목 안에서 차 또는 노면전차를 운행할 수 없게 된 경우에는 즉시 승객을 대피시키고 비상신호기 등을 사용하거나 그 밖의 방법으로 철도공무원이나 경찰공무원에게 그 사실을 알려야 한다.

43 다음 교통안전표지에 대한 설명으로 맞는 것은?

① 최고중량제한표지
② 최고시속 30km 제한표지
③ 최저시속 30km 제한표지
④ 차간거리 최저 30m 제한표지

해설

숫자에 밑줄이 그려진 표시는 최저시속을 숫자에 맞추라는 표시이다(도로교통법 시행규칙 [별표 6]).

44 건설기계의 임시운행 사유에 해당하는 것은?

① 작업을 위해 건설현장에서 건설기계를 운행할 때
② 정기검사를 받기 위해 건설기계를 검사장소로 운행할 때
③ 등록신청을 위해 건설기계를 등록지로 운행할 때
④ 등록말소를 위해 건설기계를 폐기장으로 운행할 때

해설

미등록 건설기계의 임시운행 규정(건설기계관리법 시행규칙 제6조)
㉠ 등록신청을 하기 위해 건설기계를 등록지로 운행하는 경우
㉡ 신규등록검사 및 확인검사를 받기 위해 건설기계를 검사장소로 운행하는 경우
㉢ 수출을 하기 위해 건설기계를 선적지로 운행하는 경우
㉣ 수출을 하기 위해 등록말소한 건설기계를 점검·정비의 목적으로 운행하는 경우
㉤ 신개발 건설기계를 시험·연구의 목적으로 운행하는 경우
㉥ 판매 또는 전시를 위해 건설기계를 일시적으로 운행하는 경우
※ 임시운행기간은 15일 이내로 한다. 다만, ㉤의 경우에는 3년 이내로 한다.

45 건설기계 등록번호표의 색상 구분 중 틀린 것은?

① 관용 번호판은 흰색 판에 검은색 문자이다.

② 대여사업용 번호판은 주황색 판에 검은색 문자
이다.

③ 자가용 번호판은 흰색 판에 검은색 문자이다.

④ 임시운행 번호표는 흰색 판에 청색 문자이다.

해설
임시운행 번호표는 흰색 페인트판(목판)에 검은색 문자를 새긴다.
**건설기계 등록번호표의 색상(건설기계관리법 시행규칙 [별표 1],
[별표 2])**
• 비사업용(관용 또는 자가용) : 흰색 바탕에 검은색 문자
• 대여사업용 : 주황색 바탕에 검은색 문자
• 임시운행 번호표 : 흰색 페인트판(목판)에 검은색 문자

46 건설기계조종사 면허의 결격사유에 해당하지 않는
것은?

① 18세 미만인 사람

② 듣지 못하는 사람

③ 건설기계조종사면허의 효력정지처분 기간 중에
있는 자

④ 건설기계조종사면허가 취소된 날부터 3년이 지
나지 않은 자

해설
건설기계조종사 면허의 결격사유(건설기계관리법 제27조)
• 18세 미만인 사람
• 건설기계 조종상의 위험과 장해를 일으킬 수 있는 정신질환자
또는 뇌전증환자로서 국토교통부령으로 정하는 사람
• 앞을 보지 못하는 사람, 듣지 못하는 사람, 그 밖에 국토교통부령
으로 정하는 장애인
• 건설기계 조종상의 위험과 장해를 일으킬 수 있는 마약 • 대마 •
향정신성의약품 또는 알코올중독자로서 국토교통부령으로 정
하는 사람
• 법 제28조(건설기계조종사면허의 취소 • 정지) 제1호부터 제7호
까지의 어느 하나에 해당하는 사유로 건설기계조종사면허가 취
소된 날부터 1년(거짓이나 그 밖의 부정한 방법으로 건설기계조
종사면허를 받거나 건설기계조종사면허의 효력정지기간 중 건
설기계를 조종한 경우에는 2년)이 지나지 않았거나 건설기계조
종사면허의 효력정지처분 기간 중에 있는 사람

47 건설기계 등록자가 다른 시 • 도로 주소지를 변경
했을 경우 해야 할 사항은?

① 등록사항 변경 신고를 해야 한다.

② 등록이전 신고를 해야 한다.

③ 등록증을 해당 등록처에 제출한다.

④ 등록증과 검사증을 등록처에 제출한다.

해설
등록이전(건설기계관리법 시행령 제6조제1항)
건설기계의 소유자(등록자)는 등록한 주소지 또는 사용본거지가
변경된 경우(시 • 도 간의 변경이 있는 경우에 한함)에는 그 변경이
있는 날부터 30일(상속의 경우에는 상속개시일부터 6개월) 이내
에 건설기계 등록이전신고서에 소유자의 주소 또는 건설기계의
사용본거지의 변경사실을 증명하는 서류와 건설기계등록증 및
건설기계검사증을 첨부하여 새로운 등록지를 관할하는 시 • 도지
사에게 제출(전자문서에 의한 제출을 포함한다)해야 한다.

48 다음 3방향 도로명표지의 명칭으로 알맞은 것은?

① 회전교차로

② 고가차도 교차로

③ 지하차도 교차로

④ T자형 교차로

해설
문제의 그림은 남쪽에서 북쪽으로 진행하는 상황에서 볼 수 있는
도로명표지로, 고가차도를 나타낸다.

49 건설기계관리법령상 다음 설명에 해당하는 건설기계사업은?

> 건설기계를 분해·조립 또는 수리하고, 그 부분품을 가공제작·교체하는 등 건설기계를 원활하게 사용하기 위한 모든 행위를 업으로 하는 것

① 건설기계정비업
② 건설기계제작업
③ 건설기계매매업
④ 건설기계해체재활용업

50 윤활유의 성질 중 가장 중요한 것은?

① 온 도
② 점 도
③ 습 도
④ 건 도

해설
윤활유에서 가장 중요한 성질은 유체의 유동성에 대한 저항의 정도를 의미하는 "점도"이다.

51 유압펌프의 토출량을 나타내는 단위는?

① psi
② LPM
③ kPa
④ W

해설
유압펌프의 토출량 단위는 LPM(Liter Per Minute), 1분당 토출량 (Liter)이다.

52 압력제어밸브 중 항상 닫혀 있다가 일정 조건이 되면 열려 작동하는 밸브가 아닌 것은?

① 릴리프밸브(Relief Valve)
② 감압밸브(Reducing Valve)
③ 무부하밸브(Unloading Valve)
④ 시퀀스밸브(Sequence Valve)

해설
감압밸브는 항상 닫혀 있지는 않다.

53 축압기의 종류 중 공기 압축형이 아닌 것은?

① 스프링 하중식(Spring Loaded Type)
② 피스톤식(Piston Type)
③ 다이어프램식(Diaphragm Type)
④ 블래더식(Bladder Type)

해설
축압기의 종류 중 공기 압축형에는 스프링 하중식이 포함되지 않는다.

54 압력의 단위가 아닌 것은?

① kgf/cm^2 ② dyne
③ psi ④ bar

해설
dyne은 힘의 단위이다.

55 유압탱크에 대한 구비조건으로 가장 거리가 먼 것은?

① 적당한 크기의 주유구 및 스트레이너를 설치한다.
② 드레인(배출 밸브) 및 유면계를 설치한다.
③ 오일에 이물질이 혼입되지 않도록 밀폐되어야 한다.
④ 오일 냉각을 위한 클러치를 설치한다.

해설
유압탱크는 연료장치에 속하지만, 클러치는 동력전달장치이므로 서로 관련이 없다.

56 펌프의 특징에 대한 설명으로 옳지 않은 것은?

① 기어펌프는 두 개의 맞물리는 기어를 케이싱 안에서 회전시켜 유압을 발생시킨다.
② 나사펌프는 나사와 케이싱 사이의 홈으로 유체를 압축시켜 유압을 발생시킨다.
③ 피스톤펌프는 실린더 내부를 피스톤의 왕복운동에 의해 유체를 압축시켜 유압을 발생시킨다.
④ 베인펌프는 중간에 격막이 있으며, 이 격막의 왕복운동에 의해 유체를 압축시켜 유압을 발생시킨다.

해설
• 다이어프램펌프 : 입구와 출구에 있는 유체가 서로 접하지 않도록 중간에 격막이 있고, 이 격막의 왕복운동에 의해 유체가 압축 이송되는 펌프이다.
• 베인펌프 : 회전자인 로터에 방사형으로 설치된 베인이 캠링의 내부를 회전하면서 그 사이에 폐입된 유체를 출구로 이송시킨다.

57 방향제어밸브에 속하지 않는 것은?

① 체크밸브
② 셔틀밸브
③ 스풀밸브
④ 감압밸브

해설
감압밸브는 압력제어밸브의 일종이다. 압력제어밸브에는 감압, 릴리프, 무부하, 카운터밸런스, 시퀀스 밸브가 있다.

58 방향제어밸브에 사용되는 다음 레버의 명칭은?

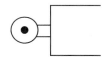

① 스프링 레버
② 롤러레버
③ 플런저 레버
④ 솔레노이드

해설
방향제어밸브의 작동 방식

수동 작동	누름버튼	레 버	페 달
스프링	롤러레버	플런저	솔레노이드 (전기적 작동)

59 유압장치에서 릴리프밸브의 스프링 장력이 약화되어 볼이 밸브의 시트를 때려 소음을 발생시키는 현상은?

① 수막현상

② 페입현상

③ 공동현상

④ 채터링 현상

해설

채터링 현상은 유압계통에서 릴리프밸브의 스프링 장력이 약화될 때 발생하는 현상으로, 볼이 밸브의 시트를 때려 소음을 발생시킨다.

60 유압탱크의 기능으로 알맞지 않은 것은?

① 유압회로 내 유량 확보

② 방열로 회로 내 적정온도 유지

③ 유압회로 내부의 필요 압력 설정

④ 유압회로 내 기포발생 및 기포유지

해설

유압탱크에 유량을 적정하게 유지시키면 방열 및 압력유지가 가능하다. 그리고 회로 내 기포가 발생하면 성능 저하가 일어나기 때문에 유압탱크는 내부의 배플 장치(Hydraulic Tank Baffle)에 의해 기포도 제거할 수 있다.

[배플 장치]

01 디젤엔진의 예열장치에서 코일형 예열플러그와 비교한 실드형 예열플러그의 설명으로 틀린 것은?

① 발열량이 크고, 열용량도 크다.
② 예열플러그 사이의 회로는 병렬로 결선되어 있다.
③ 기계적 강도 및 가스에 의한 부식에 약하다.
④ 예열플러그 하나가 단선되어도 나머지는 작동된다.

해설
③은 코일형 예열플러그의 설명이다.

02 다음 중 코먼레일 디젤엔진의 연료장치 구성부품으로 옳지 않은 것은?

① 인젝터
② 예열플러그
③ 연료저장축압기
④ 연료압력조절밸브

해설
예열플러그는 시동장치의 구성부품에 속한다.

03 엔진에서 오일의 온도가 상승되는 원인이 아닌 것은?

① 과부하 상태에서 연속작업
② 오일 냉각기의 불량
③ 오일의 점도가 부적당할 때
④ 유량의 과다

해설
유량(유체의 흐름 양)이 많아도 오일의 온도가 상승하지는 않는다. 오일의 온도 상승은 오일 순환부에서 발생되는 열이 주요 원인이다.

04 동절기에 엔진이 동파되는 원인은?

① 냉각수가 얼어서
② 기동전동기가 얼어서
③ 발전장치가 얼어서
④ 엔진오일이 얼어서

해설
동절기에 엔진을 순환하는 냉각수가 얼기 때문이다.

05 직사각형으로 만들어진 얼음 덩어리를 이동시키는데 가장 적합한 지게차 어태치먼트는?

① 힌지드 포크
② 아이스 클램프
③ 사이드 시프트
④ 로드 스태빌라이저

해설
① 힌지드 포크 : 포크를 경사지게 장착하여 안아서 옮기는 형태의 작업장치로, 원형의 파이프나 목재 등 둥근 형태의 재료를 옮기기 적합하다.
③ 사이드 시프트 : 한쪽으로 무게중심이 쏠린 작업물을 들 때 차체를 이동하지 않고도 캐리지를 좌우로 이동시킴으로써, 캐리지에 위치한 핑거보드에 장착된 포크도 같이 좌우로 이동시켜 균형을 맞출 수 있는 작업장치이다.
④ 로드 스태빌라이저 : 포크로 든 짐을 상단에 설치된 압착판(덮개)으로 눌러서 고르지 못한 도로를 다닐 때 화물의 쏟아짐을 방지하기 위한 작업장치이다.

1 ③ 2 ② 3 ④ 4 ① 5 ② **정답**

06 다음 그림과 같은 지게차 어태치먼트의 명칭은?

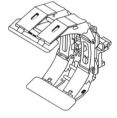

① 드럼 클램프
② 사이드 시프트
③ 롤 클램프
④ 포크 포지셔너

해설
롤 클램프(페이퍼 롤 클램프)는 페이퍼와 같은 롤 형태의 화물을 클램핑해서 이동 및 적재시킬 수 있는 작업장치이다. 클램핑하면 회전할 수 없다는 것이 회전 롤 클램프와 다른 점이다.

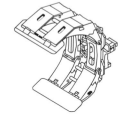

07 지게차를 주차할 때 상대적으로 날카로운 포크에 의한 사고 방지를 위해 포크에 끼우는 안전장치는?

① 포크 가이드
② 포크 포지서
③ 리프트 로킹
④ 스프로킷 가드

해설
포크 가이드는 지게차를 더 이상 운행하지 않을 때 주변 사람이나 화물의 보호를 위해 포크에 끼우는 안전장치이다.

08 지게차의 표준 마스트는 일반적으로 몇 단으로 구성되는가?

① 1단
② 2단
③ 3단
④ 4단

해설
마스트는 화물을 높이 올리거나 내리는 장치이다. 표준 마스트는 2단으로 만들어지며 그 최대 인상높이는 대략 2.9~3.3m로 구성한다. 마스트가 3개이면 3단 자유 인상마스트이고, 4개이면 4단 자유 인상마스트라고 한다.

09 다음 지게차의 구조 중 축간거리는?

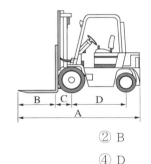

① A
② B
③ C
④ D

해설
④ D : 축간거리
① A : 전장
② B : 포크 길이
③ C : 전방 오버행

10 다음 지게차 구조에서 A의 명칭은?

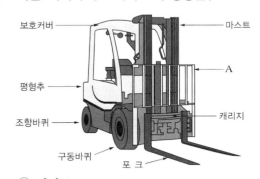

① 핑거보드
② 틸트실린더
③ 백레스트
④ 카운터밸런스

해설
A는 백레스트이다. 백레스트는 포크로 화물을 들고 마스트를 뒤로 기울였을 때 화물이 마스트 쪽으로 떨어지는 것을 방지하기 위한 뒷받침 장치이다.

11 포크를 위나 아래 방향으로 이동시킬 때 사용하는 장치는?

① 상하 이송레버
② 앞뒤 틸트레버
③ 전후 이송레버
④ 좌우 시프트레버

해설
포크를 상하로 이송시킬 때는 상하 이송레버를 사용한다.

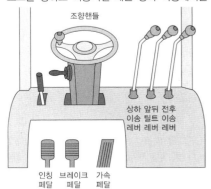

12 지게차에서 화물을 높이 들거나 내릴 때 사용하는 실린더는?

① 틸트 실린더
② 리프트 실린더
③ 엔진 실린더
④ 레버척 실린더

해설
지게차의 마스트에 부착된 리프트 실린더는 유압의 힘으로 화물을 적재한 포크를 들어 내릴 수 있다.

13 산업안전보건법상 안전보건표지에서 색채와 용도가 서로 맞지 않는 것은?

① 파란색 − 지시
② 녹색 − 안내
③ 노란색 − 위험
④ 빨간색 − 금지, 경고

해설
노란색은 경고를 나타내는 안전보건표지이다(산업안전보건법 시행규칙 [별표 8]).

14 다음의 수신호가 건설기계에 지령하는 내용으로 알맞은 것은?

> 한 팔을 수평으로 뻗고서 손바닥은 바닥을 향하게 하고, 팔은 수평을 유지하며, 앞뒤로 움직인다.

① 멈 춤
② 비상멈춤
③ 작업 시작
④ 최저속도

해설
② 비상멈춤 : 두 팔을 수평으로 뻗고, 손바닥은 바닥을 향하게 하고, 팔은 수평을 유지하며, 앞뒤로 움직인다.
③ 작업 시작 : 두 팔을 수평으로 뻗고, 손바닥은 펴서 정면을 향하게 한다.
④ 최저속도 : 두 손바닥을 마주치며, 원을 그리듯 문지른다. 이 신호 후에 기타 해당 수신호를 적용한다.
※ KS B ISO 16715 참고

15 가스용접장치에서 산소용기의 색은?

① 청 색
② 황 색
③ 적 색
④ 녹 색

해설
① 청색 : 액화탄산가스
② 황색 : 아세틸렌가스

16 일반적인 보호구의 구비조건으로 맞지 않는 것은?

① 착용이 간편할 것
② 햇볕에 열화가 잘될 것
③ 재료의 품질이 양호할 것
④ 위험 유해요소에 대한 방호성능이 충분할 것

해설
보호구는 햇볕에 잘 변형되지 않고, 열화되지 않아야 작업자를 보호할 수 있다.

17 산업안전보건표지에서 다음 그림이 나타내는 것은?

① 비상구없음표지
② 방사선물질경고표시
③ 탑승금지표지
④ 보행금지표지

해설
보행을 하는 것 같은 사람의 그림과 금지표시가 함께 있으므로 보행을 금지하는 표지임을 유추할 수 있다(산업안전보건법 시행규칙 [별표 6]).

18 다음 조정렌치 사용상 안전수칙 중 옳은 것은?

> a. 잡아당기며 작업한다.
> b. 조정 조에 당기는 힘이 많이 가해지도록 한다.
> c. 볼트 머리나 너트에 꼭 끼워서 작업을 한다.
> d. 조정렌치 자루에 파이프를 끼워서 작업을 한다.

① a, b
② a, c
③ b, c
④ b, d

해설
조정렌치는 사용할 때 볼트 머리나 너트에 꼭 맞는 것으로 잡아당기면서 작업한다.

19 기계설비의 위험성 중 접선물림점(Tangential Point)과 가장 관련이 적은 것은?

① V벨트
② 커플링
③ 체인벨트
④ 기어와 랙

> **해설**
> 접선물림점은 회전하는 기계요소의 물림점으로 V벨트와 체인벨트, 기어와 랙에는 회전물림점이 있다. 그러나 커플링은 축의 결합을 목적으로 하는 결합장치이므로 접선물림점과는 거리가 멀다.

20 디젤엔진에서 연료가 정상적으로 공급되지 않아 시동이 꺼지는 현상이 발생되었다. 그 원인으로 적합하지 않은 것은?

① 연료파이프 손상
② 프라이밍펌프 고장
③ 연료필터 막힘
④ 자동변속기의 고장 발생

> **해설**
> 프라이밍펌프는 관로 내부의 공기를 제거하는 장치이므로, 시동 꺼짐과는 관련이 적다.

21 중형 용량인 브레이크페달의 자유간극 범위로 가장 적절한 것은?

① 1~4mm
② 5~8mm
③ 10~15mm
④ 15~30mm

> **해설**
> 브레이크페달의 자유간극
> • 대형 : 15~30mm
> • 중형 : 10~15mm
> • 소형 : 5~10mm

22 유압장치 중 피스톤로드에 있는 먼지 또는 오염물질 등이 실린더 내로 혼입되는 것을 방지하는 것은?

① 필터(Filter)
② 더스트 실(Dust Seal)
③ 밸브(Valve)
④ 실린더 커버(Cylinder Cover)

> **해설**
> 더스트 실(Dust Seal)은 유압장치의 관로 내부에 있는 먼지나 오염물질이 실린더 내로 혼입되는 것을 막아 준다.

23 라디에이터(Radiator)를 다운 플로 형식(Down Flow Type)과 크로스 플로 형식(Cross Flow Type)으로 구분하는 기준은?

① 공기가 흐르는 방향에 따라
② 라디에이터 크기에 따라
③ 라디에이터의 설치 위치에 따라
④ 냉각수가 흐르는 방향에 따라

> **해설**
> • 다운 플로식 : 냉각수의 흐름 방향이 위에서 아래로 흐르는 방식
> • 크로스 플로식 : 냉각수의 흐름이 탱크 입구와 출구 높이가 비슷한 수평 방향으로 흐르는 방식

24 타이어식 건설기계의 액슬 허브에 오일을 교환하고자 한다. 오일을 배출시킬 때와 주입할 때의 플러그 위치로 옳은 것은?

① 배출시킬 때 1시 방향, 주입할 때 9시 방향
② 배출시킬 때 6시 방향, 주입할 때 9시 방향
③ 배출시킬 때 9시 방향, 주입할 때 6시 방향
④ 배출시킬 때 2시 방향, 주입할 때 12시 방향

> **해설**
> 타이어식 건설기계의 액슬 허브에 오일의 배출은 6시, 주입은 9시 방향으로 한다.

25 운반작업 시 지켜야 할 사항으로 옳은 것은?

① 운반작업은 장비를 사용하기보다 가능한 한 많은 인력을 동원하여 하는 것이 좋다.
② 인력으로 운반 시 무리한 자세로 장시간 취급하지 않는다.
③ 인력으로 운반 시 보조구를 사용하되 몸에서 멀리 떨어지게 하고, 가슴 위치에서 하중이 걸리게 한다.
④ 통로 및 인도에 가까운 곳에서는 빠른 속도로 벗어나는 것이 좋다.

> **해설**
> 화물운반 시 인력으로 운반할 때는 무리하지 않는 자세로 단시간만 취급한다.

26 다음 중 화물을 적재나 하역할 때 가장 먼저 확인할 사항은?

① 화물의 가격
② 화물의 무게중심
③ 화물의 구매자
④ 지게차의 색상

> **해설**
> 지게차로 화물을 처리할 때는 화물의 무게중심을 최우선으로 확인해야 한다.

27 엔진의 플라이휠과 항상 같이 회전하는 부품은?

① 압력판
② 릴리스 베어링
③ 클러치 축
④ 디스크

> **해설**
> 플라이휠은 클러치의 압력판과 함께 회전하며, 동력 전달 시 활용된다.

28 엔진오일 교환 후 압력이 높아졌다면 그 원인으로 가장 적절한 것은?

① 오일 회로 내 누설이 발생하였다.
② 엔진오일 교환 시 냉각수가 혼입되었다.
③ 오일의 점도가 높은 것으로 교환하였다.
④ 오일의 점도가 낮은 것으로 교환하였다.

> **해설**
> 엔진오일의 점도가 높으면 내부 순환 시 압력이 높아진다.

29 다음 중 엔진에서 압축가스가 누설되어 압축 압력이 저하될 수 있는 원인은?

① 실린더헤드 개스킷의 불량
② 매니폴드 개스킷의 불량
③ 워터 펌프의 불량
④ 냉각팬의 벨트 유격 과대

해설
압축 압력이 저하되었다면 실린더와 실린더헤드 사이의 개스킷이 불량일 수 있다.

30 하부 추진체가 휠로 되어 있는 건설기계장비로, 커브를 돌 때 선회를 원활하게 해 주는 장치는?

① 변속기
② 차동장치
③ 최종 구동장치
④ 트랜스퍼케이스

해설
차동장치(차동기어장치)는 회전 중심점에서 멀거나 가까운 바퀴의 회전수를 다르게 해서 차량의 선회를 원활하게 해 주는 장치이다.

31 엔진의 피스톤이 고착되는 원인으로 틀린 것은?

① 냉각수량이 부족할 때
② 엔진오일이 부족할 때
③ 엔진이 과열됐을 때
④ 압축 압력이 너무 높았을 때

해설
피스톤의 고착은 엔진오일이 부족하거나 냉각수량 부족에 의해 엔진이 과열되어 피스톤이 제대로 냉각되지 않았기 때문이다. 그러나 압축 압력이 너무 높아도 연소할 때의 온도에 미치지 못하므로 ④는 원인이 될 수 없다.

32 지게차로 가파른 경사지에서 적재물을 운반할 때 좋은 방법은?

① 지그재그로 회전하여 내려온다.
② 기어의 변속을 중립에 놓고 내려온다.
③ 적재물을 앞으로 하여 천천히 내려온다.
④ 기어의 변속을 저속상태로 놓고 후진으로 내려온다.

해설
지게차는 무게중심이 앞쪽인 화물에 위치하므로 기어를 저속으로 변속한 뒤 후진으로 내려오는 것이 가장 안전하다.

33 지게차 1대가 지나는 운행경로의 폭은?

① 지게차 최대 폭 + 20cm 이하
② 지게차 최대 폭 + 20cm 이상
③ 지게차 최대 폭 + 40cm 이상
④ 지게차 최대 폭 + 60cm 이상

해설
지게차의 작업 공간 확보기준
• 지게차 1대가 지나는 운행경로의 폭 : 지게차 최대 폭 + 60cm 이상
• 지게차 2대가 지나는 운행경로의 폭 : 지게차 2대 합산 최대 폭 + 90cm 이상

34 실드 빔 형식의 전조등을 사용하는 건설기계 장비에서 전조등 밝기가 흐려 야간 운전에 어려움이 있을 때 조치 방법으로 옳은 것은?

① 렌즈를 교환한다.
② 전조등을 교환한다.
③ 반사경을 교환한다.
④ 전구를 교환한다.

해설
전조등이 흐리면 전조등을 교체하는 것이 올바른 조치이다.

35 전조등의 구성요소에 속하지 않는 것은?

① 퓨 즈
② 디머 스위치
③ 라이트 스위치
④ 클러치판

해설
클러치판은 동력전달장치의 구성요소에 속한다.

36 운전 중 운전석 계기판에서 확인할 수 없는 것은?

① 실린더 압력계
② 연료량 게이지
③ 냉각수 온도게이지
④ 충전 경고등

해설
실린더의 압력은 계기판에서 확인이 불가능하다.

37 건설기계용 충전장치를 가장 많이 사용하는 발전기는?

① 직류발전기
② 와전류발전기
③ 3상 교류발전기
④ 단상 교류발전기

해설
3상이란 하나의 전선에 사인파가 3개로 흐르는 것으로 단상보다 더 큰 전력의 송전이 가능하며, 전선의 질량을 줄일 수 있다. 또한 3상 중 단상을 따로 사용할 수 있는 효율성 때문에 건설기계에는 주로 3상의 교류발전기를 사용한다.

38 건설기계에 사용하는 교류발전기의 구조에 해당하지 않는 것은?

① 스테이터 코일
② 로 터
③ 마그네틱 스위치
④ 다이오드

해설
마그네틱 스위치는 솔레노이드 스위치 또는 전자접촉기라고도 하며, 철판의 흡인력을 이용해서 전기 접점을 개폐하는 역할을 한다.
교류발전기의 구조
• 풀 리
• 베어링
• 스테이터
• 브러시
• 다이오드
• 슬립링
• 로터(로터코일, 코터철심)

39 스타트 릴레이의 설치 목적과 관계없는 것은?

① 축전지 충전을 용이하게 한다.
② 엔진 시동을 용이하게 한다.
③ 키 스위치를 보호한다.
④ 기동전동기로 많은 전류를 보내어 충분한 크랭킹 속도를 유지한다.

해설
스타트 릴레이는 시동장치로서, 충전장치인 축전지에 영향을 미치지 않는다.

40 다음 그림과 같은 안전표지판이 나타내는 것은?

① 회전형교차로
② 철길건널목
③ 과속방지턱
④ 미끄러운 도로

해설
기차 그림이 있어서 철길건널목 표지임을 유추할 수 있다(도로교통법 시행규칙 [별표 6]).

41 자동차전용 편도 4차로 도로에서 굴착기와 지게차의 주행차로는?

① 1차로
② 2차로
③ 왼쪽 차로
④ 오른쪽 차로

해설
자동차전용 도로에서 굴착기와 지게차는 오른쪽 차로로 주행해야 한다(도로교통법 시행규칙 [별표 9]).

42 최고주행속도가 15km/h 미만인 건설기계가 갖추지 않아도 되는 조명은?

① 전조등　　　　② 제동등
③ 번호등　　　　④ 후부반사판

해설
최고주행속도가 15km/h 미만인 건설기계의 조명장치(건설기계 안전기준에 관한 규칙 제155조제1항제1호)
• 전조등
• 제동등(유량제어로 속도를 감속하거나 가속하는 건설기계는 제외)
• 후부반사기
• 후부반사판 또는 후부반사지

43 도로교통법에 따라 서행해야 할 장소로 알맞지 않은 것은?

① 도로가 구부러진 부근
② 비탈길의 고갯마루 부근
③ 고속도로의 1차선 도로
④ 교통정리를 하고 있지 않는 교차로

해설
도로교통법상 고속도로 1차선은 추월차로다. 이곳은 추월하려는 운전자만 이용할 수 있으며 신속히 추월하고 나면 다시 2차선 도로로 가야 한다. 만일 가지 않을 경우 벌점과 범칙금이 부과되므로 고속도로 1차선에서 서행해서는 안 된다.

44 3ton 미만 지게차의 소형건설기계조종교육 시간은?

① 이론 6시간, 실습 6시간
② 이론 4시간, 실습 8시간
③ 이론 12시간, 실습 12시간
④ 이론 10시간, 실습 14시간

해설

소형건설기계조종교육의 내용(건설기계관리법 시행규칙 [별표 20])

건설기계	교육 내용	시 간
3ton 미만의 지게차	건설기계기관, 전기 및 작업장치	2(이론)
	유압일반	2(이론)
	건설기계관리법규 및 도로통행방법	2(이론)
	조종실습	6(실습)

45 다음 중 도로교통법을 위반한 경우는?

① 밤에 교통이 빈번한 도로에서 전조등을 계속 하향했다.
② 낮에 어두운 터널 속을 통과할 때 전조등을 켰다.
③ 소방용 방화물통으로부터 10m 지점에 주차했다.
④ 노면이 얼어붙은 곳에서 최고속도의 20/100을 줄인 속도로 운행했다.

해설

노면이 얼어붙은 곳은 최고속도의 50/100로 감속해서 운행해야 한다(도로교통법 시행규칙 제19조제2항제2호).

46 건설기계소유자 또는 점유자가 건설기계를 도로에 계속 버려두거나 정당한 사유 없이 타인의 토지에 버려둔 경우의 처벌은?

① 1년 이하의 징역 또는 500만원 이하의 벌금
② 1년 이하의 징역 또는 400만원 이하의 벌금
③ 1년 이하의 징역 또는 1,000만원 이하의 벌금
④ 1년 이하의 징역 또는 200만원 이하의 벌금

해설

건설기계를 도로나 타인의 토지에 버려둔 자는 1년 이하의 징역 또는 1,000만원 이하의 벌금이 부과된다(건설기계관리법 제41조).

47 건설기계관리법령상 건설기계 형식 신고를 하지 않아도 되는 사람은?

① 건설기계를 사용목적으로 제작하려는 자
② 건설기계를 사용목적으로 조립하려는 자
③ 건설기계를 사용목적으로 수입하려는 자
④ 건설기계를 연구개발 목적으로 제작하려는 자

해설

연구개발 또는 수출을 목적으로 건설기계의 제작 등을 하려는 사람은 형식승인을 받지 않거나 형식신고를 하지 않아도 된다(건설기계관리법 제18조제8항).

48 건설기계조종사면허가 취소되었을 경우 그 사유가 발생한 날로부터 며칠 이내에 면허증을 반납해야 하는가?

① 7일 이내
② 10일 이내
③ 14일 이내
④ 30일 이내

해설

면허취소가 결정되면 그 사유가 발생한 날부터 10일 이내에 면허증을 반납해야 한다(건설기계관리법 시행규칙 제80조).

49 건설기계의 등록을 말소할 수 있는 사유에 해당하지 않는 것은?

① 건설기계를 폐기한 경우
② 건설기계를 수출하는 경우
③ 건설기계를 장기간 운행하지 않게 된 경우
④ 건설기계를 교육·연구 목적으로 사용하는 경우

해설
건설기계의 등록 말소는 시·도지사의 직권으로 폐기나 수출, 교육·연구 목적인 경우 가능하지만 장기간 운행하지 않는다고 말소할 수는 없다(건설기계관리법 제6조).

50 부동액에 대한 설명으로 옳은 것은?

① 에틸렌글리콜과 글리세린은 단맛이 있다.
② 부동액 100%인 원액 사용을 원칙으로 한다.
③ 온도가 낮아지면 화학적 변화를 일으킨다.
④ 부동액은 냉각 계통에 부식을 일으키는 특징이 있다.

해설
① 에틸렌글리콜과 글리세린은 모두 무색무취이며, 단맛을 가진 물질이다.
② 부동액은 원액과 냉각수를 혼합해서 사용하는 것이 권장된다.
③ 부동액은 온도가 낮아져도 화학적으로 안정돼야 한다.
④ 부동액은 냉각 계통에 부식을 일으키지 않아야 한다.

51 에어컨의 구성부품 중 고압의 기체냉매를 냉각시켜 액화시키는 작용을 하는 것은?

① 압축기   ② 응축기
③ 팽창밸브   ④ 증발기

해설
냉각시스템에서 응축기가 압축기를 돌리고 빠져나온 고압의 기체 냉매를 냉각시켜 액화시킨다.

52 유압펌프에서 사용되는 GPM의 의미는?

① 복동 실린더의 치수
② 흐름에 대한 저항
③ 분당 토출하는 작동유의 양
④ 계통 내에서 형성되는 압력의 크기

해설
GPM(Gallon Per Minute) : 분당 1갤런을 토출하는 유체의 양

53 유체의 에너지를 이용하여 기계적인 일로 변환하는 기기는?

① 밸 브   ② 오일탱크
③ 유압모터   ④ 근접스위치

해설
유압모터는 유체의 에너지를 유압을 통해 기계적인 일로 변환시키는 장치이다.

54 유압펌프 점검에서 작동유 유출 여부의 점검사항이 아닌 것은?

① 정상작동 온도로 난기 운전을 실시하여 점검하는 것이 좋다.
② 고정 볼트가 풀린 경우에는 추가 조임을 한다.
③ 작동유 유출 점검은 운전자가 관심을 가지고 점검하여야 한다.
④ 하우징에 균열이 발생되면 패킹을 교환한다.

해설
유압펌프의 작동유 유출검사 시 하우징의 균열이 발견되면 본체를 교체해야 한다.

55 다음 그림의 기호가 나타내는 밸브는?

① 교축밸브
② 체크밸브
③ 무부하밸브
④ 스풀밸브

해설
체크밸브 : 유체가 한쪽 방향으로만 흐르고 반대쪽으로는 흐르지 못하도록 할 때 사용하는 밸브로, 기호로는 다음과 같이 2가지로 표시한다.

56 기어모터의 특징으로 알맞지 않은 것은?

① 구조가 간단하다.
② 가혹한 조건에서도 잘 견딘다.
③ 이물질에 의한 고장률이 낮다.
④ 베어링 하중이 작아서 수명이 길다.

해설
기어모터의 특징
• 가격이 싸다.
• 구조가 간단하다.
• 가혹한 조건에서도 잘 견딘다.
• 이물질에 의한 고장률이 낮다.
• 베어링 하중이 커서 수명이 짧다.
• 누설이 많고, 토크의 변동이 크다는 단점이 있다.

57 피스톤펌프의 특징으로 알맞지 않은 것은?

① 효율이 높다.
② 구조가 복잡하다.
③ 흡입 능력이 크다.
④ 고속이나 고압의 유압장치에 적용이 가능하다.

해설
피스톤펌프의 특징
• 효율이 높다.
• 가격이 비싸다.
• 구조가 복잡하다.
• 흡입 능력이 작다.
• 가변용량형의 펌프로 사용된다.
• 다른 유압펌프에 비해 효율이 높은 편이다.
• 고속이나 고압의 유압장치에 적용이 가능하다.
• 다른 펌프보다 상당히 높은 압력에 견딜 수 있다.

58 감압장치에 대한 설명으로 옳은 것은?

① 화염전파속도를 빨리해 주는 것
② 연료손실을 감소시키는 것
③ 출력을 증가시키는 것
④ 시동을 도와주는 장치

해설
감압장치는 실린더 내부의 압력을 대기압 이하로 낮춰 줌으로써 시동작업을 원활하도록 해 준다.

59 부동액 제조 시 일반적으로 "부동액 : 물"의 혼합 비율로 가장 알맞은 것은?

① 부동액 : 물 = 1 : 1
② 부동액 : 물 = 2 : 1
③ 부동액 : 물 = 1 : 2
④ 부동액 : 물 = 1 : 5

해설
부동액 : 물은 1 : 1의 비율로 섞어 라디에이터에 공급한다.

60 다음 그림의 유압기호가 나타내는 것은?

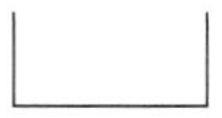

① 유압밸브
② 차단밸브
③ 오일탱크
④ 유 압

해설
오일을 담아 놓는 오일탱크의 기호이다.

58 ④ 59 ① 60 ③ 정답

01 4행정 사이클 엔진에 주로 사용되고 있는 오일펌프는?

① 원심식과 플런저식
② 기어식과 플런저식
③ 로터리식과 기어식
④ 로터리식과 나사식

해설
4행정 사이클 엔진의 오일펌프는 효율성이 높은 기어식과 로터리식이 주로 사용된다.

02 디젤엔진의 연소실에는 연료가 어떤 상태로 공급되는가?

① 기화기와 같은 기구를 사용하여 연료를 공급한다.
② 노즐로 연료를 안개와 같이 분사한다.
③ 가솔린엔진과 동일한 연료 공급펌프로 공급한다.
④ 액체 상태로 공급한다.

해설
디젤엔진은 압축착화 연소방식의 특성상 연료는 안개와 같이 무화되어 연소실로 뿌려져야 균일한 연소가 가능하다.

03 엔진 과열의 주요 원인이 아닌 것은?

① 라디에이터 코어의 막힘
② 냉각장치 내부의 물때 과다
③ 냉각수의 부족
④ 엔진오일량 과다

해설
엔진오일은 엔진의 과열을 방지하는 요소이다. 오히려 엔진오일이 적은 것은 엔진이 과열되는 원인이 된다.

04 연소장치에서 혼합비가 희박할 때 엔진에 미치는 영향은?

① 속도가 저하되고 공회전을 한다.
② 시동이 쉬워진다.
③ 출력(동력)이 감소된다.
④ 연소속도가 빨라진다.

해설
연소장치에서 혼합비란 공기와 연료가 섞인 비율이고 혼합비가 희박한 상태는 공기량이 연료량보다 너무 많은 것이다. 따라서 연료량이 적기 때문에 출력은 감소된다.

05 대형 지게차의 마스트를 기울일 때 갑자기 시동이 정지되면 어떤 밸브가 작동하여 그 상태를 유지하는가?

① 틸트록 밸브
② 스로틀 밸브
③ 리프트 밸브
④ 틸트 밸브

해설
틸트록 밸브는 지게차의 엔진(시동)이 정지될 때 마스트가 갑자기 기울어지는 틸트 현상을 방지해 주는 밸브이다.

06 마스트의 사이드롤러 작동부의 윤활상태 점검방법으로 알맞지 않은 것은?

① 지게차를 평평한 장소에 주차한 후 포크를 지면에 내린다.
② 사이드롤러를 움직이면서 손으로 만져 점검한다.
③ 이상 소음이 들리면 마스트 롤러부나 사이드 롤러에 그리스를 주입한다.
④ 마스트를 지면에서 위쪽 끝까지 2~3회 동작시켜 이상 소음이 발생하는지 점검한다.

해설
사이드 롤러는 안전상의 이유로 작동상태를 멀리서 살펴보며 점검하도록 한다.

07 지게차의 체인장력을 조정하는 방법이 아닌 것은?

① 조정 후 로크너트를 로크시키지 않는다.
② 좌우 체인이 동시에 평행한가를 확인한다.
③ 포크를 지상에서 10~15cm 올린 후 조정한다.
④ 손으로 체인을 눌러보아 양쪽이 다르면 조정너트로 조정한다.

해설
로크너트를 풀고 체인의 장력을 조정한 후에는 체인이 풀리지 않도록 로크너트를 로크(고정)시켜야 한다.

08 드럼통과 같은 원형의 제품을 잡고 회전시킬 수 있는 지게차의 어태치먼트는?

① 포크 포지셔너
② 회전 롤 클램프
③ 로드 익스텐더
④ 힌지드 버킷

해설
회전 롤 클램프(Rotating Roll Clamp)는 물체를 움켜쥐고 회전시켜 화물을 이동 및 적재시킬 수 있는 작업장치이다.

09 지게차를 분류할 때 차체 형식에 따른 분류에 속하지 않는 것은?

① 리치형
② 전동형
③ 카운터밸런스형
④ 사이드포크형

해설
전동형은 동력원에 따른 분류에 속한다. 동력원에 따른 분류란 처음 힘을 발생시키는 방식에 따라 분류한 것으로 전동형, 디젤엔진형, LPG엔진형, 가솔린엔진형이 있다.

10 무부하 상태에서 지게차가 최소 각도로 회전할 때, 지게차의 후면 끝단부가 그리는 원의 반지름은?

① 전장
② 전폭
③ 축간거리
④ 최소회전반경

해설

최소회전반경(최소선회반경)은 무부하 상태에서 지게차의 안전한 회전 공간을 확보하기 위한 용어이다.

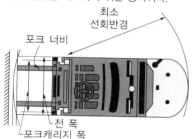

11 포크로 화물을 들고 마스트를 뒤로 기울였을 때 화물이 마스트 쪽으로 떨어지는 것을 방지하는 어태치먼트는?

① 마스트
② 백레스트
③ 핑거보드
④ 사이드 시프트

해설

백레스트(Back Rest)는 포크로 화물을 들고 마스트를 뒤로 기울였을 때 화물이 마스트 쪽으로 떨어지는 것을 방지하기 위한 짐받이 틀이다.

12 한쪽으로 무게중심이 쏠린 작업물을 들 때, 차체를 이동하지 않고도 캐리지를 좌우로 이동시킬 수 있는 장치는?

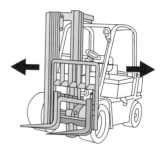

① 사이드 시프트
② 힌지드 포크
③ 드럼 클램프
④ 로드 익스텐더

해설

사이드 시프트(Side Shift)는 한쪽으로 무게중심이 쏠린 작업물을 들 때, 차체를 이동하지 않고도 캐리지를 좌우로 이동시킴으로써, 캐리지에 위치한 핑거보드에 장착된 포크도 같이 좌우로 이동시켜 균형을 맞출 수 있는 작업장치이다.

13 배터리 전해액처럼 강산이나 알칼리 등의 액체를 취급할 때 가장 적합한 복장은?

① 면장갑 착용
② 면직으로 만든 옷
③ 나일론으로 만든 옷
④ 고무로 만든 옷

해설

강산이나 알칼리와 같이 인체에 위험한 액체를 취급할 때에는 고무로 만든 옷을 착용해야 한다.

14 다음의 수신호가 건설기계에게 지령하는 내용으로 알맞은 것은?

① 작업 시작   ② 멈 춤
③ 포크 폭 확장   ④ 포크 폭 축소

> **해설**
> 작업 시작을 지령하는 수신호는 두 팔을 수평으로 뻗고, 손바닥은 펴서 정면을 향하게 한다.
> ※ KS B ISO 16715 참고

15 화재의 분류에서 전기화재에 해당하는 것은?

① A급화재   ② B급화재
③ C급화재   ④ D급화재

> **해설**
> 화재의 종류에 따른 사용 소화기
>
> | 분 류 | A급화재 | B급화재 | C급화재 | D급화재 |
> |---|---|---|---|---|
> | 명 칭 | 일반(보통) 화재 | 유류 및 가스화재 | 전기화재 | 금속화재 |

16 왕복운동하는 요소와 움직임이 없는 고정부 사이의 물림점은?

① 협착점   ② 끼임점
③ 물림점   ④ 절단점

> **해설**
> 협착점은 왕복운동하는 요소와 움직임이 없는 고정부 사이의 물림점으로 프레스, 전단기, 절곡기 등이 있다.

17 산업재해의 통계적 분류에 해당하지 않는 것은?

① 사 망   ② 중경상
③ 경상해   ④ 일부노동불능

> **해설**
> 일부노동불능은 ILO의 상해 정도별 분류에 속한다.
> ※ 국제노동기구(ILO ; International Labour Organization)

18 유해광선이 있는 작업장에서의 보호구로 가장 적절한 것은?

① 보안경   ② 안전모
③ 귀마개   ④ 방독마스크

> **해설**
> 용접이나 절삭가공에서 발생되는 유해광선은 눈 질환을 일으키는 원인이 되므로 보안경을 필히 착용해야 한다.

19 안전보건표지의 종류와 형태에서 그림의 안전표지판이 나타내는 것은?

① 사용금지   ② 탑승금지
③ 물체이동금지   ④ 차량통행금지

> **해설**
> 지게차에 사람이 탑승한 사진에 금지표시가 있으므로 차량(지게차)통행금지를 안내하는 표지이다(산업안전보건법 시행규칙 [별표 6]).

20 코먼레일 연료분사 장치의 저압부에 속하지 않는 것은?

① 코먼레일
② 연료 스트레이너
③ 1차 연료공급펌프
④ 연료펌프

해설
코먼레일 장치의 저압부는 연료탱크에 장착된 연료 스트레이너의 흡입구를 통해서 연료를 연료펌프의 흡입력으로 연료공급펌프에 전달하는 부분이다. 따라서 코먼레일은 각 연소실로 공급되는 고압부에 속한다.

21 타이어에서 트레드 패턴과 관련 없는 것은?

① 제동력
② 구동력 및 견인력
③ 편평률
④ 타이어의 배수효과

해설
타이어의 외면인 트레드 패턴은 제동력과 구동력, 배수효과와 관련이 있다. 그러나 타이어가 편평한(납작한) 정도를 나타내는 편평률과는 관련이 없다.

22 건설기계용 엔진에서 사용되는 여과장치가 아닌 것은?

① 오일필터
② 공기청정기
③ 인젝션 타이머
④ 오일 스트레이너

해설
인젝션 타이머는 연료분사용 장치이다.

23 디젤엔진에서 터보차저를 부착하는 목적으로 맞는 것은?

① 엔진의 유효압력을 낮추기 위해서
② 엔진의 냉각을 위해서
③ 엔진의 출력을 증대시키기 위해서
④ 배기 소음을 줄이기 위해서

해설
터보차저는 연소실 안으로 압축 공기를 불어 넣어 연소 효율을 높임으로써 엔진의 출력을 증대시키기 위해 사용하는 기계장치이다.

24 파워스티어링에서 핸들이 무거워 조향하기 힘든 상태일 때의 원인으로 맞는 것은?

① 바퀴가 습지에 있다.
② 조향펌프에 오일이 부족하다.
③ 볼 조인트의 교환시기가 되었다.
④ 핸들 유격이 크다.

해설
파워스티어링은 유압으로 핸들을 돌리는 힘(파워)을 보조해 주는 장치로, 조향펌프에 오일이 부족하면 힘의 보조가 불가능하므로 핸들이 무거워진다.

25 지게차의 주차방법으로 가장 거리가 먼 것은?

① 경사면에 주차하지 않는다.
② 포크를 바닥까지 완전히 내린다.
③ 포크가 바닥에 닿을 때까지 앞으로 기울인다.
④ 방향 전환 레버는 전진 위치에 놓는다.

해설
지게차를 주차할 때 방향 전환 레버는 중립 위치에 놓는다.

26 지게차의 화물 운반방법 중 틀린 것은?

① 운반 중 마스트를 뒤로 4°가량 경사시킨다.
② 경사지 화물 운반 시 내리막에서는 후진으로, 오르막에서는 전진으로 운행한다.
③ 운전 중 포크를 지면에서 20~30cm 정도 유지한다.
④ 화물 적재 운반 시는 항상 후진으로 운행한다.

해설
지게차로 화물을 적재하고 운반할 때는 전진 및 후진으로 운반할 수 있지만, 내리막길에서는 반드시 후진으로 운반해야 한다.

27 유니버설 조인트 중에서 흑형(십자형) 조인트가 가장 많이 사용되는 이유가 아닌 것은?

① 구조가 간단하다.
② 작동이 확실하다.
③ 급유가 불필요하다.
④ 큰 동력의 전달이 가능하다.

해설
유니버설 조인트도 구동 시 원활한 회전을 위해 급유가 필요하다.

28 수동변속기가 장착된 건설기계의 동력전달장치에서 클러치판은 어떤 축의 스플라인에 끼워져 있는가?

① 추진축　　　　② 차동기어장치
③ 크랭크축　　　④ 변속기 입력축

해설
수동변속기의 클러치판은 변속기의 입력축에 장착되어 동력을 단속한다.

29 드라이브 라인에 슬립 이음을 사용하는 이유는?

① 회전력을 직각으로 전달하기 위해
② 출발을 원활하게 하기 위해
③ 추진축의 길이 방향에 변화를 주기 위해
④ 진동을 흡수하게 하기 위해

해설
드라이브 라인에 슬립 이음은 추진축의 길이 방향을 슬립(미끄러짐)시켜 변화할 수 있도록 하기 위함이다.

30 클러치의 용량은 엔진 회전력의 몇 배인가?

① 1.5~2.5배　　② 3~5배
③ 4~6배　　　　④ 5~9배

해설
클러치의 용량은 엔진 회전력의 1.5~2.5배 정도는 되어야 원활한 동력 전달이 가능하다.

26 ④　27 ③　28 ④　29 ③　30 ①　**정답**

31 자동변속기가 장착된 건설기계의 모든 변속단에서 출력이 떨어질 경우 점검해야 할 항목과 거리가 먼 것은?

① 오일의 부족
② 토크컨버터 고장
③ 엔진 고장으로 출력 부족
④ 추진축 휨

해설
자동변속기에는 출력 저하를 대비하여 오일량이나 토크컨버터 구성부, 엔진의 고장 등을 점검해야 한다. 그러나 추진축의 휨 정도는 자동변속기 변속단의 출력 저하와 관련성이 없다.

32 긴 내리막길을 내려갈 때 베이퍼록(베이퍼 로크)을 방지하는 좋은 운전 방법은?

① 변속 레버를 중립으로 놓고 브레이크페달을 밟고 내려간다.
② 시동을 끄고, 브레이크페달을 밟고 내려간다.
③ 엔진 브레이크를 사용한다.
④ 클러치를 끊고 브레이크페달을 계속 밟고, 속도를 조정하며 내려간다.

해설
길이가 긴 내리막길을 내려갈 때 브레이크만을 사용하면 과열에 의해 브레이크 파열을 가져올 수 있으므로 엔진 브레이크를 사용하는 것이 가장 적합하다.

33 지게차 주행 시 주의하여야 할 사항으로 틀린 것은?

① 짐을 싣고 주행할 때는 절대로 속도를 내서는 안 된다.
② 노면의 상태에 충분한 주의를 하여야 한다.
③ 포크의 끝을 밖으로 경사지게 한다.
④ 적하 장치에 사람을 태워서는 안 된다.

해설
지게차 주행 시 화물의 떨어짐 방지를 위해 포크는 안쪽으로 경사 지게 해야 한다.

34 헤드라이트에서 세미 실드빔형은?

① 렌즈, 반사경 및 전구를 분리하여 교환이 가능한 것
② 렌즈, 반사경 및 전구가 일체인 것
③ 렌즈와 반사경은 일체이고, 전구는 교환이 가능한 것
④ 렌즈와 반사경을 분리하여 제작한 것

해설
세미 실드빔형 헤드라이트는 렌즈와 반사경이 일체로 되어 있지만, 전구는 별도로 설치한 것으로 필라멘트가 단선되면 전구의 교체가 가능하다.

35 운전석 계기판에 아래 그림과 같은 경고등이 점등되었다면 가장 관련이 있는 경고등은?

① 엔진오일 압력 경고등
② 엔진오일 온도 경고등
③ 냉각수 배출 경고등
④ 냉각수 온도 경고등

해설
위 그림은 계기판에서 엔진오일 압력 경고등을 나타낸다.

36 엔진을 정지하고 계기판 전류계의 지시침을 살펴보니 정상에서 (−) 방향을 지시하고 있다. 그 원인이 아닌 것은?

① 전조등 스위치가 점등 위치에서 방전하고 있다.
② 배선에서 누전되고 있다.
③ 시동 시 엔진 예열장치를 동작시키고 있다.
④ 발전기에서 축전지로 충전되고 있다.

해설
전류계 지시침이 (+)일 때 발전기에서 축전지로 충전되고 있음을 지시한다.

37 종합경보장치인 에탁스(ETACS)의 기능으로 가장 거리가 먼 것은?

① 간헐 와이퍼 제어기능
② 뒷유리 열선 제어기능
③ 감광 룸 램프 제어기능
④ 메모리 파워시트 제어기능

해설
에탁스(ETACS ; Electronic Time & Alarm Control System)는 전자, 시간, 경보, 제어, 장치의 영문 머리글자를 따서 만든 합성어이다. 타이밍차트를 통해 구동을 설명할 만큼 동작 시간이 중요시되는 자동차의 기본 동작을 제어하기 위한 장치로, 에탁스에 포함되지 않은 메모리 파워시트는 제어하지 않는다.

38 건설기계의 교류발전기에서 마모성 부품은?

① 스테이터　　② 슬립링
③ 다이오드　　④ 엔드 프레임

해설
슬립링은 브러시와 접촉하면서 마모된다.

39 회로에서 접촉저항을 제일 적게 받는 곳은?

① 배선의 모든 부분
② 배선의 중간 부분
③ 배선의 스위치 부분
④ 배선의 연결 부분

해설
회로에서 저항은 배선의 양 끝이 제일 크고, 중간 부분이 제일 적게 받는다.

40 도로교통법에서는 교차로, 터널 안, 다리 위 등을 앞지르기 금지장소로 규정하고 있다. 그 외 앞지르기 금지장소를 다음에서 모두 고르면?

┌보기├────────────────
A. 도로의 구부러진 곳
B. 비탈길의 고갯마루 부근
C. 가파른 비탈길의 내리막
└──────────────────────

① A　　　　　② A, B
③ B, C　　　④ A, B, C

해설
앞지르기 금지장소는 도로의 구부러진 곳, 비탈길의 고갯마루, 가파른 비탈길의 내리막 모두이다(도로교통법 제22조).

41 도로교통법에 의한 통고처분의 수령을 거부하거나 범칙금을 기간 안에 납부하지 못한 자는 어떻게 처리되는가?

① 면허의 효력이 정지된다.
② 면허증이 취소된다.
③ 연기신청을 한다.
④ 즉결심판에 회부된다.

해설
통고처분의 수령 거부 및 범칙금을 기간 내에 미납부한 자는 즉결심판에 회부된다(도로교통법 제165조).

42 다음 도로명판에 대한 설명으로 알맞지 않은 것은?

1←65 대정로23번길
Daejeong-ro 23beon-gil

① "1 ← 65" : 이 도로는 650m이다.
② "← 65" : 현 위치는 도로 끝지점인 "65"이다.
③ 이 도로명판은 한 방향용의 끝지점을 나타낸다.
④ "대정로23번길" : "대정로" 시작지점에서 약 230m 지점에서 오른쪽으로 분기된 도로이다.

해설
④ "대정로23번길" : "대정로" 시작지점에서 약 230m 지점에서 왼쪽으로 분기된 도로이다.

43 교차로 통행방법으로 틀린 것은?

① 교차로에서는 정차하지 못한다.
② 교차로에서는 다른 차를 앞지르지 못한다.
③ 좌·우회전 시에는 방향지시기 등으로 신호를 하여야 한다.
④ 교차로에서는 반드시 경음기를 울려야 한다.

해설
교차로에서 긴급한 돌발적 상황이 아니라면 경음기를 울릴 필요는 없다.

44 건설기계의 연료 주입구는 배기관의 끝으로부터 얼마 이상 떨어지게 설치하여야 하는가?

① 5cm   ② 10cm
③ 30cm   ④ 50cm

해설
건설기계의 연료 주입구는 배기관 끝에서 30cm 이상 떨어져야 한다.

45 건설기계의 출장검사가 허용되는 경우가 아닌 것은?

① 도서지역에 있는 건설기계
② 너비가 2.0m를 초과하는 건설기계
③ 최고속도가 35km/h 미만인 건설기계
④ 자체중량이 40ton을 초과하거나 축하중이 10ton을 초과하는 건설기계

해설
너비가 2.5m를 초과하는 경우 건설기계의 출장검사가 허용된다(건설기계관리법 시행규칙 제32조제2항).

46 국내에서 제작된 건설기계를 등록할 때 필요한 서류에 해당하지 않는 것은?

① 건설기계제작증
② 수입면장
③ 건설기계제원표
④ 매수증서(관청으로부터 매수한 건설기계만)

해설
수입면장은 해외에서 제작되어 수입되는 건설기계만 제출한다.
건설기계 등록 시 필요서류(건설기계관리법 시행령 제3조제1항)
㉠ 건설기계제작증
㉡ 수입면장 등 수입 사실을 증명하는 서류(타워크레인의 경우 건설기계제작증을 추가로 제출. 단, 수입한 건설기계만)
㉢ 매수증서(행정기관으로부터 매수한 건설기계만)
㉣ 건설기계의 소유자임을 증명하는 서류(단, ㉠~㉢의 서류가 건설기계의 소유자임을 증명할 수 있는 경우 제외)
㉤ 건설기계제원표
㉥ 자동차손해배상 보장법 제5조에 따른 보험 또는 공제의 가입을 증명하는 서류

47 정기검사에 불합격한 건설기계의 정비명령 기간으로 옳은 것은?

① 1개월 이내
② 4개월 이내
③ 5개월 이내
④ 6개월 이내

해설
정기검사에 불합격한 건설기계는 1개월 이내에 재정비를 받고 검사를 재의뢰해야 한다(건설기계관리법 시행규칙 제31조).

48 건설기계등록번호표를 가리거나 훼손하여 알아보기 곤란하게 한 자 또는 그러한 건설기계를 운행한 자에게 부과하는 과태료로 옳은 것은?

① 50만원 이하
② 100만원 이하
③ 300만원 이하
④ 1,000만원 이하

해설
건설기계등록번호표를 가리거나 훼손하여 알아보기 곤란하게 한 자 또는 그러한 건설기계를 운행한 자는 100만원 이하의 과태료가 부과된다(건설기계관리법 제44조제2항).

49 검사 유효기간이 만료된 건설기계는 유효기간이 만료된 날로부터 몇 월 이내에 건설기계 소유자에게 최고하여야 하는가?

① 1개월
② 2개월
③ 3개월
④ 4개월

해설
정기검사의 유효기간이 끝난 날부터 3개월 이내에 국토교통부령으로 정하는 바에 따라 정기 검사를 받을 것을 최고한다.
※ 최고 : 특정 행위를 할 것을 타인에게 요구하는 통지

50 유압계통의 오일장치 내에 슬러지 등이 생겼을 때 이것을 깨끗이 하는 작업은?

① 서 징
② 코 킹
③ 트램핑
④ 플러싱

해설
유압회로 내의 슬러지 제거는 플러싱 작업이다.

51 유압의 압력을 올바르게 나타낸 것은?

① 압력=단면적×가해진 힘
② 압력=가해진 힘/단면적
③ 압력=단면적/가해진 힘
④ 압력=가해진 힘-단면적

해설
압력(Press)은 단위면적당 누르는 힘을 말하는 용어이다.

따라서 공식은, 압력$(P) = \dfrac{F(\text{힘, Force})}{A(\text{단면적, Area})}$이다.

52 유압에너지의 저장, 충격흡수 등에 이용되는 것은?

① 축압기(Accumulator)
② 스트레이너(Strainer)
③ 펌프(Pump)
④ 오일탱크(Oil Tank)

해설
축압기(어큐뮬레이터)는 유압에너지를 임시로 저장하는 장치로 유체에너지의 저장, 충격흡수, 압력보상 등의 역할을 한다.

53 방향제어 밸브의 작동방식 중 레버식을 표시하는 기호는?

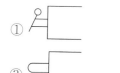

해설
② 누름버튼 방식
③ 플런저 방식
④ 솔레노이드 방식

54 베인모터의 특징으로 알맞지 않은 것은?

① 구조가 간단하다.
② 베어링 하중이 작다.
③ 누설량이 많지 않다.
④ 무단변속이 불가능하다.

해설
베인모터의 특징
• 구조가 간단하다.
• 베어링 하중이 작다.
• 누설량이 많지 않다.
• 무단변속이 가능하다.
• 정회전과 역회전이 원활하다.

55 나사펌프의 특징으로 알맞지 않은 것은?

① 맥동이 크다.
② 진동이나 소음이 적다.
③ 장시간 사용해도 성능 저하가 작다.
④ 저점도의 유체도 사용이 가능하다.

해설
나사펌프의 특징
• 맥동이 적다.
• 진동이나 소음이 적다.
• 장시간 사용해도 성능 저하가 작다.
• 내구성이 풍부하고 운전이 정숙하다.
• 저점도의 유체도 사용이 가능하다.

56 다음 중 액추에이터의 입구 쪽 관로에 설치한 유량 제어 밸브로 흐름을 제어하여 속도를 제어하는 회로는?

① 시스템 회로(System Circuit)
② 블리드오프 회로(Bleed-off Circuit)
③ 미터인 회로(Meter-in Circuit)
④ 미터아웃 회로(Meter-out Circuit)

해설
액추에이터의 입구 쪽 관로의 유량을 제어하는 방식은 미터인 회로이다.

57 유압장치에서 유량제어 밸브가 아닌 것은?

① 교축 밸브
② 분류 밸브
③ 유량조정 밸브
④ 릴리프 밸브

해설
릴리프 밸브는 압력을 낮춰 주는 역할을 하는 압력제어 밸브이다.

58 유압식 밸브 리프터의 장점이 아닌 것은?

① 밸브 간극은 자동으로 조절된다.
② 밸브 개폐시기가 정확하다.
③ 밸브 구조가 간단하다.
④ 밸브 기구의 내구성이 좋다.

해설
유압식 밸브 리프터는 수동식보다 구조가 복잡하다.

59 액추에이터를 순서에 맞추어 작동시키기 위하여 설치한 밸브는?

① 메이크업 밸브(Make up Valve)
② 리듀싱 밸브(Reducing Valve)
③ 시퀀스 밸브(Sequence Valve)
④ 언로드 밸브(Unloading Valve)

해설
시퀀스 밸브는 유압 회로에서 유체가 흐르는 순서를 제어함으로써 액추에이터의 작동 순서를 결정할 수 있는 밸브이다.

60 유압 모터의 용량을 나타내는 것은?

① 입구압력(kg/cm^2)당 토크
② 유압 작동부 압력(kg/cm^2)당 토크
③ 주입된 동력(HP)
④ 체적(cm^3)

해설
모터 용량은 입구압력(kg/cm^2)당 토크로 나타낸다.

01 코먼레일 디젤기관에서 부하에 따른 주된 연료 분사량 조절방법으로 옳은 것은?

① 저압 펌프압력 조절
② 인젝터 작동전압 조절
③ 인젝터 작동전류 조절
④ 고압 라인의 연료압력 조절

해설
코먼레일 디젤기관에서 주된 연료의 분사량 조절방법은 연소실로 연료를 전달하는 고압 라인의 연료압력을 조절하는 것이다.

02 디젤기관과 관련이 없는 것은?

① 착 화
② 점 화
③ 예열플러그
④ 세테인값

해설
점화는 불꽃에 의한 점화를 의미하므로 가솔린기관에 속한다.

03 기관에서 예열플러그의 사용 시기는?

① 축전지가 방전되었을 때
② 축전지가 과다 충전되었을 때
③ 기온이 낮을 때
④ 냉각수의 양이 많을 때

해설
추운 날(기온이 낮은 날) 연소실의 온도를 높여 주기 위해서 예열플러그를 사용한다.

04 기관에서 팬벨트의 장력이 너무 강할 경우에 발생할 수 있는 현상은?

① 기관이 과열된다.
② 충전 부족 현상이 생긴다.
③ 발전기 베어링이 손상된다.
④ 기관이 과랭된다.

해설
팬벨트의 장력이 너무 강하면 발전기 베어링의 손상을 초래한다.

05 지게차의 리프트 실린더의 주된 역할은?

① 마스트를 틸트시킨다.
② 마스트를 이동시킨다.
③ 포크를 상승·하강시킨다.
④ 포크를 앞뒤로 기울게 한다.

해설
리프트 실린더는 마스트를 상승 또는 하강시키는데, 결국 마스트와 연결된 백레스트에 장착된 포크도 상승 및 하강시키는 역할도 하게 된다.

정답 1 ④ 2 ② 3 ③ 4 ③ 5 ③

06 지게차를 분류할 때 차체의 앞부분에 아우트리거를 설치하여 자체의 안전성을 높인 지게차는?

① 리치형
② 스트래들형
③ 사이드포크형
④ 카운터밸런스형

해설
스트래들형은 차체의 앞부분에 아우트리거를 설치하여 자체의 안전성을 높인 지게차로 트리거 사이에 포크를 위치시킨다.

07 지면에서 지게차의 가장 윗부분까지의 전체 길이는?

① 전 장　　② 전 폭
③ 전 고　　④ 윤 거

해설
① 전장 : 포크 바깥 끝부분에서 지게차 몸체의 뒤편 끝단까지의 전체 길이
② 전폭 : 지게차를 전면이나 후면에서 보았을 때 차체의 양쪽에 돌출된 것 중 제일 긴 것을 기준으로 한 거리
④ 윤거 : 지게차 앞면에서 양쪽 타이어 폭의 중심 간 거리

08 포크를 상승시킬 때 안쪽 마스트가 윗면에서 돌출되는 시점에 지면으로부터 포크 윗면까지의 높이는?

① 축간거리
② 최저지상고
③ 자유인상높이
④ 최소회전반경

09 지게차가 경사지를 오를 수 있는 최대각도로 단위는 %(퍼센트) 혹은 °(도)로 나타내는 것은?

① 적재능력
② 하중중심
③ 장비중량
④ 등판능력

해설
① 적재능력 : 마스트를 수직으로 세운 상태로 짐을 들어 올렸을 때, 화물의 하중중심에서 수직 방향으로 들어 올릴 수 있는 화물의 최대 중량
② 하중중심 : 포크의 수직면에서 포크 위에 놓인 화물의 무게중심까지의 거리
③ 장비중량 : 지게차에 연료나 냉각수 등이 모두 채워진 상태의 총중량

10 지게차의 마스트를 앞뒤로 기울이는 작동은 무엇으로 조작하는가?

① 틸트 레버
② 포크
③ 리프트 레버
④ 변속 레버

해설
지게차의 마스트를 앞과 뒤로 이동시키는 밸브는 틸트 레버이다.

11 지게차의 운전장치를 조작하는 동작의 설명으로 틀린 것은?

① 전·후진 레버를 앞으로 밀면 후진이 된다.
② 틸트 레버를 뒤로 당기면 마스트는 뒤로 기운다.
③ 리프트 레버를 앞으로 밀면 포크가 내려간다.
④ 전·후진 레버를 뒤로 당기면 후진이 된다.

해설
지게차의 전·후진 레버를 앞으로 밀면 지게차가 전진한다.

12 지게차의 작업장치로 틀린 것은?

① 마스트
② 자이언트 리퍼
③ 캐리어
④ 드럼 클램프

해설
자이언트 리퍼란 대형 굴착기의 부속장비로 지게차용 작업장치는 아니다.

13 작업장의 안전점검을 실시할 때 유의사항이 아닌 것은?

① 과거의 재해 요인이 없어졌는지 확인한다.
② 안전점검 후 간단하고 사소한 사항은 묵인한다.
③ 점검내용을 서로가 이해하고 협조한다.
④ 점검자의 능력에 적응하는 점검내용을 활용한다.

해설
안전점검 후 이상점의 사소한 사항이라도 판단 없이 모든 요소의 이상점 제거 조치를 해야 한다.

14 탁상 그라인더에서 공작물은 숫돌바퀴의 어느 곳을 이용하여 연삭작업을 하는 것이 안전한가?

① 숫돌바퀴의 측면
② 숫돌바퀴의 원주면
③ 어느 면이나 연삭작업은 상관없다.
④ 경우에 따라서 측면과 원주면을 사용한다.

해설
숫돌바퀴의 측면에 힘이 가해지면 파손되기 쉬우므로 반드시 원주면에서 연삭작업을 해야 한다.

15 작업장에서 중량물을 들어 올리는 방법 중 안전상 가장 올바른 것은?

① 지렛대를 이용한다.
② 로프로 묶고 잡아당긴다.
③ 최대한 사람의 힘을 모아 들어 올린다.
④ 체인블록을 이용하여 들어 올린다.

해설
중량물은 체인블록을 사용하여 들어 올리는 것이 가장 안전하다.

16 기계설비의 위험성 중 접선물림점(Tangential Point)과 가장 관련이 적은 것은?

① V벨트　　　　② 커플링
③ 체인벨트　　　④ 기어와 랙

해설
접선물림점이란 회전하는 두 요소 중 접선으로 접하는 부분에 말려 들어가는 위험요소를 말하는 것으로 벨트 또는 기어와 랙 등이 이에 해당한다. 커플링의 경우 오로지 회전하는 상태에 의한 위험요소이므로 회전말림점과 관계있다.

17 하인리히의 사고예방원리 5단계를 순서대로 나열한 것은?

① 조직, 사실의 발견, 평가분석, 시정책의 선정, 시정책의 적용
② 시정책의 적용, 조직, 사실의 발견, 평가분석, 시정책의 선정
③ 사실의 발견, 평가분석, 시정책의 선정, 시정책의 적용, 조직
④ 시정책의 선정, 시정책의 적용, 조직, 사실의 발견, 평가분석

해설
하인리히의 사고예방원리 5단계
• 1단계 : 안전관리 조직
• 2단계 : 사실의 발견
• 3단계 : 분석평가
• 4단계 : 시정책의 선정
• 5단계 : 시정책의 적용

18 수공구 사용 시 유의사항으로 맞지 않는 것은?

① 무리한 공구 취급을 금한다.
② 토크렌치는 볼트를 풀 때 사용한다.
③ 수공구는 사용법을 숙지하여 사용한다.
④ 공구를 사용하고 나면 일정한 장소에 관리·보관한다.

해설
토크렌치는 원하는 토크 값으로 볼트를 조일 때 사용한다.

19 안전보건표지의 종류와 형태에서 그림의 표지로 맞는 것은?

① 비상구
② 녹십자표시
③ 응급구호표지
④ 들것이 있다는 표시

해설
기호는 응급구호표지를 나타낸다(산업안전보건법 시행규칙 [별표 6]).

20 기관의 속도에 따라 자동적으로 분사시기를 조정하여 운전을 안정되게 하는 것은?

① 타이머　　　　② 노 즐
③ 과급기　　　　④ 디콤프

해설
타이머는 기관의 회전속도에 따라 자동으로 연료의 분사시기를 조정하여 기관을 안정적으로 유지시킨다.

21 타이어의 측면부로 카커스를 보호하는 역할을 하는 것은?

① 트레드
② 사이드월
③ 코드벨트
④ 비드와이어

해설
사이드월(숄더부)은 타이어의 측면부로 카커스를 보호하는 역할을 한다.

① 트레드(Tread) : 노면과 직접 접촉하는 부분으로 접촉하는 면적에 따라 접지력이 달라진다. 또한 노면과 접촉했을 때 물기가 빠지는 물길의 형태에 따라 트레드 형상은 달라진다.
③ 코드벨트(강철벨트 or 브레이커) : 트레드와 카커스의 중간 부분에 위치하는 강철로 만든 벨트로, 외부의 충격이 내부에 전달되는 것을 막아 손상을 방지한다.
④ 비드와이어(비드부) : 철선으로 타이어를 림에 강력하게 고정시키기 위해 사용한다. 튜브리스타이어에서는 비드와이어가 타이어와 림 사이에 기밀을 유지시키는 역할도 한다.

22 디젤기관에서 사용되는 공기청정기에 관한 설명으로 틀린 것은?

① 공기청정기는 실린더의 마멸과 관계없다.
② 공기청정기가 막히면 배기색은 흑색이 된다.
③ 공기청정기가 막히면 출력이 감소한다.
④ 공기청정기가 막히면 연소가 나빠진다.

해설
디젤기관에서 사용되는 공기청정기는 연소에 필요한 공기의 순도와 관련이 있으므로 완전연소를 유도한다. 공기청정기가 막히면 완전연소가 힘들어 실린더가 마멸된다.

23 기관의 오일여과기 교환 시기는?

① 윤활유 1회 교환 시 1회 교환한다.
② 윤활유 3회 교환 시 1회 교환한다.
③ 윤활유 1회 교환 시 2회 교환한다.
④ 윤활유 4회 교환 시 1회 교환한다.

해설
오일여과기는 윤활유 1회 교환할 때 1번 교환하는 것이 좋다.

24 지게차의 일반적인 조향방식은?

① 앞바퀴 조향방식이다.
② 뒷바퀴 조향방식이다.
③ 허리꺾기 조향방식이다.
④ 작업조건에 따라 바꿀 수 있다.

해설
지게차는 일반적으로 뒷바퀴를 조향해서 구동한다.

25 지게차로 가파른 경사지에서 적재물을 운반할 때에는 어떤 방법이 좋은가?

① 기어의 변속을 중립에 놓고 내려온다.
② 지그재그로 회전하여 내려온다.
③ 기어의 변속을 저속상태로 놓고 후진으로 내려온다.
④ 적재물을 앞으로 하여 천천히 내려온다.

해설
지게차로 가파른 경사지에서 운반할 때는 기어를 저속으로 변속하고 후진으로 내려와야 무게중심에 따른 안전사고를 방지할 수 있다.

26 긴 내리막길을 내려갈 때 베이퍼록을 방지하는 좋은 운전방법은?

① 변속 레버를 중립으로 놓고 브레이크페달을 밟고 내려간다.
② 시동을 끄고 브레이크페달을 밟고 내려간다.
③ 엔진 브레이크를 사용한다.
④ 클러치를 끊고 브레이크페달을 계속 밟고 속도를 조정하며 내려간다.

해설
베이퍼록 현상이란 액체가 열에 의해 기포가 발생하여 압력 전달이 부정확하게 되어 작동이 불량해지는 것을 말하므로, 이를 방지하려면 내리막길에서 엔진 브레이크를 사용하여 브레이크에서 발생하는 발열을 줄이는 것이 한 방법이다.

27 지게차 작업장치의 동력전달 기구가 아닌 것은?

① 리프트 체인
② 틸트 실린더
③ 리프트 실린더
④ 트렌치 호

해설
트렌치 호는 기중기용 작업장치이다.

28 동력을 전달하는 계통의 순서를 바르게 나타낸 것은?

① 피스톤 → 커넥팅로드 → 클러치 → 크랭크축
② 피스톤 → 클러치 → 크랭크축 → 커넥팅로드
③ 피스톤 → 크랭크축 → 커넥팅로드 → 클러치
④ 피스톤 → 커넥팅로드 → 크랭크축 → 클러치

해설
동력전달 계통 순서
연소실 → 피스톤 → 커넥팅로드 → 크랭크축 → 클러치 → 변속기 → 구동바퀴

29 4행정 기관에서 1사이클을 완료할 때 크랭크축은 몇 회전하는가?

① 1회전
② 2회전
③ 3회전
④ 4회전

해설
4행정 기관은 크랭크축이 2회전할 때 1사이클을 완성한다.

30 토크 컨버터의 오일 흐름 방향을 바꾸어 주는 것은?

① 펌 프
② 터 빈
③ 변속기축
④ 스테이터

해설
토크 컨버터에서 오일의 흐름 방향은 스테이터를 통해서 조정한다.

31 4행정으로 1사이클을 완성하는 기관에서 각 행정의 순서는?

① 압축-흡입-폭발-배기
② 흡입-압축-폭발-배기
③ 흡입-압축-배기-폭발
④ 흡입-폭발-압축-배기

해설
행정이란 피스톤이 상사점↔하사점 간 1회 한 방향으로 이동하는 것을 말한다. 4행정 1사이클 기관의 행정 순서는 흡입-압축-폭발-배기 순서이다.

32 화물을 적재하고 주행할 때 포크와 지면의 간격으로 가장 적합한 것은?

① 지면에 밀착
② 20~30cm
③ 50~55cm
④ 80~85cm

해설
지게차에 화물을 적재하고 주행할 때에는 포크와 지면의 간격을 20~30cm 정도로 한다.

33 지게차에 물건을 실을 때 무거운 물건의 중심 위치는 어느 곳에 두는 것이 안전한가?

① 상부   ② 중부
③ 하부   ④ 좌 또는 우측

해설
지게차에 무거운 물건을 실을 때 중심의 위치는 가능한 한 하부에 두어야 전복 사고를 막을 수 있다.

34 건설기계 전조등의 성능을 유지하기 위하여 가장 좋은 방법은?

① 단선으로 한다.
② 복선식으로 한다.
③ 축전지와 직결시킨다.
④ 굵은 선으로 갈아 끼운다.

해설
건설기계에서 전조등의 성능을 유지하려면 복선식으로 연결한다.

35 현재 널리 사용되고 있는 할로겐램프에 대하여 운전사 두 사람(A, B)이 서로 주장하고 있다. 다음 중 어느 운전사의 말이 옳은가?

운전사 A : 실드빔형이다.
운전사 B : 세미실드빔형이다.

① A가 맞다.
② B가 맞다.
③ A, B 모두 맞다.
④ A, B 모두 틀리다.

해설
할로겐램프는 세미실드빔형으로 주로 제작된다. 세미실드빔형 헤드라이트는 렌즈와 반사경이 일체로 되어 있지만, 전구는 별도로 교체가 가능하다. 실드빔형이 좁은 영역을 강렬하게 비추는 데 적합하다면, 세미실드빔형은 좀 더 넓은 범위에 고르게 빛을 퍼지게 한다.

정답 31 ② 32 ② 33 ③ 34 ② 35 ②

36 건설기계장비 작업 시 계기판에서 냉각수 경고등이 점등되었을 때 운전자로서 가장 적합한 조치는?

① 오일량을 점검한다.
② 작업이 모두 끝나면 곧바로 냉각수를 보충한다.
③ 작업을 중지하고 점검 및 정비를 받는다.
④ 라디에이터를 교환한다.

해설
냉각수 경고등이 계기판에 점등되면 작업을 즉시 중단하고 정비를 받아 냉각수를 보충해야 한다. 만일 그냥 작업할 경우 기관의 과열을 식힐 수 없어서 피스톤이 고착되는 등의 기계 손상을 초래한다.

37 축전지의 취급에 대한 설명 중 옳은 것은?

① 2개 이상의 축전지를 직렬로 배선할 경우 (+)와 (+), (−)와 (−)를 연결한다.
② 축전지의 용량을 크게 하기 위해서는 다른 축전지와 직렬로 연결하면 된다.
③ 축전지의 방전이 거듭될수록 전압이 낮아지고, 전해액의 비중도 낮아진다.
④ 축전지를 보관할 때는 가능한 한 방전시키는 것이 좋다.

38 AC 발전기에서 전류가 흐를 때 전자석이 되는 것은?

① 계자 철심   ② 로 터
③ 스테이터 철심   ④ 아마추어

해설
AC 발전기에서 전류가 흐를 때는 로터가 전자석이 된다.

39 축전지의 용량을 나타내는 단위는?

① amp
② Ω
③ V
④ Ah

해설
축전지 용량은 Ah를 단위로 사용한다.

40 타이어식 건설기계의 좌석 안전띠는 속도가 몇 km/h 이상일 때 설치하여야 하는가?

① 10km/h
② 30km/h
③ 40km/h
④ 50km/h

해설
지게차, 전복보호구조 또는 전도보호구조를 장착한 건설기계와 30km/h 이상의 속도를 낼 수 있는 타이어식 건설기계에는 적합한 좌석 안전띠를 설치하여야 한다(건설기계 안전기준에 관한 규칙 제150조).

36 ③ 37 ③ 38 ② 39 ④ 40 ② **정답**

41 앞지르기를 할 수 없는 경우에 해당되는 것은?

① 앞차의 좌측에 다른 차가 앞차와 나란히 진행하고 있을 때
② 앞차가 우측으로 진로를 변경하고 있을 때
③ 앞차가 그 앞차와의 안전거리를 확보하고 있을 때
④ 앞차가 양보 신호를 할 때

> **해설**
> 도로에서 좌측 도로는 앞지르기를 할 수 있는 차로이다. 그런데 앞차의 좌측에 다른 차가 앞차와 나란히 가고 있다면 앞지르기는 금지된다(도로교통법 제22조제1항).

42 다음 중 도로교통법을 위반한 경우는?

① 밤에 교통이 빈번한 도로에서 전조등을 계속 하향했다.
② 낮에 어두운 터널 속을 통과할 때 전조등을 켰다.
③ 소방용 방화물통으로부터 10m 지점에 주차하였다.
④ 노면이 얼어붙은 곳에서 최고속도의 20/100을 줄인 속도로 운행하였다.

> **해설**
> 노면이 얼어붙은 곳은 최고속도의 50/100으로 감속해서 운행해야 한다(도로교통법 시행규칙 제19조제2항제2호).

43 도로교통법에 의한 통고처분의 수령을 거부하거나 범칙금을 기간 안에 납부하지 못한 자는 어떻게 처리되는가?

① 면허의 효력이 정지된다.
② 면허증이 취소된다.
③ 연기신청을 한다.
④ 즉결심판에 회부된다.

> **해설**
> 범칙금을 납부하지 못한 사람에 대해서는 경찰서장 또는 제주특별자치도지사가 지체 없이 즉결심판을 청구하여야 한다(도로교통법 제165조제1항).

44 등록되지 아니한 건설기계를 사용하거나 운행한 자의 벌칙은?

① 1년 이하의 징역 또는 1,000만원 이하의 벌금
② 2년 이하의 징역 또는 2,000만원 이하의 벌금
③ 20만원 이하의 벌금
④ 10만원 이하의 벌금

> **해설**
> 등록되지 아니한 건설기계를 사용하거나 운행한 자는 2년 이하의 징역 또는 2,000만원 이하의 벌금형에 처한다(건설기계관리법 제40조제1호).

45 건설기계의 출장검사가 허용되는 경우가 아닌 것은?

① 도서지역에 있는 건설기계
② 너비가 2.0m를 초과하는 건설기계
③ 최고속도가 35km/h 미만인 건설기계
④ 자체중량이 40ton을 초과하거나 축하중이 10ton을 초과하는 건설기계

> **해설**
> 너비가 2.5m를 초과하는 경우 건설기계의 출장검사가 허용된다(건설기계관리법 시행규칙 제32조제2항).

46 건설기계 등록 전에 임시운행 사유에 해당되지 않는 것은?

① 등록신청 전에 건설기계 공사를 하기 위하여 임시로 사용하고자 할 때
② 등록신청을 하기 위하여 건설기계를 등록지로 운행하고자 할 때
③ 신개발 건설기계를 시험 운행하고자 할 때
④ 수출을 하기 위하여 건설기계를 선착지로 운행할 때

해설
미등록 건설기계의 임시운행(건설기계관리법 시행규칙 제6조제1항)
건설기계의 등록 전에 일시적으로 운행을 할 수 있는 경우는 다음과 같다.
• 등록신청을 하기 위하여 건설기계를 등록지로 운행하는 경우
• 신규등록검사 및 확인검사를 받기 위하여 건설기계를 검사장소로 운행하는 경우
• 수출을 하기 위하여 건설기계를 선적지로 운행하는 경우
• 수출을 하기 위하여 등록말소한 건설기계를 점검·정비의 목적으로 운행하는 경우
• 신개발 건설기계를 시험·연구의 목적으로 운행하는 경우
• 판매 또는 전시를 위하여 건설기계를 일시적으로 운행하는 경우

47 건설기계를 산(매수한) 사람이 등록사항변경(소유권 이전) 신고를 하지 않아 등록사항 변경신고를 독촉하였으나 이를 이행하지 않을 경우 판(매도한) 사람이 할 수 있는 조치로서 가장 적합한 것은?

① 소유권 이전 신고를 조속히 하도록 매수한 사람에게 재차 독촉한다.
② 매도한 사람이 직접 소유권 이전 신고를 한다.
③ 소유권 이전 신고를 조속히 하도록 소송을 제기한다.
④ 아무런 조치도 할 수 없다.

해설
건설기계를 매수한 사람이 등록사항변경 신고를 하지 않는다면, 매도인은 직접 소유권 이전 신고를 할 수 있다(건설기계관리법 제5조제4항).

48 등록사항의 변경 또는 등록이전 신고 대상이 아닌 것은?

① 소유자의 변경
② 소유자의 주소지 변경
③ 건설기계의 주소지 변동
④ 건설기계의 등록사항 변경

해설
건설기계의 주소지 변동은 건설기계의 등록사항 변경이나 등록이전 신고 대상이 아니다.

49 건설기계를 운전해서는 안 되는 사람은?

① 국제운전면허증을 가진 사람
② 범칙금 납부 통고서를 교부받은 사람
③ 운전면허증을 분실하여 재교부 신청 중인 사람
④ 면허시험에 합격하고 면허증 교부 전에 있는 사람

해설
면허시험에 합격했더라도 면허증 교부 전이라면 건설기계를 운전하면 안 된다.

50 윤활유의 성질 중 가장 중요한 것은?

① 온 도   ② 점 도
③ 습 도   ④ 건 도

해설
윤활유에서 가장 중요한 성질은 유체의 유동성에 대한 저항의 정도를 의미하는 "점도"이다.

정답   46 ①   47 ②   48 ③   49 ④   50 ②

51 압력제어 밸브 중 항상 닫혀 있다가 일정 조건이 되면 열려 작동하는 밸브에 속하지 않는 것은?

① 릴리프 밸브(Relief Valve)
② 감압 밸브(Reducing Valve)
③ 무부하 밸브(Unloading Valve)
④ 시퀀스 밸브(Sequence Valve)

해설
감압 밸브는 항상 닫혀 있지는 않는다.

52 그림의 유압기호가 나타내는 것은?

① 유압밸브　　② 차단밸브
③ 오일탱크　　④ 스트레이너

해설
오일을 담아 놓는 오일탱크 표시 기호이다.

53 유압 오일의 온도가 상승할 때 나타날 수 있는 결과가 아닌 것은?

① 점도 저하
② 펌프 효율 저하
③ 오일 누설의 저하
④ 밸브류의 기능 저하

해설
유압 오일의 온도가 상승하면 점도 저하에 의해 누설량은 많아진다.

54 다음의 유압기호가 나타내는 것은?

① 릴리프 밸브
② 감압 밸브
③ 순차 밸브
④ 무부하 밸브

해설
무부하 밸브는 그림에서 점선 방향으로 부하가 발생하면 유체가 흘러서 관로를 일치시키면서 유체를 통과시킨다.

55 공유압 기호 중 그림이 나타내는 것은?

① 유압동력원
② 공기압 동력원
③ 전동기
④ 원동기

해설

공압동력원	전동기	원동기
▷—	Ⓜ—	Ⓜ—

56 액추에이터의 운동 속도를 조정하기 위하여 사용되는 밸브는?

① 압력제어 밸브
② 온도제어 밸브
③ 유량제어 밸브
④ 방향제어 밸브

해설
유량제어 밸브는 회로 내를 흐르는 유체의 양을 조절함으로써 피스톤과 같은 액추에이터의 운동 속도를 조정한다.

57 유압모터의 일반적인 특징으로 가장 적합한 것은?

① 운동량을 직선으로 속도조절이 용이하다.
② 운동량을 자동으로 직선 조작할 수 있다.
③ 넓은 범위의 무단변속이 용이하다.
④ 각도에 제한 없이 왕복 각운동을 한다.

해설
유압모터는 다양한 크기의 부하가 작용함에 있어서도 넓은 범위에서 무단변속이 가능하다.

58 유압실린더는 유체의 힘을 어떤 운동으로 바꾸는가?

① 회전운동
② 직선운동
③ 곡선운동
④ 비틀림운동

해설
유압실린더는 유체에너지를 액추에이터의 직선 왕복운동으로 변환한다.

59 일반적으로 오일탱크의 구성품이 아닌 것은?

① 스트레이너
② 배 플
③ 드레인 플러그
④ 압력조절기

해설
오일탱크는 오일을 기관 내로 순환시키기 위한 저장장치로 압력조절기는 필요하지 않다.

60 유압장치에서 피스톤로드에 있는 먼지 또는 오염물질 등이 실린더 내로 혼입되는 것을 방지하는 것은?

① 필터(Filter)
② 더스트 실(Dust Seal)
③ 밸브(Valve)
④ 실린더 커버(Cylinder Cover)

해설
더스트 실은 실린더 내로 오염물질이 혼입되는 것을 방지한다.

교육이란 사람이 학교에서 배운 것을 잊어버린 후에 남은 것을 말한다.

— 알버트 아인슈타인 —

참 / 고 / 문 / 헌

- 교통안전표지일람표, 도로교통공단
- 사후유지관리, NCS 교재
- 안전관리, NCS 교재
- 안전작업실무, 안전보건공단
- 안전주차하기, NCS 교재
- 엔진구조 익히기, NCS 교재
- 유압장치 익히기, NCS 교재
- 자동차 기관, 두산동아, 2011
- 자동차 전기, 두산동아, 2011
- 작업장치 익히기, NCS 교재
- 작업전점검, NCS 교재
- 작업장확인, NCS 교재
- 전기장치 익히기, NCS 교재
- 전·후진 주행장치 익히기, NCS 교재
- 지게차 브로슈어, 현대중공업
- 지게차 브로슈어, 두산중공업
- GC POWER Forklift brochure
- High Visibility Forklift Mast brochure

참 / 고 / 사 / 이 / 트

- 국가법령정보센터(http://www.law.go.kr)
- 도로교통공단(http://www.koroad.or.kr)
- 안전보건공단(www.kosha.or.kr)
- NCS국가직무능력표준(www.ncs.go.kr)

Win-Q 지게차운전기능사 필기

개정5판1쇄 발행	2025년 01월 10일 (인쇄 2024년 09월 26일)
초 판 발 행	2020년 03월 05일 (인쇄 2019년 12월 30일)
발 행 인	박영일
책 임 편 집	이해욱
편 저	최강호
편 집 진 행	윤진영 · 김혜숙
표지디자인	권은경 · 길전홍선
편집디자인	정경일 · 박동진
발 행 처	(주)시대고시기획
출 판 등 록	제10-1521호
주 소	서울시 마포구 큰우물로 75 [도화동 538 성지 B/D] 9F
전 화	1600-3600
팩 스	02-701-8823
홈 페 이 지	www.sdedu.co.kr

I S B N	979-11-383-7854-3(13550)
정 가	14,000원

윙크
Win Qualification의 약자로서 자격증 도전에 승리하다의 의미를 갖는 시대에듀 자격서 브랜드입니다.
시대에듀
Win-Q
단기 합격을 위한 완전 학습서
시리즈
기술자격증 도전에 승리하다!
자격증 취득에 승리할 수 있도록 Win-Q시리즈가 완벽하게 준비하였습니다.
빨간키
핵심요약집으로 시험 전 최종점검
핵심이론
시험에 나오는 핵심만 쉽게 설명
빈출문제
꼭 알아야 할 내용을 다시 한번 풀이
기출문제
시험에 자주 나오는 문제유형 확인
NAVER 카페
대자격시대 – 기술자격 학습카페
cafe.naver.com/sidaestudy / 응시료 지원이벤트

자동차 관련 업체로 취업 시 꼭 취득해야 할 필수 자격증!

자동차 관련 시리즈

R/O/A/D/M/A/P

Win-Q 자동차정비 기능사 필기

- 한눈에 보는 핵심이론 + 빈출문제
- 최근 기출복원문제 및 해설 수록
- 시험장에서 보는 빨간키 수록
- 별판 / 628p / 23,000원

Win-Q 건설기계정비 기능사 필기

- 한눈에 보는 핵심이론 + 빈출문제
- 최근 기출복원문제 및 해설 수록
- 시험장에서 보는 빨간키 수록
- 별판 / 624p / 26,000원

도로교통사고감정사 한권으로 끝내기

- 학점은행제 10학점, 경찰공무원 가산점 인정
- 1 · 2차 최근 기출문제 수록
- 시험장에서 보는 빨간키 수록
- 4×6배판 / 1,048p / 35,000원

그린전동자동차기사 필기 한권으로 끝내기

- 최신 출제경향에 맞춘 핵심이론 정리
- 과목별 적중예상문제 수록
- 최근 기출복원문제 및 해설 수록
- 4×6배판 / 1,168p / 38,000원

더 이상의 자동차 관련 취업 **수험서는 없다!**

교통 / 건설기계 / 운전자격 시리즈

건설기계운전기능사

지게차운전기능사 필기 가장 빠른 합격 ·· 별판 / 14,000원

유튜브 무료 특강이 있는 Win-Q 지게차운전기능사 필기 ·············· 별판 / 14,000원

답만 외우는 지게차운전기능사 필기 CBT기출문제+모의고사 14회 ········ 4×6배판 / 13,000원

답만 외우는 굴착기운전기능사 필기 CBT기출문제+모의고사 14회 ········ 4×6배판 / 14,000원

답만 외우는 기중기운전기능사 필기 CBT기출문제+모의고사 14회 ········ 4×6배판 / 14,000원

답만 외우는 로더운전기능사 필기 CBT기출문제+모의고사 14회 ·········· 4×6배판 / 14,000원

답만 외우는 롤러운전기능사 필기 CBT기출문제+모의고사 14회 ·········· 4×6배판 / 14,000원

답만 외우는 천공기운전기능사 필기 CBT기출문제+모의고사 14회 ········ 4×6배판 / 15,000원

도로자격 / 교통안전관리자

Final 총정리 기능강사 · 기능검정원 기출예상문제 ························· 8절 / 21,000원

버스운전자격시험 문제지 ··· 8절 / 13,000원

5일 완성 화물운송종사자격 ·· 8절 / 13,000원

도로교통사고감정사 한권으로 끝내기 ································· 4×6배판 / 35,000원

도로교통안전관리자 한권으로 끝내기 ································· 4×6배판 / 36,000원

철도교통안전관리자 한권으로 끝내기 ································· 4×6배판 / 35,000원

운전면허

답만 외우는 운전면허 필기시험 가장 빠른 합격 1종 · 2종 공통(8절) ········· 8절 / 10,000원

답만 외우는 운전면허 합격공식 1종 · 2종 공통 ·························· 별판 / 12,000원

※ 도서의 이미지와 가격은 변동될 수 있습니다.